知りたい！サイエンス

カンブリア爆発の謎

チェンジャンモンスターが残した進化の足跡

宇佐見義之 著

スティーヴン・グールドが著した『ワンダフル・ライフ』によって、**カンブリア紀のモンスター**たちは一躍有名になった。

グールドによればこの時代に生命は**爆発的な進化**を遂げたという。「**カンブリア爆発**」説だ。

近年、中国の澄江から出土する化石によって、**カンブリア紀**の研究は飛躍的に進んだ。

では、奇妙な**モンスター**たちの正体はどこまで判明したのだろう？

そして**カンブリア爆発**説の行方は？

進化史上最大のミステリーを追う。

Anomalocaris canadensis

技術評論社

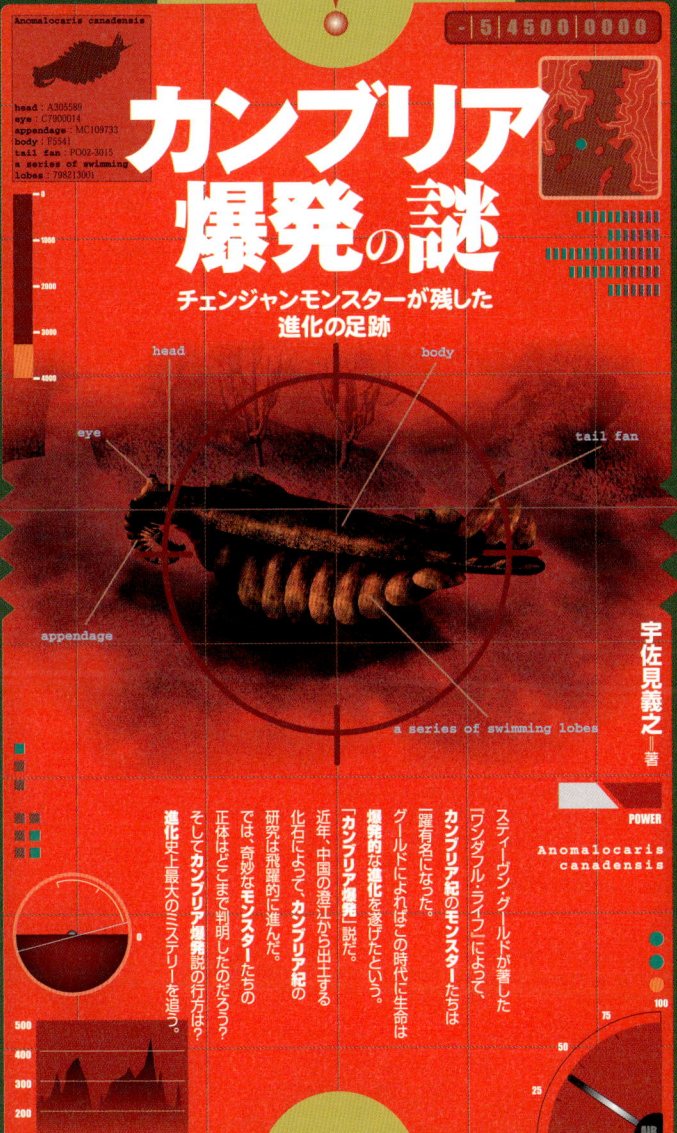

A
B

CGで再現するカンブリア紀の生物たち

バージェス頁岩《けつがん》から発見されたカンブリア紀の奇妙な生物たちは、スティーヴン・グールドの『ワンダフル・ライフ』によって一躍有名になった

A ハルキゲニア
最初は頭と尻尾、上下すらわからなかったとても奇妙な生物だが、今では理解が進んでいる（→P102）

B マレラ
やはりとても不思議な生物だが、節足《せつそく》動物の範疇《はんちゅう》に含めるというのが多くの研究者の基本的な見解だ（→P28、171）

C オパビニア
象のようなノズルと5つの眼を持つという際立って奇妙な生物だが、類縁《るいえん》関係がわかってきた（→P127）

A
B

カンブリア紀最大の捕食者《ほしょくしゃ》
アノマロカリス

アノマロカリスははじめ3つの独立した生物と考えられていたが、その正体が解明され、今やカンブリア紀のシンボル的な生物になった（→P111）

A 泳ぐアノマロカリス
ヒレをあたかもつながった一枚のシートのように波立たせることによって、効率的に泳いだと考えられる（→P214）

B 下から見たアノマロカリス
体の形は戦闘機に似ている。気体であれ液体であれ、同じ流体中を動く形としては最適なのだ。ところで肢《あし》はあるのだろうか？（→P123）

C 捕食するアノマロカリス
アノマロカリスは先端に発達した付属肢《ふぞくし》を持つ当時最大の捕食者。ちなみに全長が推定2メートルになる化石も発見されている（→P112）

A
B

澄《チ》 江《エンジヤン》で発見された驚くべき生物たち

澄江とその周辺から発見された大量の動物群は、カンブリア紀の研究進展に一役買うと同時に、新たな驚きをもたらした

A ミロクンミンギア
澄江のほど近く、海口《ハイコウ》から発見されたミロクンミンギアは、最古の脊椎《せきつい》動物と認められた。一体どのような生物なのだろうか？（→P143）

B シダズーン
エラ孔《あな》があるので新口《しんこう》動物とされる。とても奇妙なのでベッツリコーリア門という大きなグループが新設されるようになった（→P156）

C ベッツリコーラ
ベッツリコーリア門の生物の一種。はじめは節足動物とされた生物だが、舒《シユウ》博士らは後に分類を再構築することになった（→P154）

A

B

C

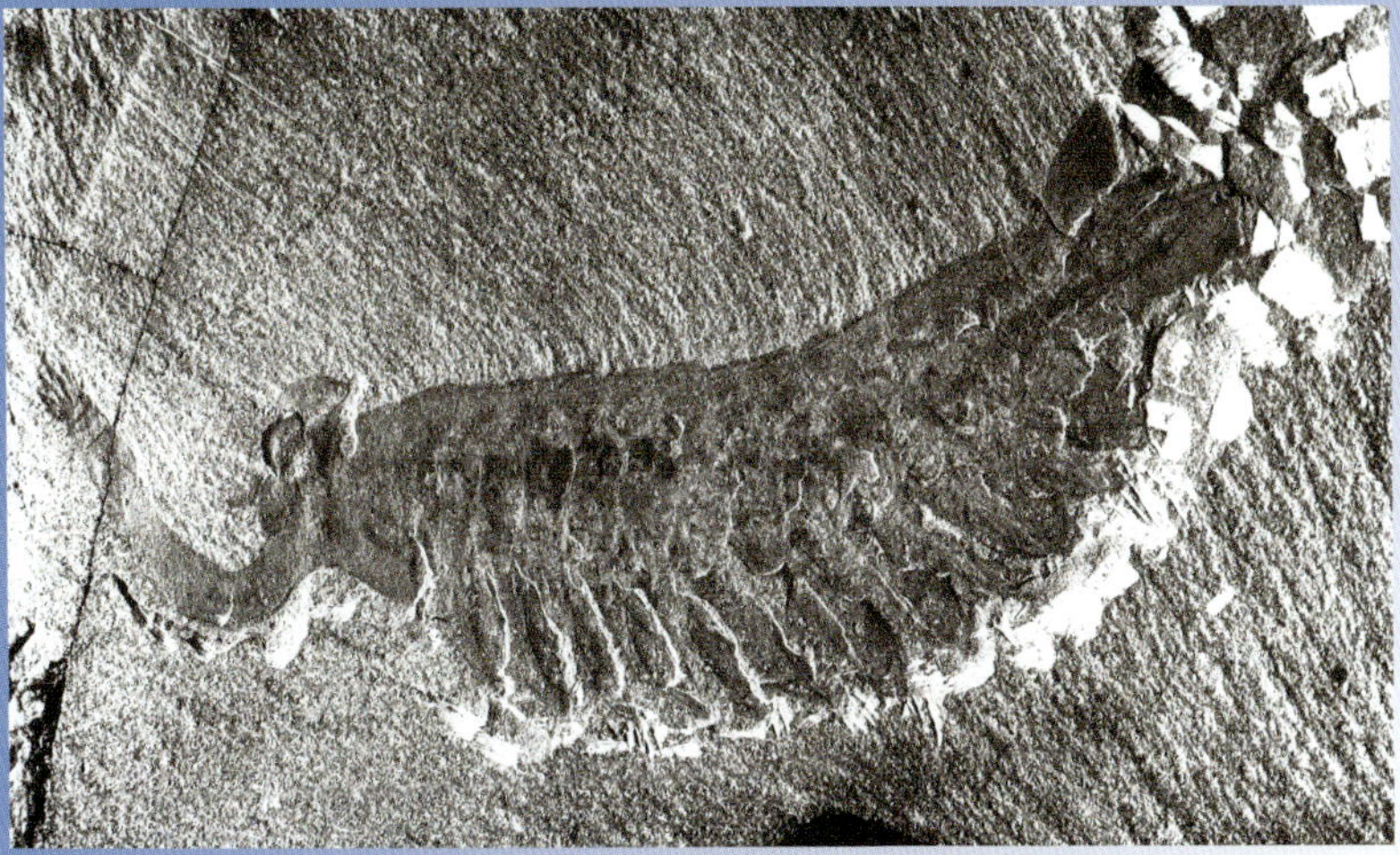

バージェス頁岩動物群の化石

A バージェス頁岩

数多くの奇妙な化石が出土した発掘現場。狭い領域に集中している（→P26）

Photo by Wally Randall permission from The Burgess Shale Geoscience Foundation.

B ピカイア

脊索《せきさく》動物とされるので、人類の祖先に近い位置にいることになる（→P140）

Reproduced with the permission of the Minister of Public Works and Government Services Canada, 2008 and Courtesy of Natural Resources Canada.

C オパビニア

象のようなノズルがはっきりと見える（→P127）

Reproduced with the permission of the Minister of Public Works and Government Services Canada, 2008 and Courtesy of Natural Resources Canada.

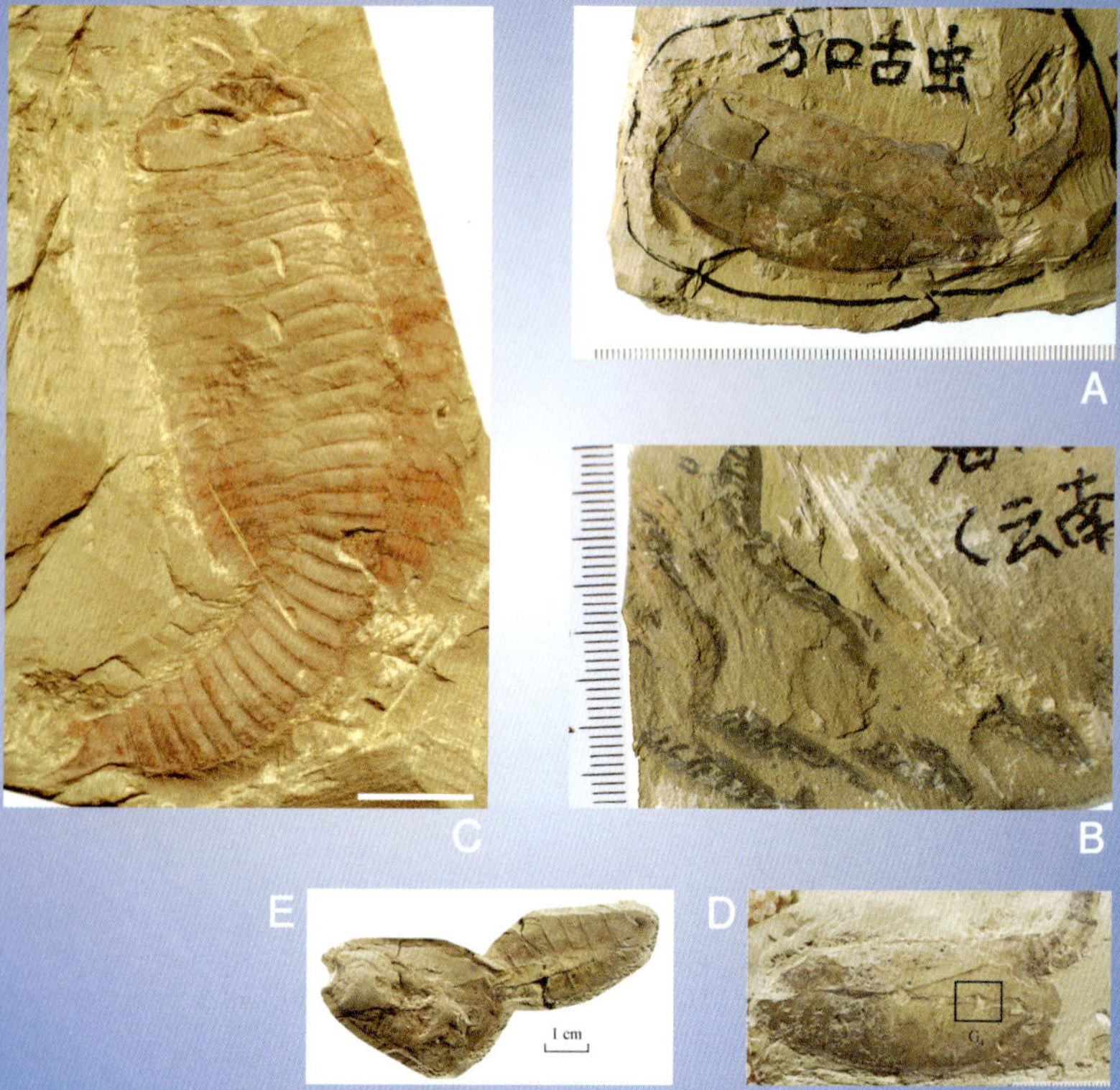

澄江動物群の化石

A･D ベッツリコーラ
全体がわかるきれいな化石（→P157）

B ハイコウエラの群集
ハイコウエラは群集体の化石が見つかることがある（→P149）

C フクシアンヒュイア
甲殻《こうかく》類の特徴を部分的に持つ、分類が非常に難しい節足動物（→P201）

E シダズーン
体長10センチメートルほどと、この時代の生物としては大きい（→P156）

A、B、D、E：蒲郡情報ネットワークセンター・生命の海科学館 舒徳干名誉館長提供
C：陳均遠博士提供

はじめに

五億四〇〇〇万年前から始まるカンブリア紀に生命は突如として爆発的な進化を起こしたとされています。これを「生命の爆発的進化」と呼びます。この時、短い時間の間に現在につながる生物種の祖先のほとんどが一度に出現しました。宇宙の始まりになぞらえて、生命進化のビッグバンと呼ばれることもあります。また、生命進化史上最大のミステリーと表現されることもあります。その最大の事件の謎を解こうとする試みが、これから述べる本書の内容です。

五億四〇〇〇万年前とはどのくらい昔のことでしょうか？　その時間の長さを人間が感じ取れるくらいに表してみたいとかねがね筆者は思っていました。しかしこれまでのところ、どのように考えても五億年という時間は人間にとって長すぎる時間であり、想像を超えた範囲にあるように思われました。例えば、宇宙の年齢は約一四〇億年なので、それに比べられるくらいの時間スケールであると考えてもいいでしょう。あるいはほんの小さな魚が私たち人間にまで進化する時間と表現してもいいでしょう。しかし、いずれにせよ、遠い遠い昔のことであり、まさに想像もつかないほど昔のできごとと表現するくらいしか術はないようにも思われます。

地球上には、カンブリア紀周辺の地層が一キロメートルにもおよぶほどの厚さで連続して観察できる場所がいくつかあります。本書において筆者は、中国やカナダのそれらの地層の中に順番に出現する生物群を追いかけて、時間の経過と、生物の進化が感じ取れるようにしたいと思いました。この関係はまた、地球環境の変化と生物の進化の関連性を見ることにもつながっていきます。生物の進化は生命の内因的な要因によるものなのか、あるいは環境によって誘発されたものなのか、という問いの答えがこの関連性の追及から見えてくると思います。

はじめにその答えを書いてしまうと、生物はカンブリア紀の前の時代に徐々に進化を積み重ねていったことが近年の研究から明らかになってきました。また、その進化には環境の変動が大きく関与します。主には寒冷化、また時には他の要因によって生物は数千万年の単位で大きな絶滅を経験します。この大絶滅現象によって古い生物相がいなくなり、新しい生物群が進化します。これは古生代以降の標準的な大進化のパターンですが、カンブリア紀とそれ以前の時代にもこの図式があてはまるのではないかと思えるような証拠が出てきました。本書の中に、近年研究が加速して進行する中国の古生物研究の様子を紹介しましたので、読者の方は、それらの関係をぜひ読み取っていただけたらと思います。澄江《チエンジャン》動物群、陡山沱《ドウシャンツオ》期生物群と呼ばれるもので、最新の研究の様子が盛り込まれています。

また、それらを数理的に研究する筆者自身の研究も、最後に紹介することにしました。筆者の研究方法は、人工生命と呼ばれる研究から触発されていて、まさにカンブリア紀の爆発的進化を説明しようという動きの中から推進されたものです。今までにないアプローチでカンブリア紀の生物に焦点をあてて研究しているので、新しい視点でこれらの生物を見直すことができると言えます。

このようないくつもの新しい角度からの検証を経て、カンブリア紀の生命進化の謎が、本文で明らかになっていくでしょう。

二〇〇八年吉日　宇佐見義之

Contents

目次

第3章　カンブリア紀の前から準備されていた進化……47

第4章　爆発的進化の謎を解く鍵
――小有殻《しょうゆうかく》化石・生痕《せいこん》化石……79

Contents

第1章

もう一つのカンブリア・ワールド

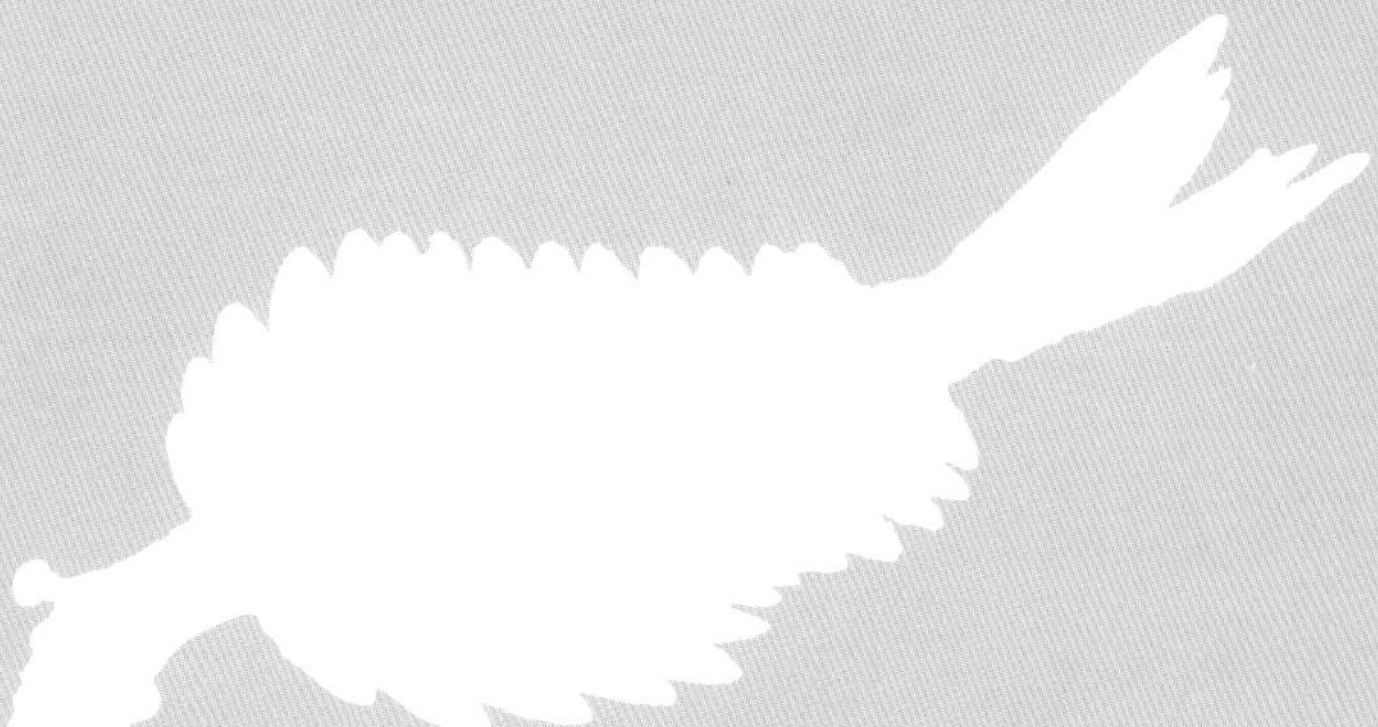

1-1 グールドの『ワンダフル・ライフ』より

「カンブリア紀の爆発」という言葉は、どのようなものを指すのでしょうか？　本書の最大のテーマはこの言葉の真の意味を探ることなのですが、残念ながらこの言葉を最初に誰が使ったか筆者は知りません。カンブリア紀の地層において三葉虫《さんようちゅう》の化石が大量に見られたことから、すでに一九世紀には「カンブリア紀に三葉虫のような生物が登場した」ということが知られていました。『種《しゅ》の起源』（一八五九）を著したダーウィンも、カンブリア紀から突然化石が現れ、それ以前の地層には化石が観察されないことを不思議であるとしています。

二〇世紀に入ると、カナダのロッキー山脈の中腹にあるバージェス頁岩《けつがん》で、奇妙な姿かたちをした多くの生物の化石が見つかりましたが、その事実は一部の専門家にしか知られませんでした。一九七〇年代以降になってようやくケンブリッジ大学のチームが詳しく調べ出し、研究が大きな流れとなりました。一般にも知られるようになったのは、ハーバード大学の著名な古生物学者スティーヴン・グールドが『ワンダフル・ライフ』（一九八九）という著作で、これらの生物の重要性を掲げたことから始まると言えます。『ワンダフル・ライフ』は世界各地でベストセラーとなり、読者は、太古の昔に繁栄を遂げた、想像を絶する姿かたちの生き物たちの虜《とりこ》になりました。グールドは科学者であると同時に偉大なサイエンスライターでもあったのですが、惜しいことに二〇〇二年に急逝《きゅうせい》してしまいました。

『ワンダフル・ライフ』が刊行されてから一五年以上が過ぎ、カンブリア紀の研究はさらに大きく進展しました。本書では、最新の研究の一端をわかりやすくお話しすることにします。まずは、グールドが書かなかった、バージェス頁岩の発見物語から入りましょう。実は、カンブリア紀初期の生物の重要性は、一部の研究者によってかなり古くから認識され、ひそかに着実に調べられていたのです。

爆発的進化の原点……バージェス頁岩動物群

バージェス頁岩はフィールドという大陸横断鉄道の駅から数キロメートルのところに位置するフィールド山の中腹にあります。隣にはバージェス山という山がありますが、化石の出るポイントはフィールド山の中腹のバージェス小道から登ったところにあり、美しいエメラルド湖を見下ろすところに位置しています。グールドの『ワンダフル・ライフ』の冒頭には、バージェス頁岩動物群の発見物語が息をのむような魅力的な文章で紹介されています。バージェスはとても美しいところである、というグールド自身の印象から始まり、続いて、一九〇九年に当時のスミソニアン博物館の館長だったチャールズ・ウォルコットがこの地層と、そこに含まれる生物を発見した時の様子が述べられています。

その描写は、古生物学者シュッカートによる文章の引用からとてもドラマチックに進行します。「そのとき、ウォルコット夫人が乗っていた馬が山道を下る途中で脚を滑《すべ》らせて板石をひっくり返し、それがただちにウォルコットの目をひいたのだ。それはカンブリア紀中期のまったく目新しい甲殻類化石という、とんでもない宝物だった。それでは、その板石をもたらした母岩は、その山のどこにあるのか。すでに降雪《こうせつ》が始まっていたため、その謎解きは翌シーズンの課題として残された※」。

グールドはウォルコットの日記を詳しくたどり、発見がそれほど偶然性の高いものではなかったことを明らかにしていきます。筆者は、グールドが語る古生物学の魅力にとても心を動かされましたが、一方で、少し引っかかるものも感じました。本当の発見はどのようなものだったのだろうか？　広大なカナダの大自然の中で、化石を見つけることは難しくないのか？　ウォルコットは、まれに見る幸運に恵まれたのか……。数々の文献をあたってみると、もっと多くの研究者の存在が見えてきました。グー

※スティーヴン・ジェイ・グールド著、渡辺政隆訳『ワンダフル・ライフ』早川書房（1993）。引用箇所は古生物学者チャールズ・シュッカートが書いたウォルコットの追悼文より。

ルドの記述は、ウォルコットによるバージェス頁岩の発見に力点をおいたものであり、実際には、それ以前の歴史がかなりあったようなのです。また、ウォルコットはバージェス頁岩の周囲を、発見以前からかなり組織的に調べていたのです。

ウォルコットに先立つアノマロカリスの発見

広大な山脈で漠然と化石を求めて旅をしていて、偶然見つかるということはまずあり得ません。化石を求める人であれば、地質分布図《ちしつぶんぷず》（その場所が地質的にいつの時代のものか、ということを示した地図）を手に入れます。地質分布図とは、近代国家が形成される過程で国土の様子を調べる目的で作成されるのが一般的ですから、今から百年前のカナダでもこのような地図が当然あったでしょう。実際、その頃のカナダには国立の地質学研究所が設けられ、より詳しい地質分布図を作成する努力が続けられていました。ウォルコットは、ブリティッシュ・コロンビア州のロッキー山脈周辺に、彼の研究テーマであるカンブリア紀の化石を含む地層があることを承知したうえで、アメリカ・スミソニアンからはるばる二〇〇〇キロを旅してきたのです。

一八九〇年頃は、カナダ国内に大陸横断鉄道を作るプロジェクトが進行中で、バージェス頁岩の近くでも鉄道を作る工事が行われていました。ロッキー山脈の山々にトンネルを掘って鉄道を作る作業員は、岩を削ると三葉虫の化石がよく出ることに気づき、いろいろな方面に伝えていたようです。

その噂を聞きつけた当時の古生物学者は、この周辺で化石を探す努力を続け、成果をすでに発表していました。それらのほとんどは三葉虫の化石だったのですが、中には「アノマロカリス」と呼ばれる生物の化石も含まれていました。つまり、ウォルコットがバージェス頁岩を見つける二〇年も前の一八八六年にアノマロカリスが見つかっており、すでに「アノマロカリス」と名づけられたうえで論文として発表されていたのです。

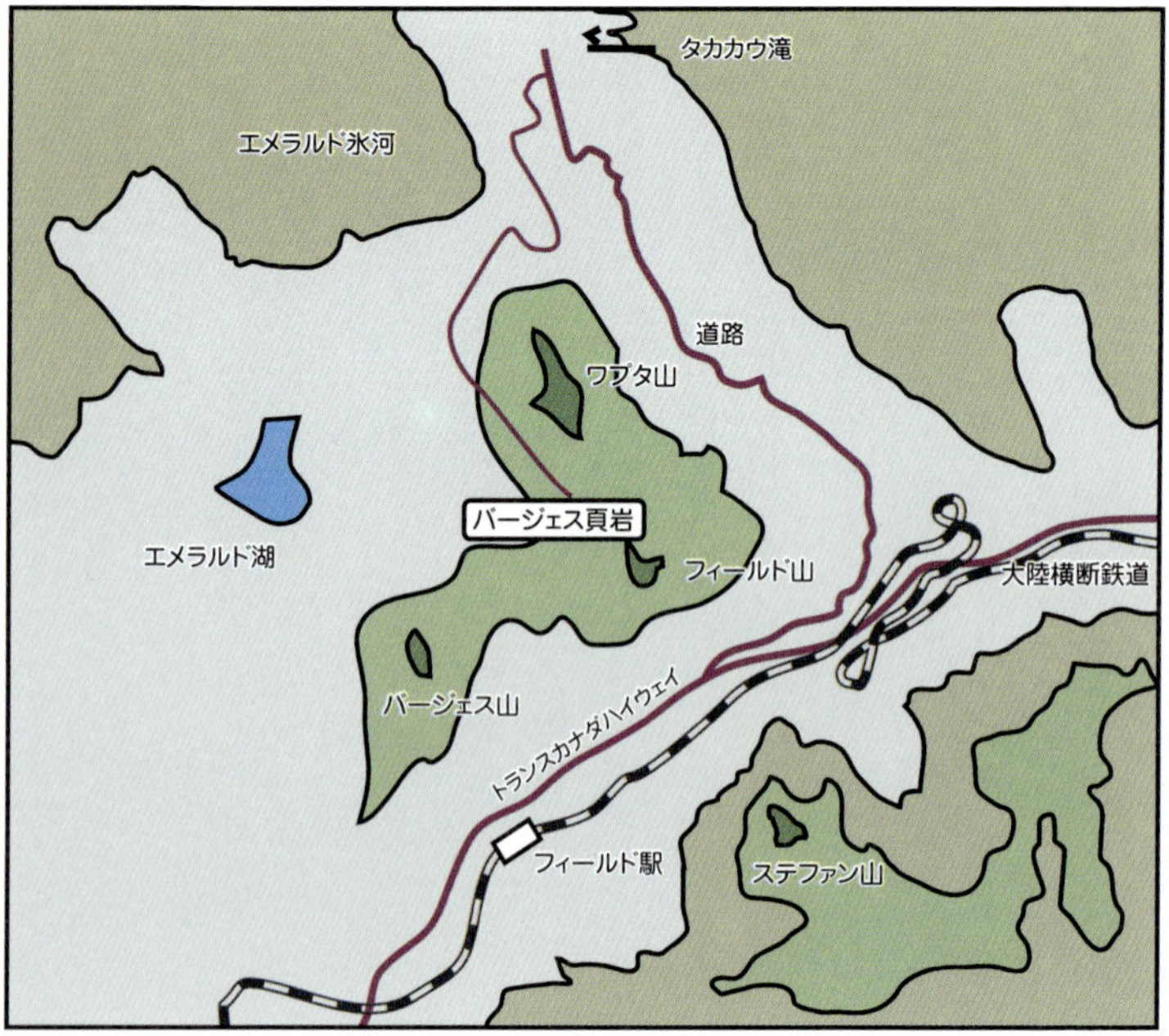

図1-1
バージェス頁岩周辺の地図

最初の発見者リチャード・マッコネル

アノマロカリスの断片を最初に発見したのは、リチャード・マッコネルでした。一八八六年の九月、ロッキー山脈の中腹、フィールド村を配するステファン山でのことです。マッコネルはカナダ地質学研究所のメンバーであり、前年の一八八五年に大陸横断鉄道の建設に向けて、沿線の地質を調査するために出向いていたのです。

マッコネルは、フィールドに滞在している間に「石になった虫」(Stone Bug：化石のこと) が周辺のステファン山から見つかるということを、鉄道の作業員から聞いたのでした。実際に山に登ってみると、ほどなく現在「オギゴシス層」と呼ばれている化石の地層を見つけることができました (写真1)。彼が見つけた化石の多くは三葉虫でしたが、わずかながら三葉虫以外のものもあり、その一つがアノマロカリスの触手《しょくしゅ》※にあたる部分の化石だったのです。

最初の論文発表者ジョセフ・ホワイティーブス

その五年後、同じくカナダ地質学研究所の他のメンバーであるヘンリ・アミも同地におもむき、マッコネルと同じような化石を一四も発見しました。一八九二年、同研

※生物学の正しい用語では「付属肢」になります。

究所の主任研究員であるジョセフ・ホワイティーブスは、先の二人の収集成果をもとにアノマロカリスの触手を「新しい属」に属するただ一つの生物の一部として記載し、論文として発表しました。この最初の論文には、学名として「アノマロカリス・カナデンシス」と記載されました。

ウォルコットによるバージェス頁岩の発見

一八八八年から一八八九年にかけて、今度はアメリカの古生物学者であるチャールズ・ウォルコットが三葉虫の出土する層へ化石採集におもむき、この地層が中期カンブリア紀のものであることを特定しました。つまり、ウォルコットは一九〇九年の発見の約一〇年も前から、この周囲で化石を収集し始めていたのです。ただし、この時にはバージェス頁岩の発見には至りませんでした。

一九〇二年になると、マッターホルンに初登頂したことで知られる登山家のエドワード・ウィンパーが、イギリスの古生物学者ヘンリー・ウッドワードに、この地で採集した化石の分析を依頼しました。ウッドワードはオギゴシス層の化石を調べて論文に発表し、アノマロカリスについてもホワイティーブスの発見を再確認しました。

その後チャールズ・ウォルコットは、一九〇七年にスミソニアン博物館の館長に就任し、同年、三葉虫の出土する層から数多くの化石を収集しました。そしてその二年後の一九〇九年、ついにステファン山の対面にあるフィールド山に、バージェス頁岩を発見するに至ったのです。

（注）ここに記した人たち以外にも、バージェス周辺の調査に関係した人物が何名かいます。また、最初のアノマロカリスの発見者マッコネルや、ウィンパーらも、実はバージェス頁岩にたどり着いていたとする文献があります。彼らはそれと知らずに今でいうバージェス頁岩から化石を採取していたのだと。いずれにせよ、一九〇七年のウォルコットの発見よりもずっと前から、この周辺は調べられていたようです。

写真1
ステファン山のオギゴシス層
大陸横断鉄道フィールド駅を見下ろす。ウォルコットがバージェス頁岩を見つける20年前から知られ、三葉虫やアノマロカリスの付属肢が見つかっている。
With the permission of Dr. Steven Earle, Malaspina Univeristy-College, http://www.mala.bc.ca/~earles

1-2 きれいな化石を産出する バージェス頁岩《けつがん》とその動物群

バージェス頁岩の場所

日常生活ではなじみのない「頁岩《けつがん》」という言葉は、地質用語で堆積岩《たいせきがん》を意味します。バージェス頁岩は、高さ二〜三メートル、幅数十メートルという極めて狭い範囲の、フィールド山中腹にある堆積岩を指しています（8ページ写真A参照）。周囲のいくつかの場所から三葉虫などが見つかるのですが、保存状態のいい化石が大量に見つかるのはこの体育館ほどの大きさの場所に集中しています。よって、メディアで紹介する時は場所の名前を表現するのに困ることがよくあります。いきなり「カナダの『バージェス頁岩』から見つかる化石は……」と言うとピンポイントすぎます。苦し紛れに「バージェス地方」などと言う場合もあるのですが、実際にはそのような地名はありません。「ブリティッシュ・コロンビア州、ヨーホー国立公園、フィールド山の中腹」※というのがこの場所を示す正確な名称です。

グールドの『ワンダフル・ライフ』に書かれているように、この地は夏に訪れると

※「ウォルコットの小道」とも言われることがあります。

とても美しい場所です。日本では見られない氷河堆積物に削られた雄大な景色が広がり、緑一色のエメラルドレイクや、無人の川、ネイティブカナディアンの名前に由来したタカカウ滝などがあります。

バージェス頁岩は急な斜面に硬くて薄く崩れる岩として露出しており、ここを訪れるにはフィールド山中腹の車道から延々と山道を登っていく必要があります。ということは、グールドの本にあるように、ウォルコット夫人の馬が通ったとされる道からはかなり上方に位置することになり、一行は発見までに周囲をかなり探し回ったはずです。偶然ここを探し当てたのではなく、以前からわかっていたこのフィールド山に狙いを定め、隣の山から移動してきてくまなく化石を探したのでしょう。

バージェス頁岩の形成

バージェス頁岩の化石は、めったに見られないほどきれいです。その理由は、周囲の生態系を一瞬のうちに凍りつかせるような、生物にとって悲劇としかいいようのない大量死滅事件がおきたことにあります。一帯の海は、比較的深かったと考えられています。その海底で突然上から土砂が降り積もり、生物たちに覆いかぶさりました。非常に多くの生物が一瞬のうちに押しつぶされ、あたかもタイムカプセルに閉じこめられたかのように、きれいな全身像をとどめる化石が残ることになったのです。

見つかる動物たちは基本的には大きさがわずか数センチメートルと小さなものばかりで、それ以上大きな捕食《ほしょく》動物はほとんど見られません。このような中でアノマロカリスだけは例外的に触手《しょくしゅ》（付属肢《ふぞくし》）だけで一〇センチメートルほどもあり、体全体の大きさは六〇センチメートルに達しました。動物自体の大きさは小さいものの、バージェス頁岩の化石はとても硬い岩石に封じ込められたために、極めて小さな構造まで観察することができます。軟《やわ》らかい生物の全体像や、場合によっては内臓の構造まで見てとることができるのです。このように、細かい構造までよく見えることはバージェス頁岩の化石の特徴で、後に述べる中国の澄江《チエンジヤン》の化石は黄色くてもろい岩に封じ込められたために、バージェスの化石ほど細部がきれいではありません。

細かい構造までよく見える例として挙げられる

写真2
マレラの化石

Reproduced with the permission of the Minister of Public Works and Government Services Canada, 2008 and Courtesy of Natural Resources Canada.

のはマレラです（写真2）。マレラは、バージェス頁岩から非常にたくさん見つかるのですが、微細な構造をよく観察すると多くの毛のような構造が重なっている様子を見て取ることができます。

図1-2にバージェス頁岩動物群の構成を示しました。節足《せっそく》動物が多いのですが、次に多い生物として海綿《かいめん》動物を挙げることができます。ウォルコットの娘の名前にちなんだヴォークシアと呼ばれるものや、より細かく枝分かれした構造を持つハゼリアなどを含め、多くの海綿を見ることができます。数センチサイズの節足動物などよりも大きく、それらの間を小さな捕食動物たちは動き回って暮らしていたと思われます。また、繰り返しになりますが最大の捕食動物はアノマロカリスで、バージェス動物群のなかで最も有名なものとなり、後に中国、澄江で推定体長二メートルのアノマロカリスが見つかるようになりました。

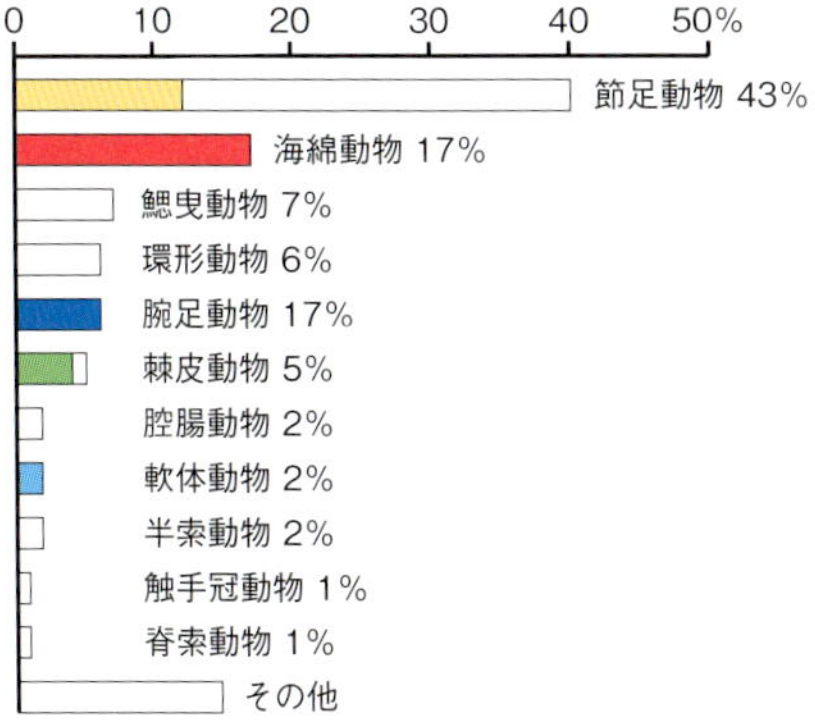

図1-2
バージェス頁岩動物群の構成

バージェス頁岩動物を属という分類単位の数の多さで比べたもの。色のついたバーは、硬い組織を持つもの。節足動物が圧倒的に多く、海綿動物が次いで多い。鰓曳、環形、腕足、棘皮動物が、それらに続く。

Reproduced with the permission of the Minisiter of Public Works and Government Services Canada, 2008 and Courtesy of Natural Resources Canada.

1-3 舞台はバージェスから澄江《チエンジャン》へ

中国にはカンブリア紀の大規模な地層が見られ、それらの中にカンブリア紀に生きていた生物の化石が見られるというのは二〇世紀初頭より知られていました。化石の採取は、ウォルコットがバージェス頁岩《けつがん》を発見した頃にはすでに始まっており、研究が積み重ねられていきました。ところが一九八四年に雲南大学の侯博士が昆明《こんめい》から七〇キロメートルほど南下したところの澄江《チエンジャン》という街の周辺できれいな化石を見つけた時から事態は一変しました。バージェスの場合は高さ数メートル、横幅三〇メートルほどの狭い場所に密集していた化石群がほとんど全てだったのですが、澄江の場合は広い地帯にいくつもの化石産出ポイントが見られたのです。化石の保存状態は鮮明で、なおかつ驚くような新種の生物が多数発見されました。それはカンブリア紀研究の躍進を予感させる大発見だったのです。

澄江の発見がカンブリア紀の研究をリード

最初の発見があった帽天山《マオトンシャン》の様子からみてみましょう。遠景から撮ると、写真3

のように、中国の農村部らしいのどかな風景に溶け込む低い帽天山を見ることができます。筆者が訪れた際には、周辺の広い範囲で何かの鉱物の掘り出し作業をしていて、掘った跡や加工場、大きなダンプカーがひっきりなしに行きかう道などが目につきました。掘り出し作業は帽天山一帯で行われており、文献をあたると「リン（燐）鉱石を採掘している」という記述がありました。

写真4は記念すべき最初の化石発見現場で、化石採掘場所の看板が立てられています。ただし、現在はこの場所での発掘はしていないように見受けられました。ここまでの道は現在舗装《ほそう》され、すぐ先に澄江動物群の博物館が建てられていました。博物館は新しくきれいで、化石をはじめアノマロカリスの立体模型や多くの説明パネルなどが展示されていました。化石を展示する施設はここだけではなく澄江市

写真3　　著者撮影
帽天山

街や昆明市街の中にもあり、筆者も多くの化石を見ることができました。このことは、大学だけでなくちょっとした展示場や博物館でも紹介できるほど多くの化石が発掘されていることを想像させます。

現在発掘が進められている場所では、組織的な収集作業を見ることができました。澄江では化石を整理、分析して研究した後に論文として発表する体制が整っていることが伺えます。いろいろな情報から、中国の古生物学の取り組みはよく整備され、政府に手厚く保護されながら大きく進展していることが筆者にはわかってきました。中国で得られた最新の成果は、充分な基盤の上で調べられた後に世界中に発信され、カンブリア時代の古生物学をリードしています。以降、本書は中国での発見で塗り替えられたカンブリア紀前後の進化史を描いていきます。

写真4　著者撮影
澄江の最初の発掘現場

第2章

カンブリア紀の爆発的進化とは何か?

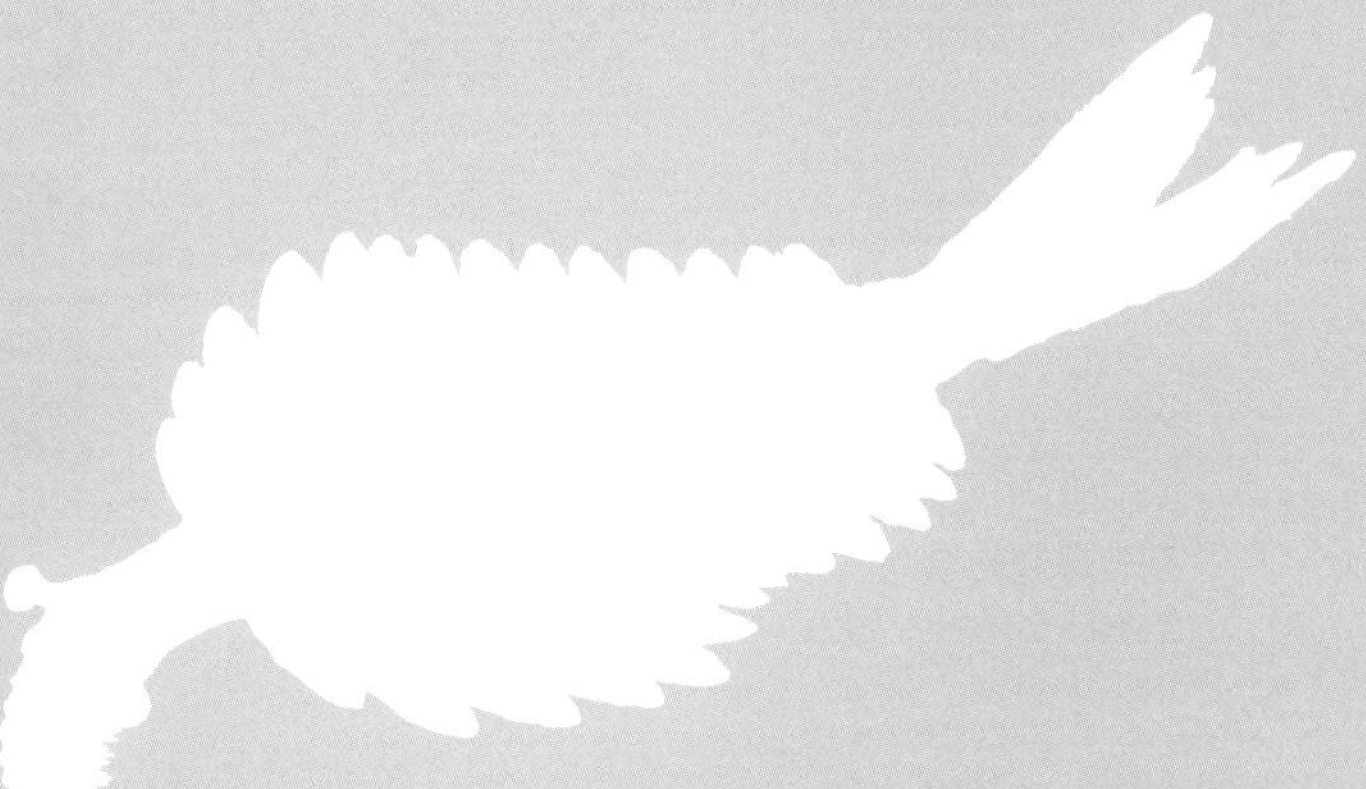

2-1 スティーヴン・グールドの考えた進化説

この章でまず、「爆発的進化」とは何を指すか、ということを明確にしておくことにします。爆発的進化とは単純には言えば、「今から五億四〇〇〇万年前に始まるカンブリア紀に生命が急激に進化を起こした現象」ということになります。ただ、これではあまりにも簡単な表現です。

スティーヴン・グールドは、カンブリア紀以前に複雑な動物の化石が発見されていないことと、カンブリア紀に奇妙で分類の困難な動物の化石が数多く発見されていることから、爆発的進化という考えを推し進めました。生物はある時期に入ると、急激に多様化し、その期間以外

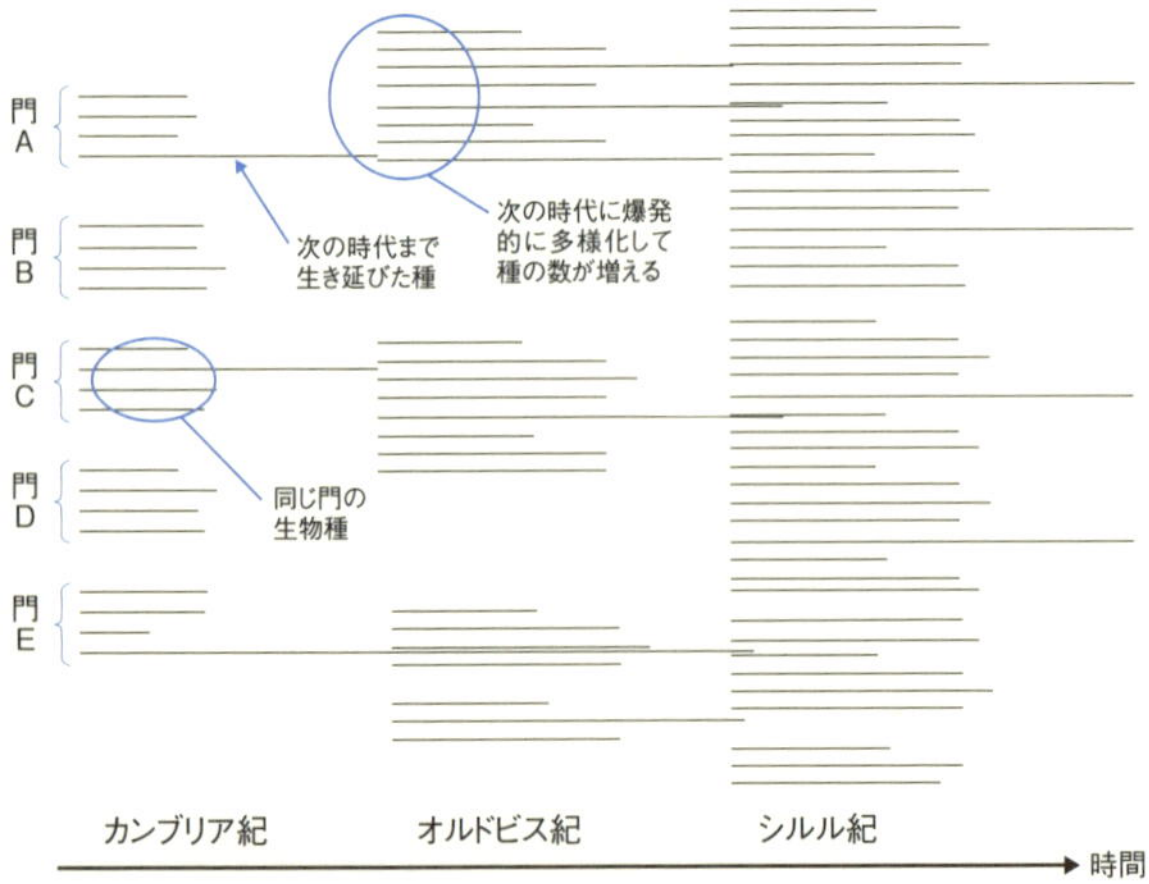

図2-1
カンブリア紀の爆発的進化
グールドの爆発的進化説によると、生物はある時期に入ると突然爆発的に多様化する

ではほとんど変化しないという考え（断続平衡説）です。この考えはセンセーショナルな考えで大変脚光を浴びました。しかし、カンブリア紀の進化について言えば、最新の研究によって部分的に変更されてきた部分（カンブリア紀の前の大きな進化）や、内容の詳細が明らかになってきたところがあります。

この章ではまずそれらについて、つまり、今現在カンブリア紀の爆発的進化とは具体的には何を指すのかまとめておくことにします。

生物群の出現

カンブリア紀は五億四二〇〇万年前から始まるということが、最近国際委員会で決定されました。この時期は生物が硬い組織を獲得し、歩いた痕《あと》などの生痕《せいこん》化石や生物のある器官の断片である小有殻化石群《しょうゆうかくかせきぐん》（SSF：Small Shelly Fauna）が多産しています。

この時期の様子を具体的に把握するためには、中国で見られる連続した地層を見てみるのが最適です。詳細は4章に譲りますが、地層がリン（燐）を多く含む層になると、小有殻化石群と生痕化石が突然現れることが観察できます。これらは生物活動の明瞭な痕跡《こんせき》であり、それより古い地層の中には主に単細胞の生物しか見られません（一部、3章で詳しく説明するエディアカラ生物群のような多細胞の動物が存在します）。ということは、生物学的な意味でのカンブリア紀の爆発的進化は、まさにこの時期に始まる現象と言えます。

このような小有殻化石群は一般にはなじみの薄い生物（の痕跡）ですが、大量に出土し、また世界中から見つかります。したがってこの時代から、硬い組織※を持ち、後の時代につながる生物群が数多く登場することになります。小有殻化石群は連続して現れ、少しずつ形態を進化させ、数百万年の後に最初の三葉虫《さんようちゅう》の化石が現れます。またそれから数百万年の後、澄江《チエンジャン》動物群、バージェス頁岩《けつがん》動物群が現れます。これらの生物は途切れることなく連続して地層の中に現れます。したがって、カンブリア紀の爆発的進化のさきがけは小有殻化石群の出現と共に始まった、と言うことができるのです。

硬い組織の獲得と軍拡競争

生物の進化を促す原動力として、「軍拡《ぐんかく》競争」が知られています。生物には捕食《ほしょく》─被食《ひしょく》の関係が観察できますが、捕食者がより有効な攻撃方法を獲得すると、被食者の側も、生き残るためにより有効な防御方法を進化させます。すると攻撃者はさらにそ

※硬い組織はこれ以前にも現れています。したがって、量と質の問題として捉えてください。

れを上回る攻撃方法を獲得し、……と両者は進化し続けることになります。このような進化のプロセスは国家間の軍備《ぐんび》拡張《かくちょう》競争にたとえられます。

カンブリア紀の爆発的進化は、生物が硬い組織を獲得したことによって食う食われるという軍拡競争が拡大し、このことが原動力となって多くの新しい生物が地球に登場した現象と言うことができます。

小有殻化石群の出現の背景には、リン（燐）の存在を挙げることができます。世界中のこの時代の地層をみると、地層がリンを大量に含む層になった時期と、硬い殻を獲得して大量に生物の痕跡が残るようになった時期はぴたりと重なります。この点で、爆発的進化と地球環境の変化には何らかの関係があると言うことができるかもしれません。

図2-2
捕食ー被食関係による進化

「軍拡競争」の抽象的な概念を示す。カンブリア紀の生物に限らず生物一般に言えることだが、捕食者は攻撃機構を進化させることで獲物を得やすくなり、生き残りやすくなる。被食者も防御機構を進化させることで捕食を逃れ、生き残りやすくなる。このように生存競争のための果てしない進化が続く。

2-2 爆発的な進化と環境の影響

カンブリア紀の爆発的な進化に対する環境の影響として、リン（燐）の存在を挙げました。これは地層（地球環境）を見ていると化石の出現と明瞭な対応があるので、極めて重要な点と言えます。しかし、生物の長い時間にわたる進化の過程で、リンの存在は最後の一押しとも言うべき環境の影響であることに注意する必要があります。この節では、他のもっと長い時間スケールで起こる進化の原動力についてまとめておきます。

環境の変化による生物の絶滅

まず環境の影響という点では、地球全体が長期に渡って寒冷となると、生物は大絶滅を起こすことがわかっています。[※1] すると、絶滅した生物に代わって新しい生物が進化してきます。

一番わかりやすい例としては、中生代の末に[※2]大隕石《いんせき》が衝突し恐竜などが絶滅したことが挙げられます。この際は寒冷化というよりも、大隕石衝突が環境の変化を引き起

※1 大絶滅には、海洋の酸素欠乏など他にもいくつかの要因があります。

※2 中生代末には、大隕石衝突以外にも環境変動の要因があったことが、最近わかってきています。

こしているのですが、中生代の大型爬虫類《はちゅうるい》など多くの生物がこの時に絶滅し、その後、哺《ほ》乳類《にゅうるい》などの生物が進化するきっかけとなりました。大進化のきっかけは先行する生物の大絶滅にあり、その原因として環境の変化を挙げることができます。

では、カンブリア紀の爆発的な進化についてはどうでしょうか？　この場合にも何か先行する生物がいて、その絶滅がきっかけとなり、爆発的な進化が起こったのでしょうか？　あるいはこの場合だけは特殊で、先行する生物は存在せず、何もないところからカンブリア紀の生物が生まれてきたのでしょうか？

この問題に対する明確な答えは現在のところありません。筆者自身の考えとして、何もないところから、カンブリア紀に入って突然生物が

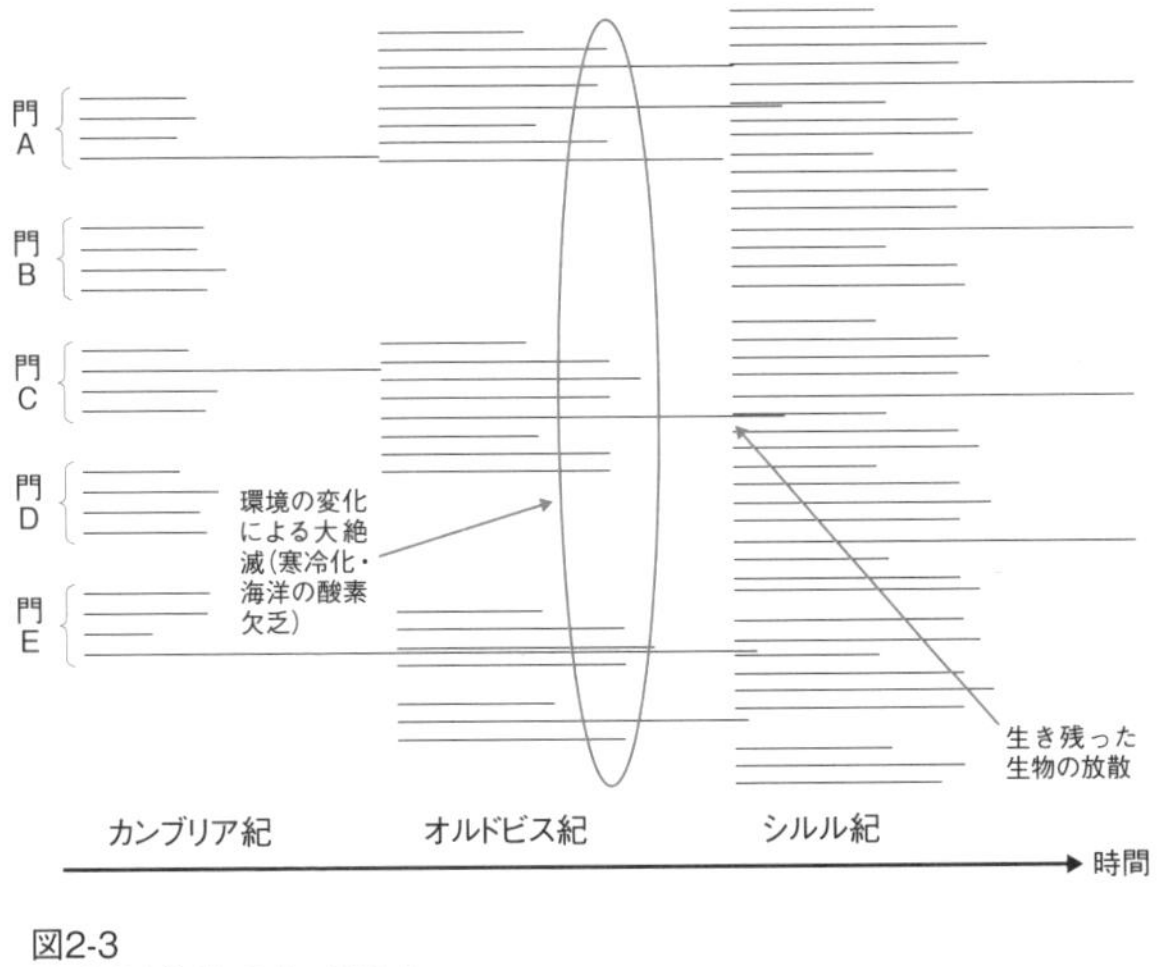

図2-3
大きな進化のシナリオ
環境の変化によって大絶滅が起こると、生き残った生物が放散する

大進化を起こした、ということではないのではないかという見方を挙げておきます。筆者は、カンブリア紀以降の進化の歴史と同じく、生物は入れ替わりを経ながら進化を起こしてきたのだと考えています。カンブリア紀の前の時代にも生物はいて、入れ替わりながら新しい生物が進化してきたのではないでしょうか。

このことを示すはっきりとした証拠は現在のところあまり多くはありませんが、3章で詳しくみるように、カンブリア紀の前の時代にも多くの生物がいたことが、より詳しくわかるようになってきました。祖先的な生物たち（大きな分類単位にまとめられる生物たち）がかなり登場してきたように思われる証拠が近年出始めているのです。また、明瞭な入れ替わりかどうかはわかりませんが、カンブリア紀の前の時代の末期にも寒冷現象が起こり、生物が絶滅したことがわかるようになってきました。

もう一つ忘れてはならないことですが、カンブリア紀の次の時代のオルドビス紀にも、生物は大きな進化を起こしたことがわかっていることです。ですので、カンブリア紀の進化の時期を、極端に過大に表現する姿勢には筆者は疑問を感じます。先ほど述べたように、全ての新しい生物が一度に出現したというのではなく、「先行する祖先的な生物がすでにいて、硬い組織を獲得して多様化した時代がカンブリア紀の進化の時期」と言えるように筆者には思われます。

2-3 爆発的な進化と遺伝子の影響

進化を促すその他の大きな要素として、遺伝子の存在を挙げることができます。カンブリア紀の爆発的な進化という現象に対して、遺伝子はどのように作用したのでしょうか？　遺伝子はまさにこの時代に多様化したのでしょうか？　あるいは、遺伝子の進化とカンブリア紀の進化にはより複雑な関係があるのでしょうか？

生物の進化と遺伝子の進化

近年の急激な研究の進展により、カンブリア紀よりずっと前の時代（九億年前くらい）に、遺伝子が大きく進化していたことがわかるようになってきました。※遺伝子の進化についての知識は最近急激に増加しているので短くまとめるのは極めて難しく、またこれらの表現は誤解を生みやすいので注意が必要です。しかしともかくも、遺伝子の進化はカンブリア紀の進化の時代よりずっと前に起こっていることが部分的にわかり、カンブリア紀の生物を研究する者にとっては悩みの種となっていると言えます。カンブリア紀の生物進化と遺伝子の進化の関係を解釈するには、次の二つの考えをと

※ちょうどカンブリア紀の直前に形を決める遺伝子が進化したとする学説もあります。

ることができます。

（A）遺伝子の進化の時期と同時に生物の姿かたち※は変化したが、化石は残らず、硬い組織を獲得したカンブリア紀に初めて、それらの姿が化石に残るようになった。

（B）遺伝子は前の時代に進化したが、生物の姿かたちはそれからずっと遅れて変化した。

この二つの考えのうちどちらが本当なのか、現在のところ全く不明となっています。はっきりどちらか、と問われても苦しいので、筆者にはこの二つの混ざった状態が本当のところのようにも思えてきたりします。あまりにも根本的な問題であるにもかかわらずよくわかっていないので、筆者と同じような気持ちの研究者も多いようです。ただ、近年の研究によって、多分に（A）である要素が確認されつつあるように思われます。すなわち、これまでは存在しなかったと思われた前の時代（エディアカラ紀）の生物進化の様子が、次第に明らかになりつつあるというわけです。

またカンブリア紀にとらわれず生物を広くみてみると、遺伝子の進化と生物の姿かたちの変化との関係にはさまざまな場合があることがわかってきました。そもそも生

※この節で「生物の姿かたち」と書いたところは、正確には「表現型」を指しています。表現型は遺伝子型に対立する概念であり、生物の外見的な特徴を指します。

命現象はバリエーションに富むので、これらの関係を一言でまとめることは非常に困難です。ただ、一般に遺伝子の進化と生物の姿かたちの変化が一致する例はどちらかというと例外で、ずれている場合が多いように思われます。すなわち、生物が実際に姿かたちの変化を起こすずっと前の時代に遺伝子の進化が済んでいる場合が多くあります。またこれらの関係は一様ではなく、姿かたちは変わらないのに、遺伝子だけくるくると変わる場合も多くあります。

まとめると、遺伝子進化はカンブリア紀より前に起こっていたことが部分的にわかっていて、生物の姿かたちの変化との関係や解釈は、実際は複雑であるということが言えます。

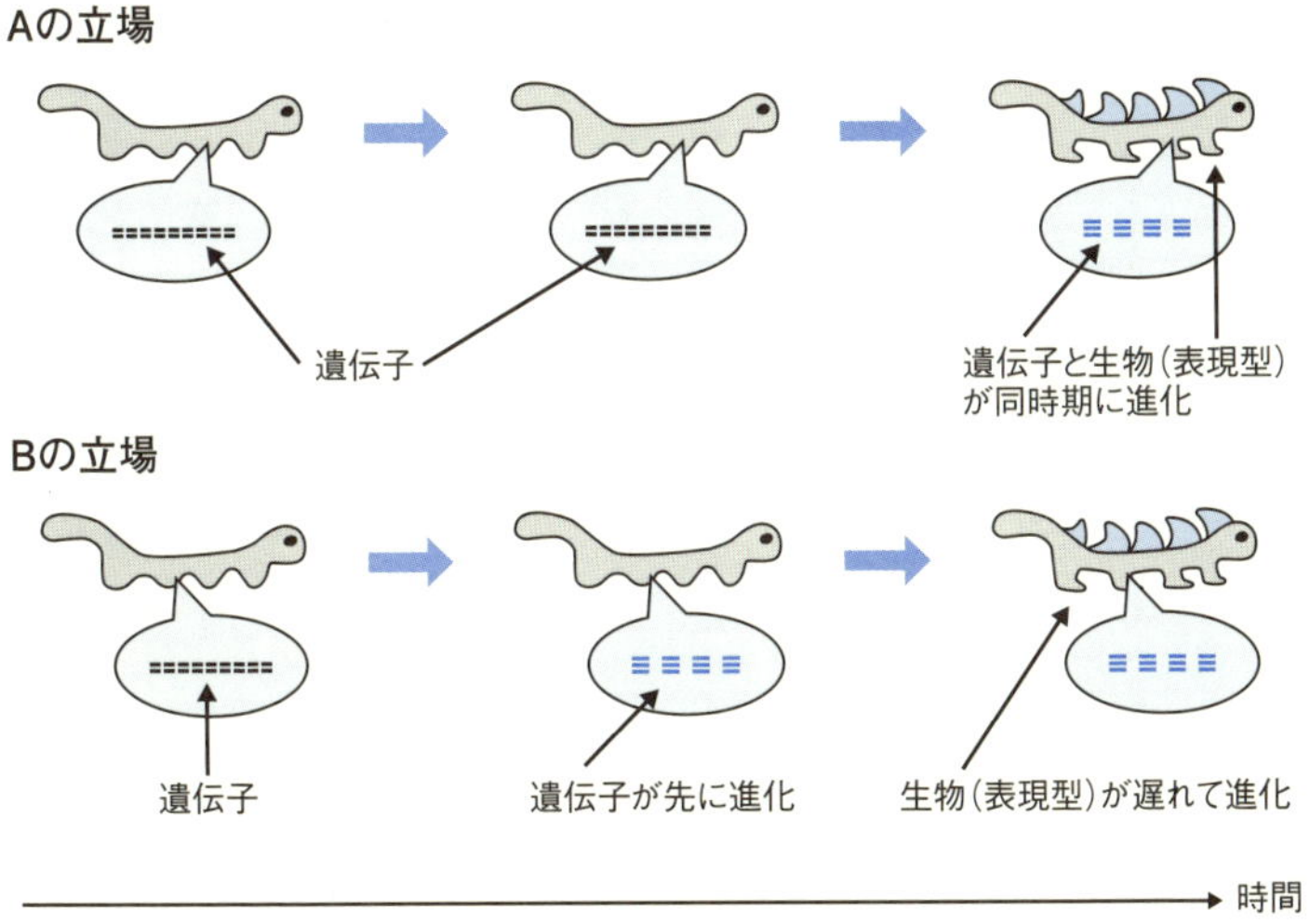

図2-4
生物進化と遺伝子の進化

2-4 本当に進化は爆発的に起こったか？

　これまでのところでカンブリア紀の爆発的進化を「前の時代にすでに出現している祖先的な生物に、硬い組織がもたらされることによって軍拡《ぐんかく》競争が拡大し、新しい生物が数多く出現した現象」とまとめました。

　しかし、この表現はいささか単純すぎて、かなり誤解を生じさせやすい言い回しであるように筆者には思えることを、ここにつけ加えておきます。というのは、そもそも軍拡競争がそれ以前の時代になかったかと言えば、本当のところはまだよくわかっていないのです。実際に、前の時代にも軍拡競争はあったのではないかと思われる証拠が少しずつ出始めている点について、3章で詳しく触れていきます。

　また、硬い組織の獲得についても、それ以前になされていることがわかっています。カンブリア紀の前の時代の、同じくリンを多く含む地層に、生物の小さな進化が起こっていることが近年わかるようになってきたのです。まとめると、カンブリア紀の時代に初めて捕食《ほしょく》関係と硬い組織を持った生物が現れたということではなく、これらの現象はその前の時代から少しずつ芽生えていたものの、カンブリア紀の時代において

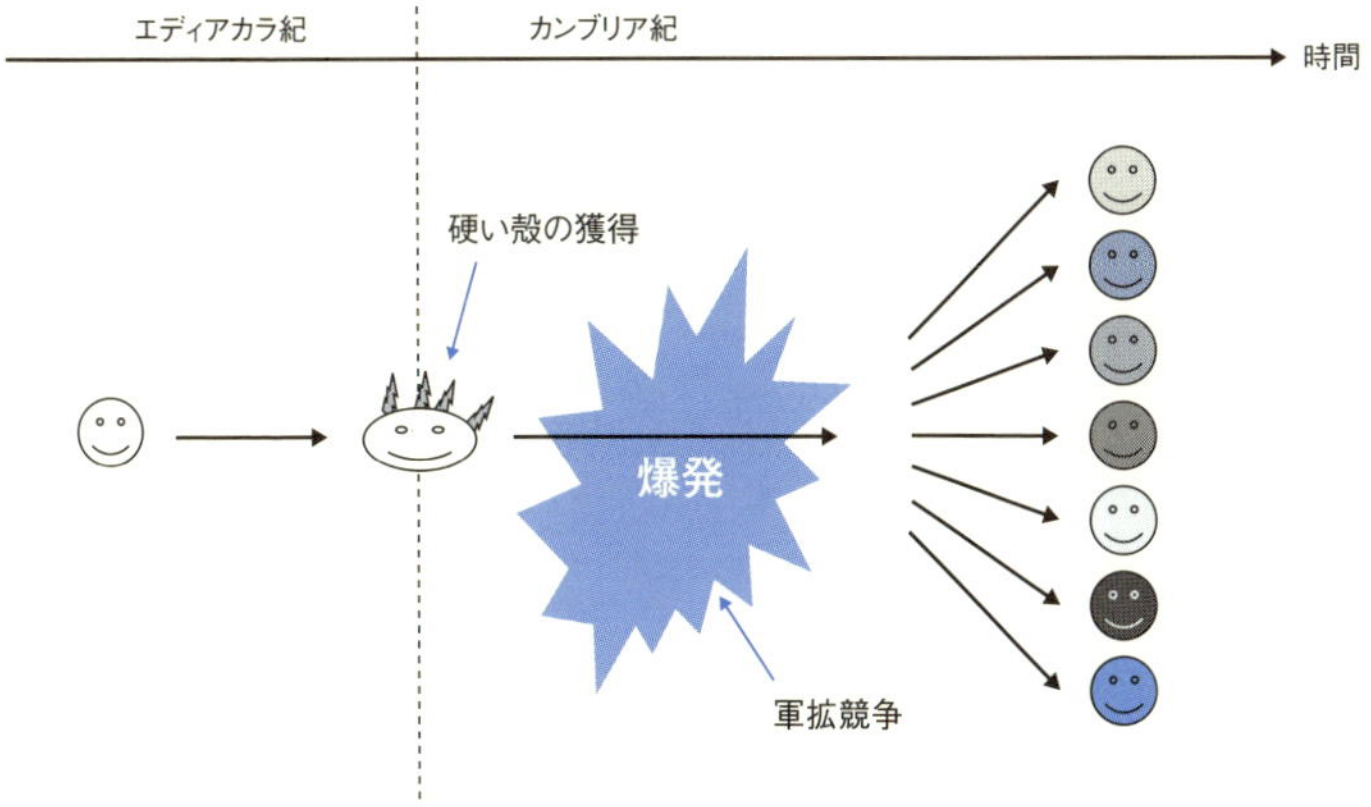

図2-5
単純化された爆発的進化のスキーム
一般書等における従来の単純な理解では、「カンブリア紀に入ってから生物は硬い組織を獲得し、軍拡競争が拡大して生物が爆発的に多様化した」とされる

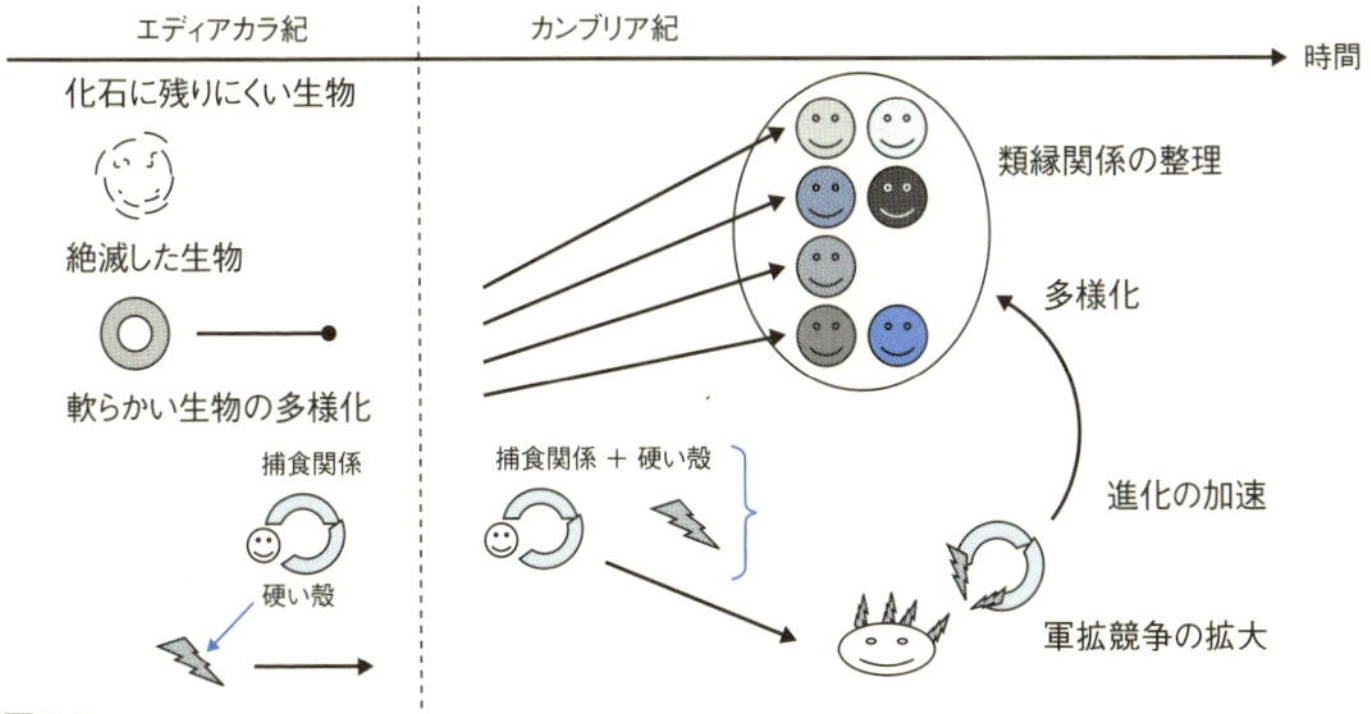

図2-6
現在理解されている基本スキーム
現在理解されている基本スキームでは、「そもそもエディアカラ紀の生物は化石に残りにくく研究が進んでいなかったが、軍拡競争の存在や、硬い組織獲得の芽生えがあったことがわかりつつある。また、カンブリア紀に入って多様化が拡大したが、その類縁関係は整理されつつある。その結果カンブリア紀の進化は、生物は少しずつ進化したという一般的な進化のしくみと共通する」ということになる

量的に大きく拡大した、というのが正確な表現のように筆者には思えます。
さらに、謎の多かったカンブリア紀の生物についても、5章以降に詳しく見るようにだんだん正体がわかってきました。過剰に多様性が強調されたカンブリア紀の生物ですが、類縁《るいえん》関係が整理されてきたのです。このような研究成果は1章で触れたように、中国の澄江《チエンジヤン》等における新たな化石の発見によってもたらされました。

以上のようなことをつきつめると「生物は少しずつ進化した」ということになり、進化のメカニズムについても、「カンブリア紀の進化は特殊ではなく、それ以降の進化のしくみと共通する部分がある」ということになります。物理学という広い範囲で成立する法則を追求する学問を勉強した筆者にとって、受け入れやすい考え方と言えます。また今後は、このような見方が広まっていくように筆者には思われます。

第3章

カンブリア紀の前から準備されていた進化

3-1 最初の多細胞生物はいつ生まれたか？

単細胞の生命は、地球が形成され環境が落ち着いてまもなく誕生したことがわかっています。今から三〇数億年前のことです。それから二〇億年以上、単細胞生物の時代が続きます。それでは多細胞の生命はいつ頃誕生したのでしょうか？　これは、現在のところとても難しい問題で、はっきりとした証拠と年代は定まっていません。十数億年前の地層から生物が這《は》った痕《あと》などの化石（生痕《せいこん》化石）がいくつか報告されていますが、これらが多細胞生物の動き回った痕だと断定するのはとても難しいことだと言えます。

あとで詳しく述べるエディアカラ紀（六・三〜五・四億年前）より以前の多細胞生物の証拠としては、近年、北米とオーストラリアで「ビーズの糸」と呼ばれる多細胞生物の化石が一五億年前の地層から見つかりました。名前の通り団子《だんご》を串刺《くしざ》しにしたような形をしていて、全く別の地域の同時代の地層から見つかっているのが特徴です。研究者の名前をとってホロディスキヤとも呼ばれるこれらの生物の生態や後の生物群との関連については、今後の発掘、研究によって進展が見られるかもしれません。また、中国やロシアの八〜一〇億年前の地層からも、多細胞生物の化石が報告されています。しかしこれらの報告もまだ散発的で、詳しい分析が必要です。

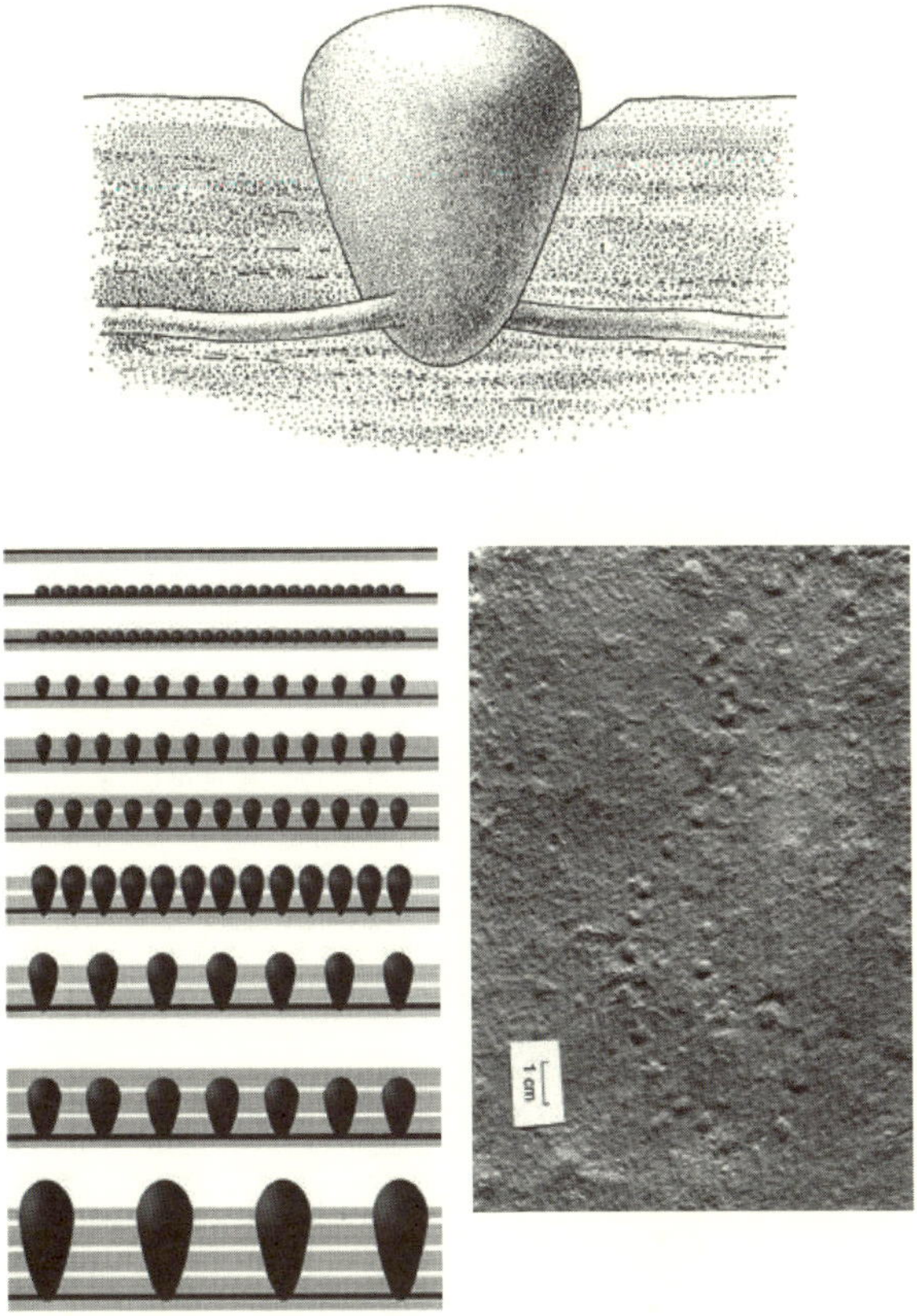

図3-1
ビーズの糸
フェドンキンが考えるホロディスキヤ（ビーズの糸）の生態。当初はつながっている個体のコロニーとなっている（左下図の最上部）。成長するにしたがってそれぞれの個体が離れていくが、土の中ではつながっている。その結果、それぞれの個体は直線状に並んだと考える。
Fedonkin 2003, 2008 ©by the Paleontological Society of Japan

今から七億年ほど前になると、地球全体が氷河に覆われる寒冷な時代に入ります。寒冷期は地球の歴史の中で最も厳しいものの一つで、数千万年以上の期間に渡って地球は数回の大きな氷河期を迎えることになります。その中で大きなものはスターシアン氷河期（約七億二〇〇〇万年前）、マリノアン氷河期※（約六億三〇〇〇万年前）と呼ばれています。さらにこれらの期間、地球上の海洋の全てが凍りついてしまったとする学説が地球雪球仮説《ちきゅうせっきゅうかせつ》（スノーボールアース）です。仮に最も厳しいスノーボールアースが実現すると、海洋が氷で閉ざされてしまいますので、単細胞生物以外は姿を消してしまうことになります。一方、とても厳しい氷河期だけれども一部にでもオアシスのような海が残されているとシナリオは全く異なり、そこで多細胞生物が生き延びるチャンスが生まれてきます。このようにスノーボールアース仮説の真偽は生命の進化とも大きく関係するので注目を集めているのですが、まだ決着はつかずに検証が進んでいるところです。

この地球史上最も厳しい氷河期の時代を脱すると、いよいよ多細胞生物の進化が始まることになります。これらの痕跡《こんせき》はまず、エディアカラ生物群と呼ばれる数十センチの化石群として地球上に数多く残されることになります。また、代表的なエディアカラ生物群以外の化石研究も次第に進展するようになってきました。

※氷河期は三千万年ほど続いたとの見方があります。

3-2 大氷河期の最古の大型生物

六億三〇〇〇万年前のマリノアン氷河期（スノーボールアースの時代）が終わった後も、カンブリア紀が始まるまでの一億年弱の間、かなり寒冷な時代が続いていました。この期間については、近年国際委員会によって正式にエディアカラ紀と呼ぶことが決定されました。また、カンブリア紀の始まりは、カナダ・ニューファンドランドに見られる五億四二〇〇万年前の地層を基準とすることも近年決まりました。これらの決定は非常に最近なされましたので、既存の文献では古い呼び名や時間が記載されていると思います。

エディアカラ紀に入るとエディアカラ生物群が大繁栄するようになりますが、その前の時代の地層にエディアカラ生物とは異なる生物の化石が見つかっています。カナダ北西部、マッケンジー山脈のツウィチア層に見られ

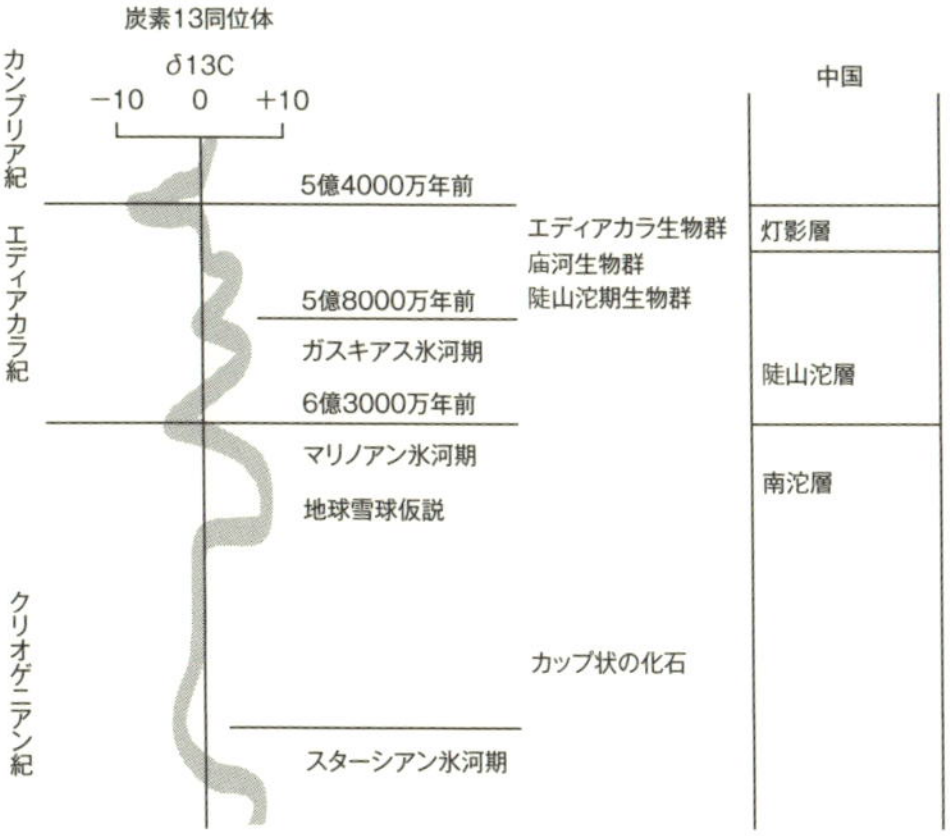

図3-2
氷河期と生物相

るディスク状の化石です。

この地域は、原生代後期からカンブリア紀に続く地層が連続的にとてもきれいに見られるところですが、全くの無人地帯で道路もなく一般にはアクセスが不可能です。しかし一九九〇年に、カナダ、クイーンズ大学のホフマン博士らが調査に訪れ、苦労の末にエディアカラ生物のように見える印象《いんしょう》化石《かせき》※を発見しました（写真5）。化石のあった地層はマリノアン氷河期（約六億三〇〇〇万年前）の堆積物《たいせきぶつ》の下に位置し、エディアカラ紀の前のクリオゲニアン紀に属します。これらの円盤状の印象化石は、エディアカラ生物のようなカップ状の生物が、降り積もった土砂によって一瞬のうちに固められたものと解釈されています（図3-3）。

ホフマン博士らの論文には、「一〇〇個ほど採取した標本の中には多少のバリエーションが見られ、ロシアの白海で見つかっているニンビア、ベンデラ、イリニダスなどのエディアカラ生物に似ているかもしれない」とあります。しかし、その他のエディアカラ生物群との類似性は追認されておらず、「疑わしいツウィチア層のカップ状の生物」などと呼ばれたりもしています。

結局これらはエディアカラ生物群とはみなされておらず、本当のエディアカラ生物群は五億八〇〇〇万年前に起こったガスキアス氷河期より後の時代の地層に見られる

※本体は消失してしまったが、本体の模様などが本体を囲んでいた岩石に残されてできた化石のことです。

生物を指します。ただしそのガスキアス氷河期以降の地層からは、従来考えられていたよりも多様な多細胞生物の化石が発見されており、近年研究が活発に進むようになってきました。

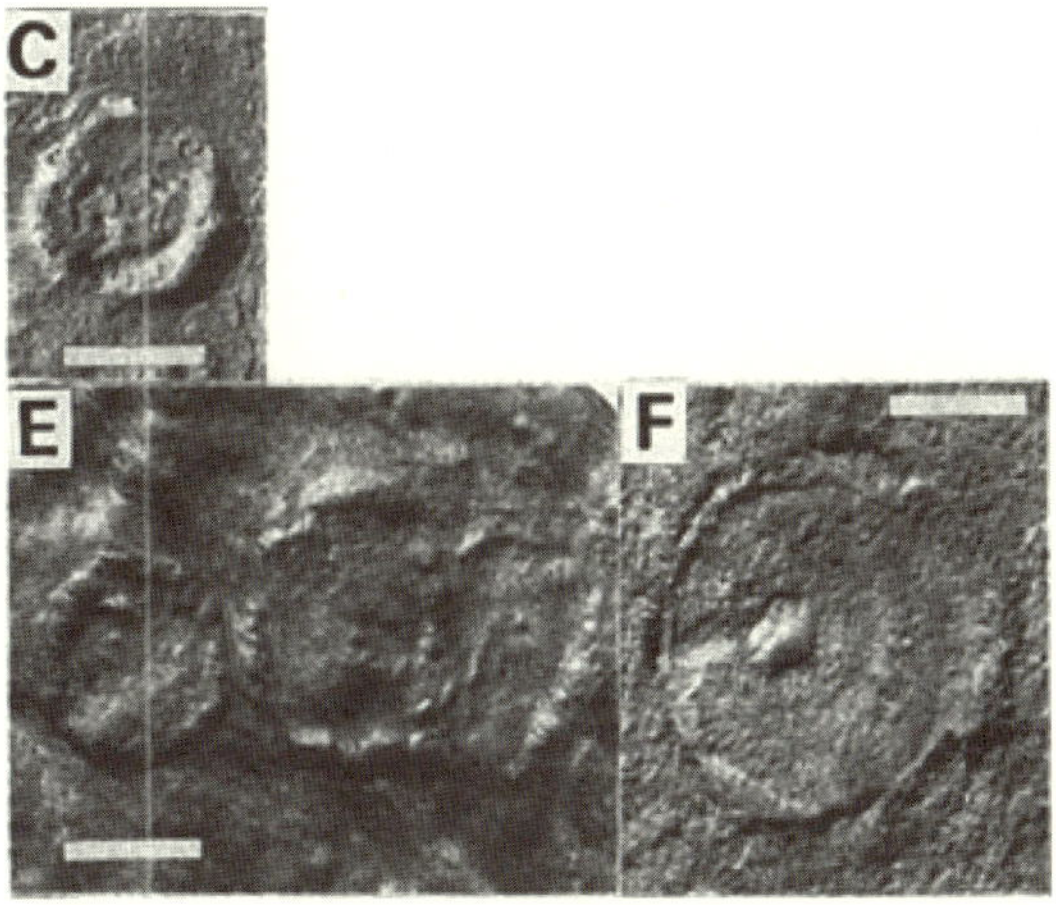

C
E
F

写真5
エディアカラ生物のように見える印象化石
カナダ・ウエルニケ山から見つかる、エディアカラ生物より古い多細胞生物の化石。これらは、他に同年代の化石がいっさい見つからないため、その正体は謎となっている。

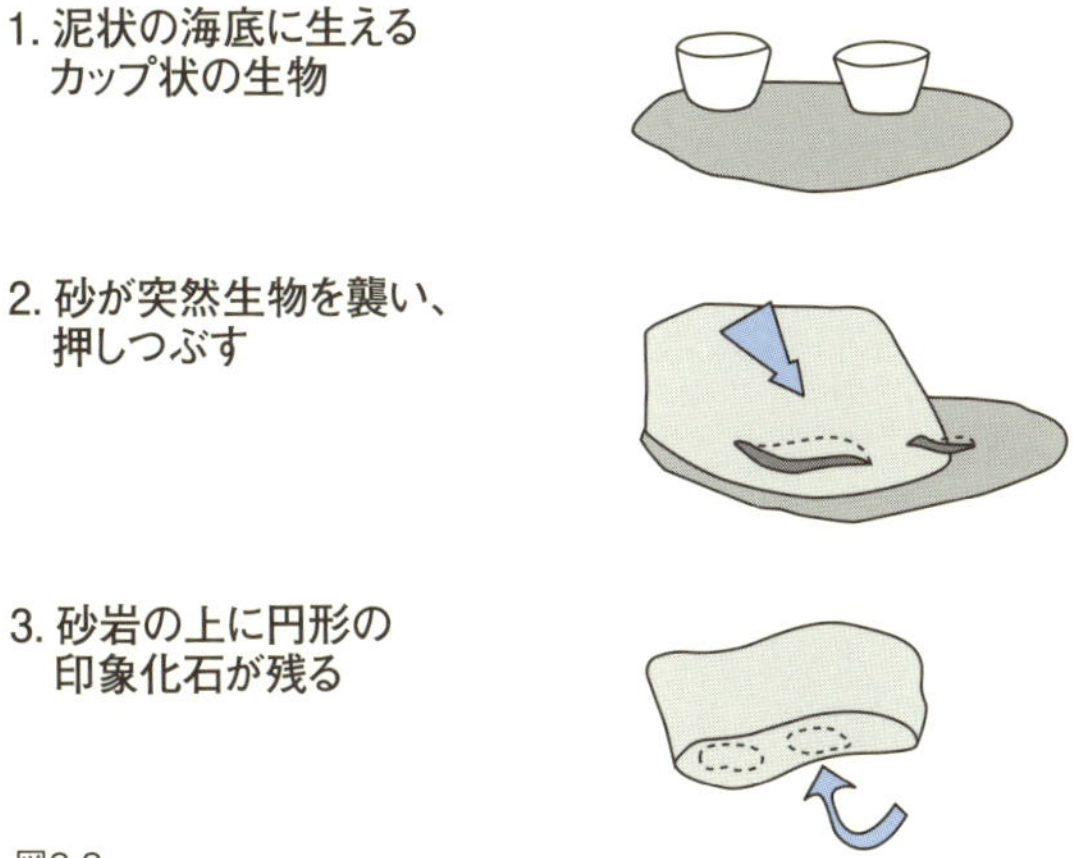

1. 泥状の海底に生える
カップ状の生物
2. 砂が突然生物を襲い、
押しつぶす
3. 砂岩の上に円形の
印象化石が残る

図3-3
カップ状からディスク状へ
カップ状の生物が押しつぶされてディスク状の生物になったとする説
Miller Museum of Geology, Queen's University, Kingston, Ontario, Canada

3-3 明瞭に残る最古の多細胞生物

中国には日本では見られない大きな大陸性の地盤があります。この中には「揚《よう》子《す》プラットフォーム」という先カンブリア時代からカンブリア紀、さらにオルドビス紀までの幅広い時代の地層が含まれており、地質や古生物のいい研究対象になっています。

貴州省の瓮安《ウエンガン》地域にはこの連続した地層の一部が露出し、そこに見られる多細胞生物に関する研究が進んできました。この地層は陡山沱《ドウシャンツオ》層と呼ばれています。この地層は、年代的にはエディアカラ紀直前のマリノアン氷河期（六億三〇〇〇万年前）とエディアカラ紀中ほどのガスキアス氷河期（五億八〇〇〇万年前）に位置しています。この多細胞生物の化石を含む地層の特徴は、リン酸塩層であることです。陡山沱層には一〇メートルほどの石灰層の上に六メートルほどのリン酸塩の層があり、このリン酸塩の層はいったん途切れますが、その上に再び数メートルのリン酸塩の層が位置しています。そこにさまざまな微《び》化《か》石《せき》が含まれているのです。「リン酸塩」というのは、後で詳しく述べるカンブリア紀の爆発的進化の重要なキーワードとなりますので、覚えておいて下さい。微小な生物が生息していた当時の環境は、まだ酸素量の少ない、浅い海洋だったと思われます。

　出土する化石の量や種類は豊富ですが、注目すべきは、〇・〇一ミリメートルから一ミリメートルほどのきわめて小さなサイズの海綿です。顕微鏡《けんびきょう》や電子顕微鏡で観察するような大きさでありながら、現在の海綿《かいめん》と同じ構成要素が多く見られます。議論の余地はあるものの、かなりの精度で海綿と判断できる材料がそろっています。そのほか、地衣類《ちいるい》や海草と見られる化石、床板珊瑚類《しょうばんさんごるい》と見られるチューブ状の化石（写真6）、アクリタークなどが見られます。系統的にどのような位置を占めるのかは検討の余地が残されていますが、実に多様な微化石群が数多く見られることは確かです。

　微化石群の中で重要視されているものに、多細胞動物の胚《はい》または卵と思われる生物の化石があります。この多細胞動物の胚（もしくは卵）と思われる化石については本文執筆中も次々と論文が発表され、左右相称《さゆうそうしょう》動物、アクリターク、硫《い》黄酸化細菌《おうさんかさいきん》、あるいは卵割《らんかつ》中の動物の卵とさまざまな解釈が

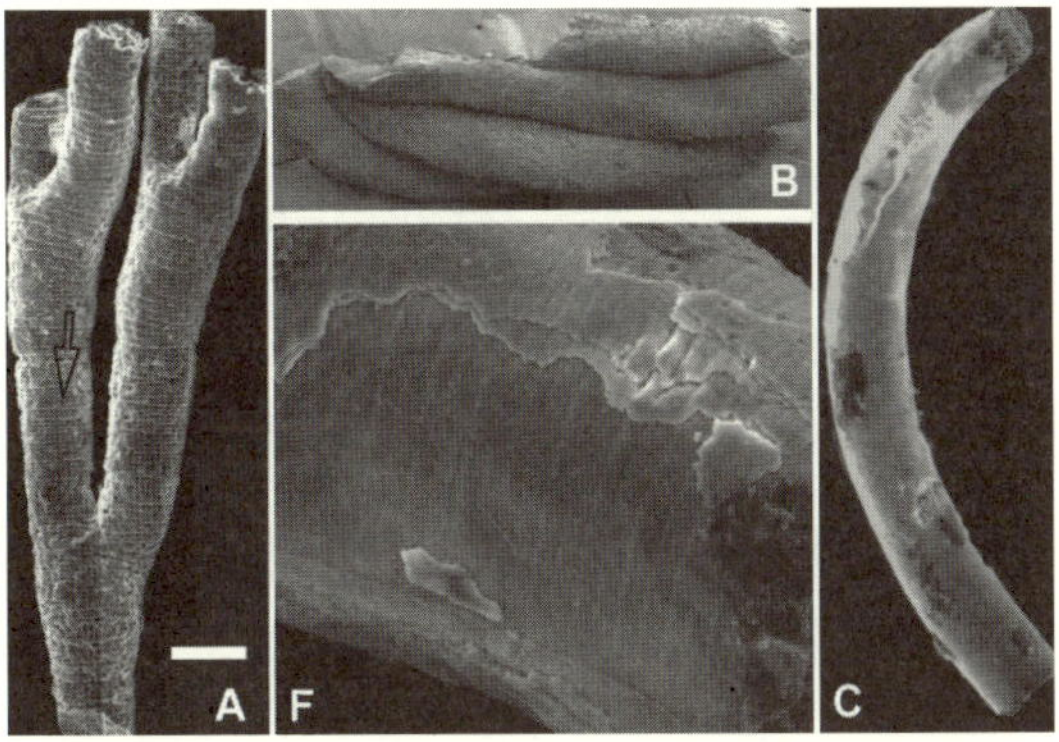

写真6
床板珊瑚類と見られる化石
©2008 National Academy of Sciences, U.S.A.

床板珊瑚の化石と報告されている微化石。正確にはどのような生物か議論の余地が残っているが、多様な生物がカンブリア紀の前に出現したことがわかる。

提出されています。議論は白熱しているさなかなのですが、ここでは陳均遠《チェンジュンヤン》博士が提唱する左右相称動物だとする説を紹介しましょう。

左右相称動物の胚化石？

多細胞動物の分類では、原始的なものから海綿門などの不定形の生物が最初に分かれ、次にクラゲ、ヒドラなどの放射《ほうしゃ》相称動物が分かれます。さらに組織化されて高度に進化していったグループが左右相称動物ということになります。これは右と左が同じ形をしている生物を指し、節足《せっそく》動物などの旧口《きゅうこう》動物と脊椎《せきつい》動物などの新口《しんこう》動物など、残り全ての動物を含みます。貴州省のカンブリア紀より古い地層に左右相称動物の胚と思われる化石が見られるということは、海綿動物やクラゲなどの放射相称動物よりさらに進化した動物が、カンブリア紀より五〇〇〇万年も前の時代にすでに存在したということになるのです。

左右相称動物の胚のような化石は、わずか〇・一ミリメートルほどと顕微鏡《けんびきょう》でしか観察できず、内部までわかるものは非常にまれで、

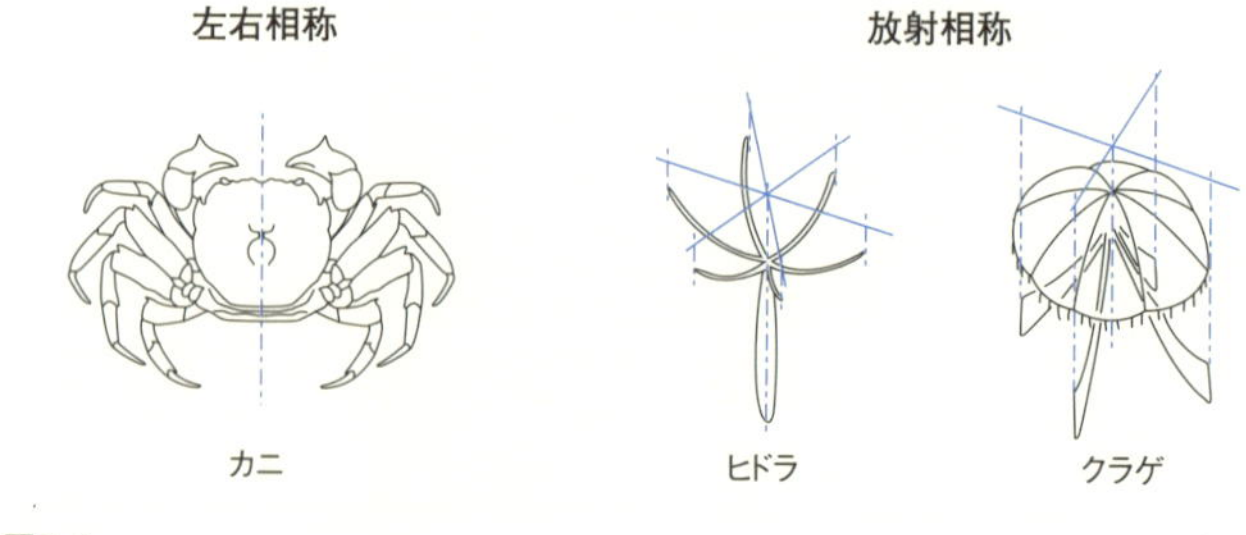

図3-4
左右相称動物と放射相称動物

数千から一万個もの微化石を観察してやっと一つあるかどうかです。そのような状況で、陳均遠博士は苦労の末に一〇以上ものきれいな標本を探し出すことに成功しました。

化石を見ると外側の薄い層が外胚葉《がいはいよう》で、そのすぐ内側の層が中胚葉と思われます。胚というのはこの場合は孵化《ふか》する前の卵の内部の構造を指し、外胚葉は皮膚や神経系に、中胚葉は筋肉や心臓などの臓器になっていきます。左右を分ける中心線上には口と思われる円形の構造が見られ、その内側には咽頭《いんとう》、続いて消化管へと発達する内胚葉であると考えられます。このような構成は三胚葉生物と言われ、無胚葉、二胚葉生物よりも進化した段階にあると言えます。また全体の形は左右が対称に配列されており、左右相称動物の胚であることが想起されます。

陳博士はこの最古の左右相称動物に「ベルナニマルキュラ（貴州小春虫）」という名を与え、米サイエンス誌の論文において、幾層もの断面写真から復元した立体的なベルナニマルキュラの構造を紹介しました（図3-5）。陳博士は、現存の小さな動物と同じようにベルナニマルキュラも海底の岩の隙間に生息し、口から養分を得ていたと推測しています。

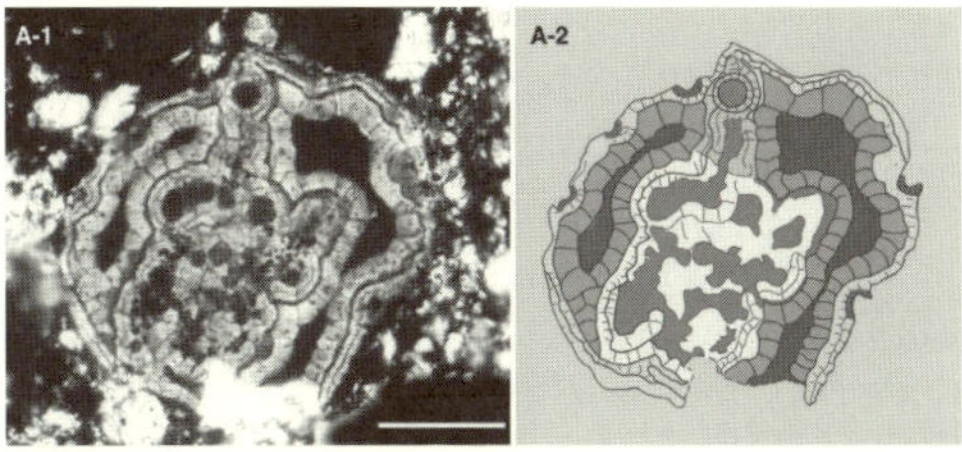

写真7
胚化石

一方、これらの顕微鏡でしか見ることのできない生物を進化した生物の胚と考える立場に反対する声もあります。欧米の著名な古生物学者などからは、「これはただのアクリタークに過ぎない」との批判を受けています。また、胚のみが見つかってなぜ成体が見つからないのか?という批判もあるようです。さらに、巨大な硫黄酸化細菌に似ているとする説や、動物の卵の卵割中の様子であるとする説も出され議論が続いています。しかし、この層から出土する微化石にはこれ以外にもさまざまなものがありますので、生物が何らかの進化の途上にあることは確かと言えるでしょう。

その後、陳博士はよりきれいな他の標本を見つけ、また、他の研究者も研究に参入しています。このような状況のもと、現在では、爆発的進化が起きたとされるカンブリア紀よりも五〇〇〇万年も前の時代に、複雑な構造を持つ動物が登場していたのではないかと考えられるようになってきました。陳博士は論文の最後で「生物の進化はカンブリア紀に爆発的におきたのではなく、そのはるか前からゆっくりと進行していったことが明らかにされつつある」と述べています。

二〇〇五年の夏に筆者は、澄江《チエンジャン》市街のまっただなかにある、陳均遠博士の研究所を訪問する機会がありました。博士の話によると、家族が資産家なのでその財力で独

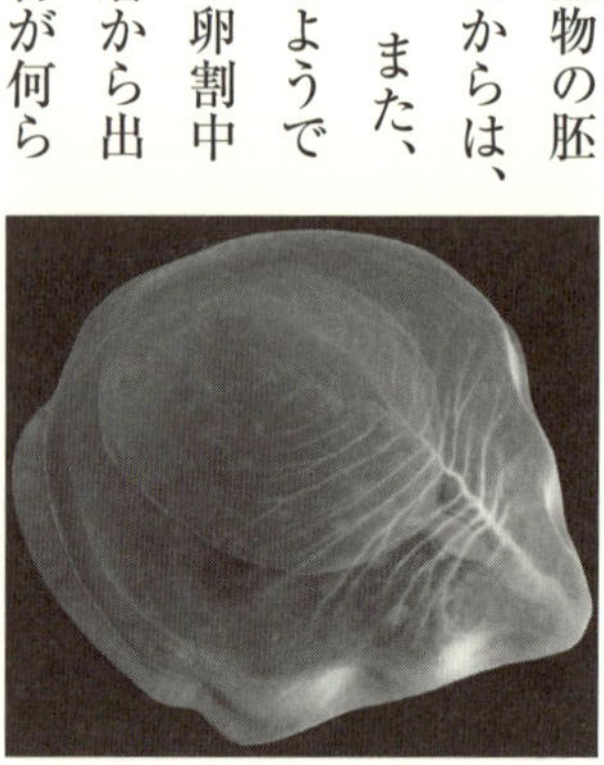

図3-5
ベルナニマルキュラの立体構造
陳博士が復元したベルナニマルキュラ（貴州小春虫）の3次元構造。海底の岩の隙間に生息し、口から栄養を採取したと推定されている。
ⓒ www.abachar.com

自に研究所を設け、研究に打ち込んでいる、とのことでした。日本においてはまずない話なので筆者はとても驚いたものです。その五階建てのビルには宿泊できる場所があり、世界中から研究者が訪れて宿泊しながら共同で研究を進めていました。陳博士の話では、このような体制を作ったおかげで毎日研究に専念でき、大学での仕事や通勤に時間をとられることもないので非常に効率がいいとのことでした。

一歩外に出ると、細い路地でマージャンに興じる人々がいるような中国の地方の小都市なのですが、研究所内は非常にきれいに整理整頓されていました。例えば、屋上の見晴らしのいいところでは欧米式のお茶一式が用意されて、来訪者をもてなす準備がされています。周囲の様子とかなり異なる環境だったので、学術誌などに陳均遠博士の名前が出る度にこのようなことを思い出します。

揚子プラットフォームからは、他にもガスキアス氷河期とカンブリア紀の間の地層に多細胞生物の化石が見られます。建設中の長江三峡《さんきょう》ダムの上流三〇キロメートルほどのところに位置する庙河《ミアオへ》では「庙河動物群」と呼ばれる一連の小さな化石が見られます。報告では、藻や海綿、クラウディナのようなチューブ状の化石、あるいはエディアカラ生物のような化石、またプラノライテスと呼ばれる生痕化石などが見られるとされます。クラウディナとは数ミリメートルのホーン状の硬い殻を持つ生物で、ナミビアなど世界の他の地域からも見つかっているのが特徴です。

　これらの生物に関する研究は発展途上にあり、論文として発表される研究も極めて少ないのが現状です。

　さらに、廟河の近くの西陵峡《ジリンシャ》からは「西陵峡動物群」と名づけられた一連の分類不明な化石が見られます。また西安《シーアン》を首都に持つ陝西省《さんせいしょう》の高家山《ガオジシャン》というところからもチューブ状のクラウディナのような生物が見つかっています。これらは、時代的にはエディアカラ紀の間に散在していて、今後の研究が待たれています。

　次項でエディアカラ生物群の説明に移りますが、それらは薄くて平らな軟組織しか持たない生物です。一方、西陵峡動物群のクラウディナは硬い殻を持っており、薄くて平らなエディアカラ生物群だけがいたわけではないことがわかります。

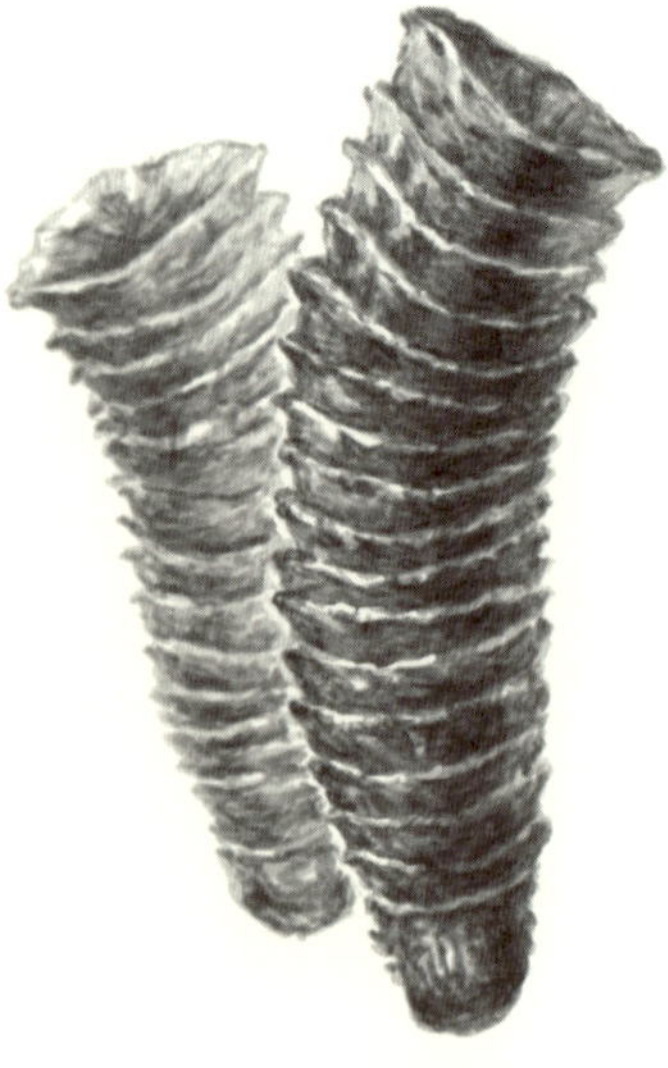

クラウディナ

3-4 地球上に大繁栄したエディアカラ生物群

エディアカラ紀の中ほどに位置するガスキアス氷河期（五億八〇〇〇万年前）より後の時代の地層からはエディアカラ生物群の化石が多産するようになります。世界中の多くの場所で同様の化石が見られるので、当時の海洋に大繁栄した生物群であると言えます。ここでは、筆者が訪れたカナダのニューファンドランド島で見られるエディアカラ生物群から紹介していきましょう。

ニューファンドランド島のエディアカラ生物群

ニューファンドランド島は北米の最東端に位置するカナダ領の島です（図3-6）。ヨーロッパに最も近いところにあるので、ヨーロッパと北米を結ぶ交通の要所として重要な役割を果してきました。タイタニック号の救助船が着いたところとしても知られています。

ニューファンドランド島の最南東端にはコープ岬と名づけられた岬があります。その周辺は人工物のない無人の場所なのですが、島を周回する道路とコープ岬へ向かう未舗装《ほそう》の車道があります。その車道から踏み分け道を海岸づたいに三〇分ほど歩くと、ミステークン・ポイントと名づけられた場所にたどり着きます。一九六七年、インドからニューファンドランド大学に留学していた大学院生のS・B・ミスラは、化石を探しながら周辺を移動する途中、このミステークン・ポイントで岩の表面にある化石を目にとめました。ミスラは大学に成果を持ち帰り、アンダーソン教授のもと一流科学誌であるネイチャー誌にエディアカラ生物群の化石をカナダ東海岸で見つけたと発表しました。それ以後、このあたりのエディアカラ生物群は世界的に有名になり、研究も盛んに行われるようになりました。

筆者が訪れたのは二〇〇四年の夏でした

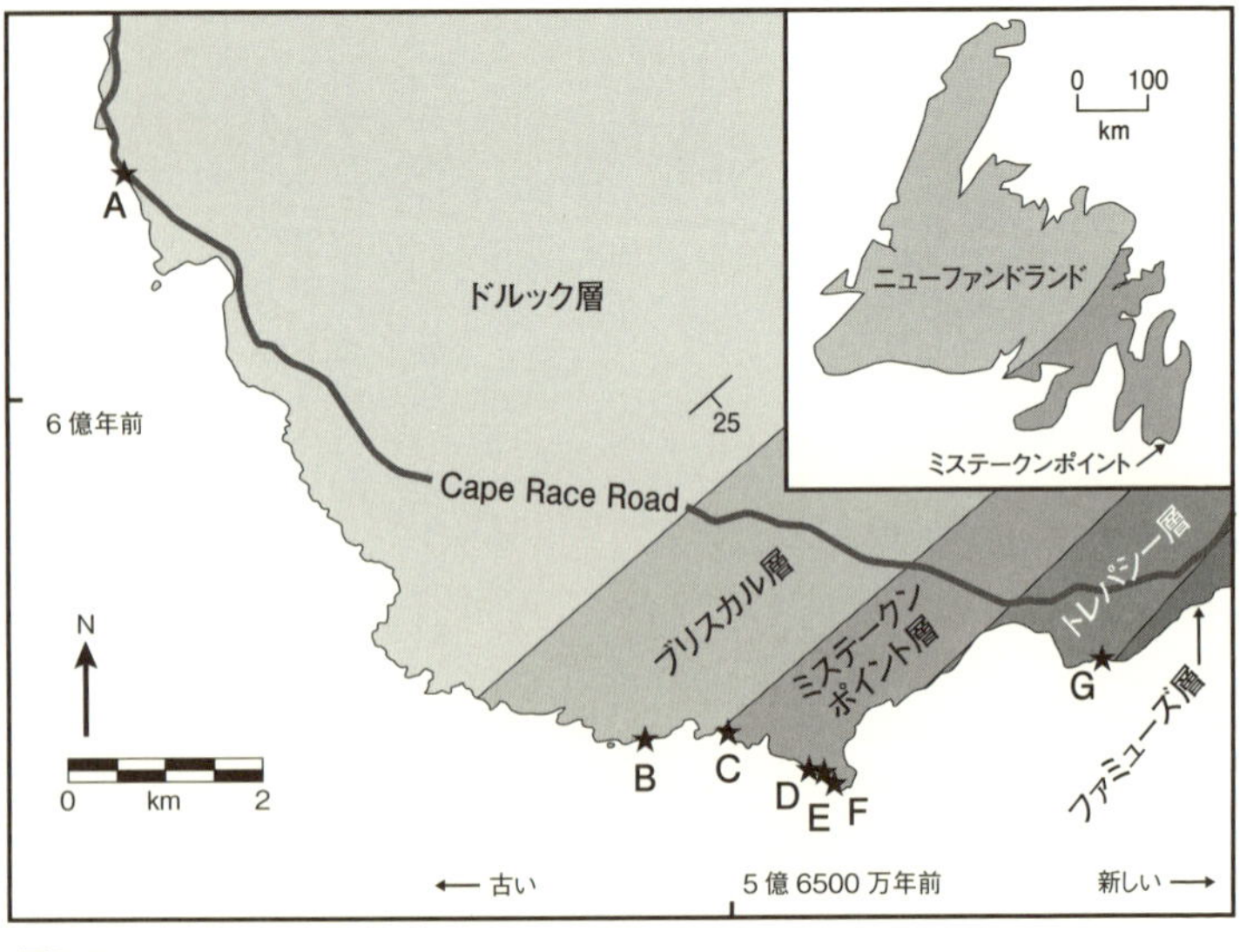

図3-6
ミステークンポイントの地図

カナダ・ニューファンドランド島のミステークンポイント。AからGへと年代が新しくなり、その順にエディアカラ生物の化石が見つかる

With the permission of Prof. Matthew E. Clapham.

が、周囲に人影はなく気温が低くて濃密な霧に包まれていました。ミステークン・ポイントとは、この霧の多い気候ゆえに漁船が操舵《そうだ》を誤りやすいことにちなんでつけられた地名です。断崖《だんがい》が続く海岸線の突端にスパッと平らに切り開かれた巨大な赤い岩があり、その表面にエディアカラ生物群の化石がありました。驚いたのは、葉っぱのような化石が明瞭に露出し、岩の表面に密集した形で横たわっていたことです。三キロ平方メートルにおよぶ保護区内の岩のあちこちで化石が露出しています。

このようにきれいに化石が露出することは普通ありません。生物は死ぬと分解が進むので、そもそも化石として残ることは滅多にないのです。五億六〇〇〇万年前のミステークン・ポイントの地層には火山性の灰が降り積もったあとが見られることから、生き物たちは突然降り積もる火山灰によって瞬間的に凍結されたような状態に陥《おちい》り、化石として残ったと思われます。

筆者が観察した地層はスパッときれいに割れて水平に横たわり、その表面に二〇センチメートルほどの葉っぱのような化石がぎっしりと露出していました（写真8）。この葉っぱ状の生物の形態は「スピンドル状（糸巻きの軸の意味）」と表現されますが、これほど明瞭に残っているにもかかわらず正式な学名はついていません。スピンドル状の化石は岩の表面に無数にあり、当時の海底の表面にぎっしりと貼りついていたと思われます。これらスピンドル状の生物は、ミステークン・ポイントにしか見られない種とされています。

また、チャルニアとチャルニア・ディスカスなど他の地域で見られるエディアカラ生物も観察されます。これらも葉っぱ状の生物で「フロンド状（葉っぱ状の意味）」と表現されますが、両者には専門家しか識別できないような細かい構造上の違いがあります。いずれもエディアカラ生物群の標準的な生物で、チャルンウッド（イギリス）、白海（ロシア）、エディアカラ丘陵《きゅうりょう》（オーストラリア）などの世界各地で見つかっています。

写真8
スピンドル型のエディアカラ生物とミステークンポイント
ミステークンポイント（カナダ・ニューファンドランド島）のスピンドル型のエディアカラ生物。人気のない海岸の岩の表面に無数の化石が露出している。
著者撮影

ミステークン・ポイントの化石は最古のエディアカラ生物群

ミステークン・ポイントはアバロン半島に属しているため、化石を産出する地層は「アバロン層群」と呼ばれています。この層群は厚さが数百メートルにおよぶ連続的な地層ですが、エディアカラ生物群が見られるのはガスキアス氷河期のすぐ後の層からで、エディアカラ生物群としては最も古い五億六〇〇〇万年前のものと推定されます。化石は広い範囲から見つかり、年代的にも数百万年に渡って分布していることがわかっています。

アバロン層群は世界中から見つかっていますが、これらの中で当時浅い海底に位置していた地層からは、一切エディアカラ生物が発見されていません。当時海底のかなり深いところに位置していたミステークン・ポイントのみ化石が見つかっています。そのため、最初期には海の深いところにしか生息していなかったのではないかという説も提唱されています。深い海では光もほとんど届かなかったため、生物たちは周囲に存在する微生物から栄養を摂《と》るしかなかったと思われます。一般にエディアカラ生物群は浅い海に棲み、体の表面積を増大させて光合成バクテリアと共生することで栄養を得ていたとされる場合が多いので、かなり異なった描像《びょうぞう》と言えます。

アメリカ、アーカンソー中央大学のワッゴナー博士は、世界中のエディアカラ生物について時間的・空間的な分布データを踏まえた進化傾向を探る作業を進めています。さまざまなエディアカラ生物の形態をコンピューターで統計処理し、形の進化にしたがって数値的・客観的に分類しようとしたのです。仮定的な要素はありますが、統計処理をまとめた結果が図3-8です。

まず、カナダ・ニューファンドランドとイギリス・チャルンウッドのエディアカラ生物が形態的に近いと言えます。ともに地層の年代は最も古いグループに属しています。次に古い形態が、ロシア・白海、ウクライナ、シベリア、ノルウエー、オーストラリアのエディアカラ生物群で、グループとしてかなり大きいものとなっています。最も新しいのは、ナミビア、中国、カナダ・ブリティッシュコロンビア、アメリカ・モハベ砂漠のグループです。形による新旧のグループ分けは、時代順の分類とほぼ同じ結果を示すものとなり、画期的な研究と言えます。

ワッゴナー博士は、「一連の研究によって、エディアカラ生物が繁栄していった年代と、形態の多様化、地理分布を議論できる状態になった」と述べています。

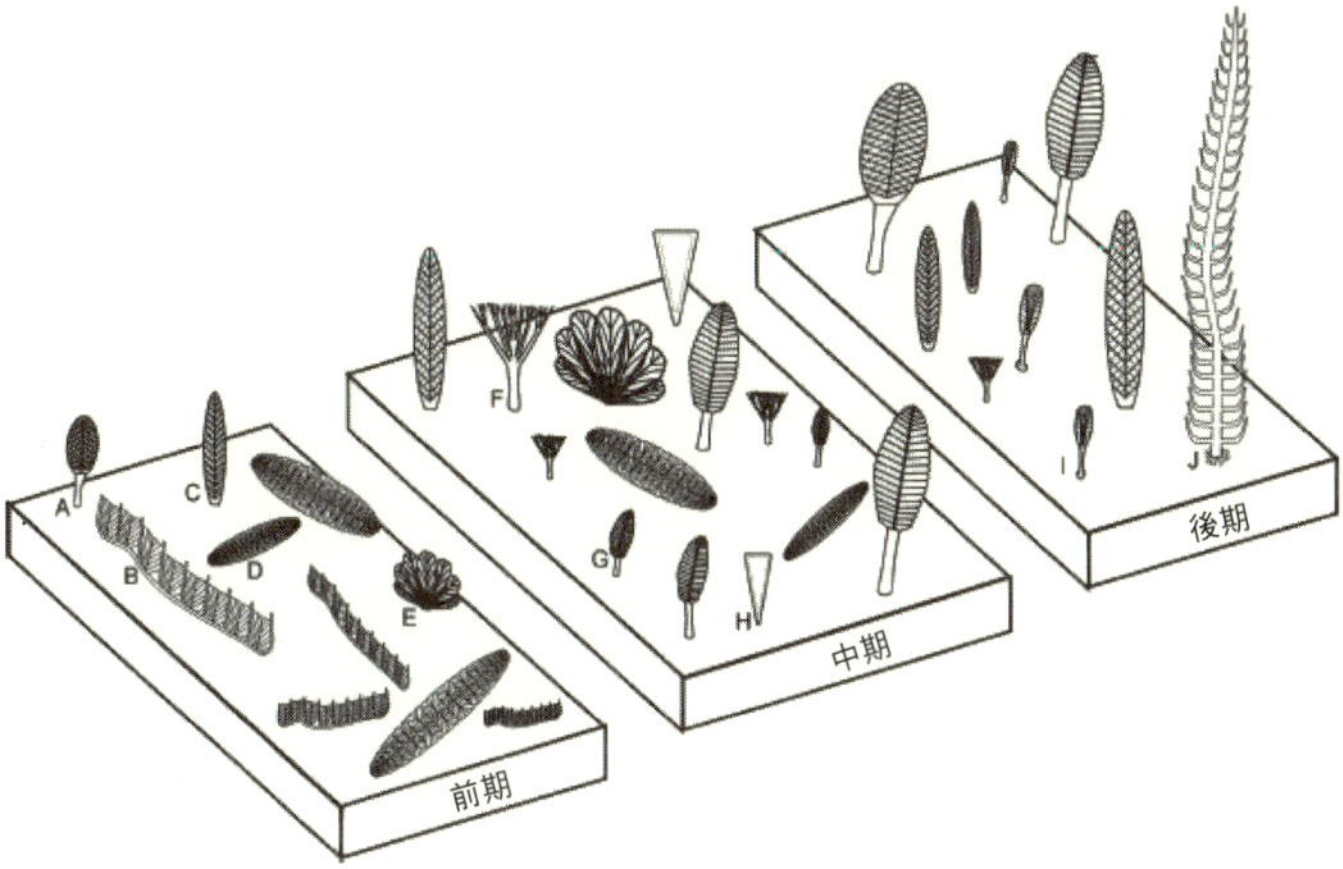

図3-7
ミステークン・ポイントのエディアカラ生物の時代変遷
小さくて単調なものから大きくて多様なものに推移する。A：チャルニア、B：ペクティネート、C：チャルニア、D：スピンドル、E：ブラドガティア、F：ダスター、G：チャルニア・ディスカス、H：トライアングル、I：オストリッチフェザー、J：クリスマスツリー
With the permission of Prof. Matthew E. Clapham.

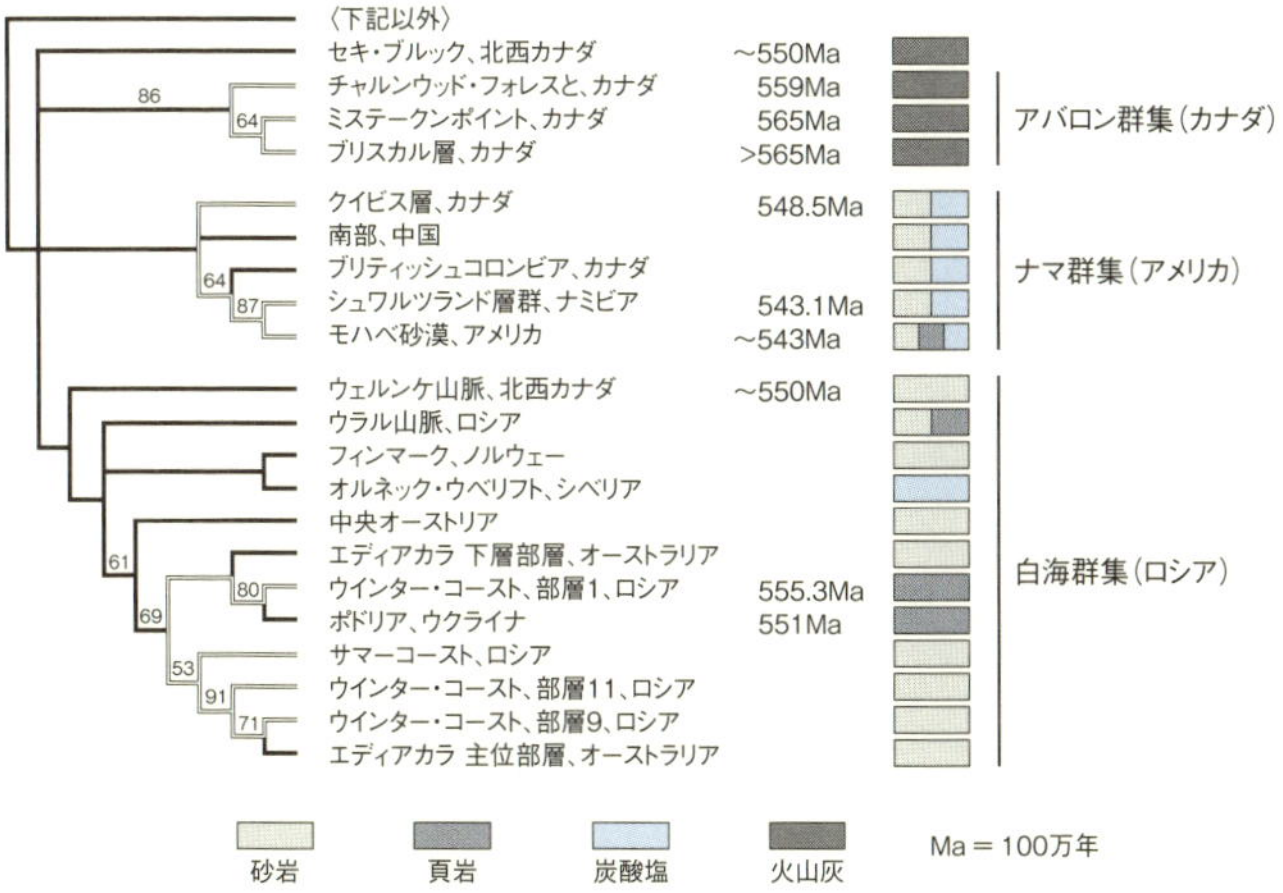

図3-8
エディアカラ生物群の変遷

3-5 エディアカラの園《その》仮説の崩壊

エディアカラ生物群は、現在の生物群のどこにあてはまるのか、いまだに不明のままです。これまでにいくつかの仮説が提唱されてきましたが、二〇世紀の後半にかけてエディアカラ生物の特異性をことさら強調する説が登場しました。代表的な説のいくつかを見ていきましょう。

ベンド生物界仮説

最も極端な説は、ドイツのザイラッハー博士によるベンド生物界仮説です。現生《げんせい》の生物のどの生物群にも属さない全く別の分類に属するとして、動物界、植物界などにならぶ「ベンド生物界」という最大限の分類単位新設を提案しています。確かに、多くのエディアカラ生物の位置づけは不明なままなので全く否定するわけにはいかず、これまでの解説書にはこのベンド生物界仮説が必ず掲載されてきました。ただし、最近発表される学術論文にこの仮説が登場することはほぼ皆無《かいむ》に近いと言えます。

エディアカラの園仮説

他の生物を食べて生活する生物の化石が見られず、葉っぱのような形状をしたもののみしか見られなかったことから、長い間「エディアカラの生物相《せいぶつそう》には捕食《ほしょく》関係がなかった」とされていました。「エデンの園《その》」にならって、「エディアカラの園」などといわれ、生物進化の最初期は捕食のない平和な世界だったのではないかとされました。ただ、平和だったはずの「エディアカラの園」は長く続かず、生物たちは絶滅する運命にあったというのです。

そして、その後に出現したカンブリア紀の生物相は捕食関係を持ち、現在まで続くシステムとして存続したとされました。これはカンブリア紀に登場した弱肉強食の世界こそが進化の原動力であるという考えにつながっていきます。

一方これらエディアカラ紀の生物たちはことさら特異であったと描像《びょうぞう》する考えに対して、一般的な生物進化の枠組みに入れて捉えられるのではないかという考えが浮上してきました。そのような仮説を支持する証拠が集まり始めたのです。

ディケンソニアは歩いた！　エディアカラ生物の明確な歩行痕

普通の生物進化の枠組みに入っていると思われる、具体的なエディアカラ生物を挙げて説明しましょう。例えばディケンソニアは薄い軟体性の動物で、海底にじっと横たわっていたと考えられてきました。ところが最近になって、ロシアの白海沿岸の地層から、四・五メートルにも達する大きな歩行痕《ほこうこん》を明確に示した化石（生痕《せいこん》化石）が見つかりました。歩行痕の化石はこの時代以前の地層にも見つかったという報告がありますが、それらよりもはるかに大きな歩行痕です。しかも、「ヨルギア・ワゴネリ」および「ディケンソニア・テナス」と呼ばれる生物の化石も一緒についていました。

発見者であるロシアのイワントフとマラコフスカヤ博士らは、「この地で極めて保存状態のいいエディ

写真9
エディアカラ生物の動いた痕
ディケンソニアの写真（左上）とディケンソニアが動いた痕とされる化石。
Fedonkin 2003, 2008 ©by the Paleontological Society of Japan

アカラ生物が見つかり、歩いた痕《あと》も数多く見つかった」と論文で報告しています。ただし、足跡の主と確認されている化石はヨルギアとディケンソニアだけで、彼らはその他の歩行痕をもたらした生物を仮に「エピバイオン」と名づけています。

イワントフ博士やドジック博士は、「保存状態がよく三次元的に化石を再構成できる標本を調べると、頭部に口を認めることができる」とも述べています。また、これらの歩行痕ができるには、筋肉と神経系が必要だったはずだとも主張しています。このような解釈は、エディアカラ生物の生態系が現在につながる生物の生態系に似たものであったことを示唆しています。

キンベレラは海底の生物を食べていた！

キンベレラもまた、現在よく知られた生物に近い構造をしているとして注目されています。オーストラリアのエディアカラ生物群の中に見つかっていた生物ですが、その後、他の地域からも見つかりました。体の構造が他のエディアカラ生物よりも複雑で、研究によって三胚葉《はいよう》の軟体動物であることが明らかにされています。キンベレラの体型の基本は楕円《だえん》ですが、ディケンソニアのような対称な形ではなく一方がつぶれていて、さらに外側に向かって切り込みがあり、何かの機能があることを想像させる外形をしています。内側の部分も対称ではなく、くぼみや非対称な筋が走り、こちらも何かの機能を予想させる構造をしています。ごく最近、ロシアの白海沿岸から極めて保存状態のいい化石が発見され、その中に歩いた痕が見つかるようになりました。おそらく「何らかの機能」は、キンベレラが歩き回って他の生物を食べるためのものだったのでしょう。

写真10はキンベレラが歩きながら捕食しているとされる化石です。下にある針のようなものはまずオーストラリアで出土した化石で確認され、海綿の針状体《しんじょうたい》（海綿を構成する針のような構造）だと思われていました。その後、同様のものがロシアの白海からもたくさん見つかり、ゲーリングによって「軟体動物の特殊な歯（歯舌《しぜつ》）ではないか」とされるようになりました。ところがザイラッハー博士は、キンベレラの器官が海底のエサを食べる際に作ったひっか

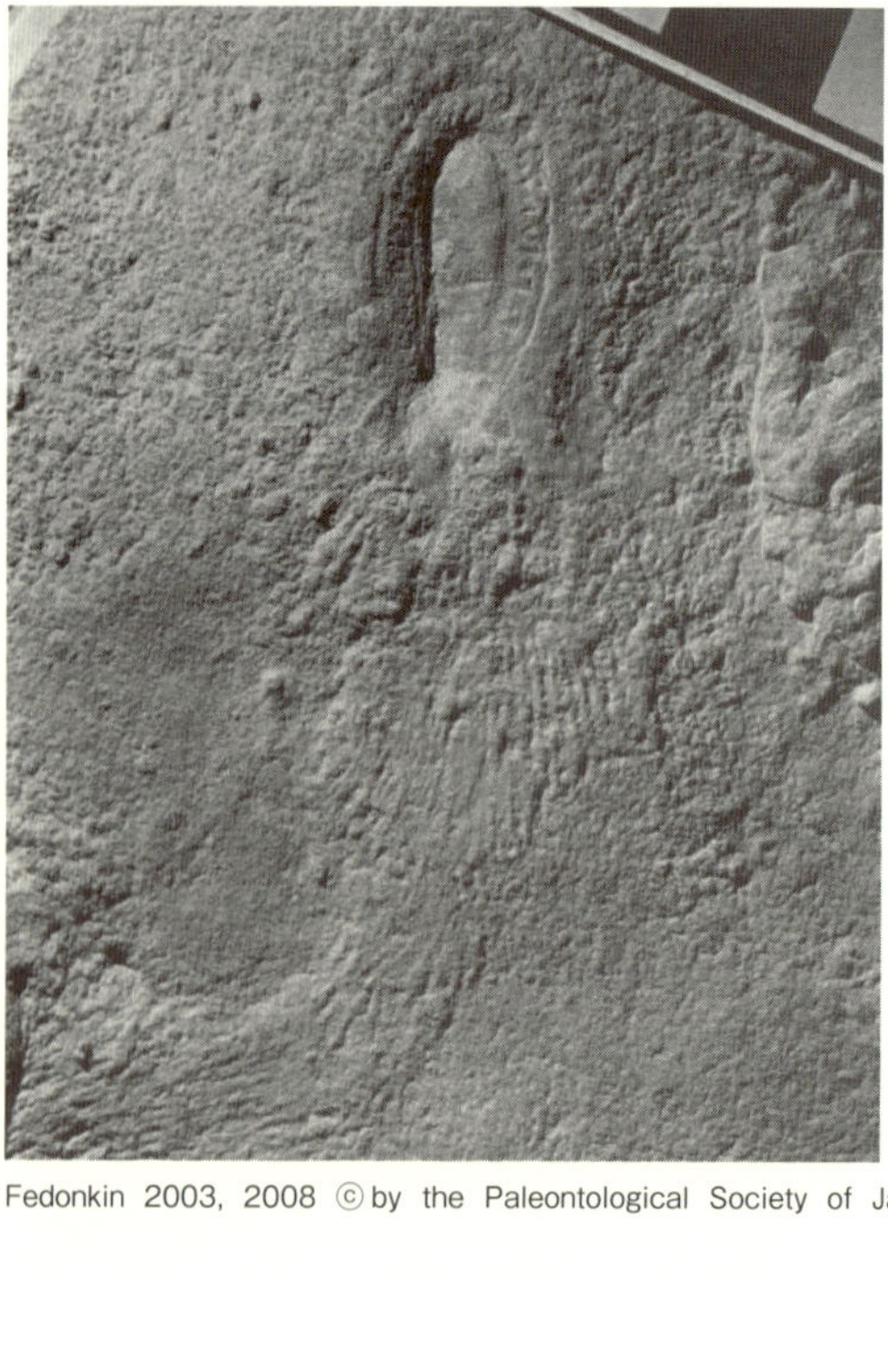

写真10
キンベレラ
キンベレラが捕食しながら歩いた痕。口先のはけのような器官で海底をすくいながらエサをとる。その途中で土砂が降りかかり、化石となったと思われる。

き傷ではないかと主張し、実際に写真10の化石によって、キンベレラが食べながら海底を這《は》った跡であることが突き止められました。今では、キンベレラは海底について いる小型の土壌《どじよう》動物もしくは藻類《そうるい》をすくうように動き、食べていたと理解されています。

ここで、エディアカラ紀の生物の様子についてまとめておきましょう。これまでこの時代は筋肉を持たずに自力では動けない、海底にじっと横たわるだけの生物しか存在しない世界だと思われていました。ところが、それらの中には筋肉を持って自力で歩き、食物をすくって食べる生物も含まれることがわかったのです。また、後のカンブリア紀に硬い殻を獲得した生物が誕生して軍拡《ぐんかく》競争が拡大し、進化が加速したという主張がありますが、これも違うことがわかります。中国の西陵峡《ジリンシャ》動物群のクラウディナは硬い成分からなり、これらは世界中の地域で見つかっています。硬い殻を持った生物はエディアカラ紀にすでに誕生していたのです。

陳均遠博士らの左右相称動物の研究や、ワッゴナー博士のエディアカラ生物群の進化の研究などから、カンブリア紀の前の時代にすでに生物の多様化が始まっていたことが明らかになってきたと言えます。

COLUMN

動物の分類

生物の分類にはいくつかの異なる説があります（図3-9）。ここでは、本書のテーマである動物の進化という観点から、部分的にその分類体系を見てみましょう。

五界説の立場で見てみると、菌界、植物界、動物界はいずれも多細胞生物を含みます。菌界の中では、真菌《しんきん》と言われる多細胞生物の化石が六億年前より数多く認められるようになります。

海綿などから分かれてほとんどの動物が入る「動物」という分類は、従来「後生《こうせい》動物」と呼ばれてきました。しかし、海綿動物も分子生物学的に見ると後生動物に入るとする研究もあり、現在では「後生動物」という言葉にほとんど意味がなくなったとする意見も出されています。ただし厄介なことに、動

三界説	五界説	3つのドメイン説
原生生物界	モネラ界	細菌（バクテリア）
原生生物界	モネラ界	古細菌
原生生物界	原生生物界	真核生物
植物界	植物界	真核生物
植物界	菌界	真核生物
動物界	動物界	真核生物

図3-9
生物の分類体系

COLUMN

<table>
<tr><th>門</th><th colspan="2">形態による分類</th><th colspan="2">発生による分類</th></tr>
<tr><td>海綿動物</td><td rowspan="3">分化せず（不相称あるいは放射相称）</td><td rowspan="3"></td><td rowspan="3">無胚葉</td><td rowspan="11"></td></tr>
<tr><td>平板動物（センモウヒラムシ）</td></tr>
<tr><td>中生動物（ニハイチュウ）</td></tr>
<tr><td>刺胞動物（クラゲ、サンゴ）</td><td rowspan="18">後生動物</td><td rowspan="2">放射相称</td><td>2胚葉</td></tr>
<tr><td>有櫛動物（クシクラゲ）</td><td rowspan="17">3胚葉</td></tr>
<tr><td>扁形動物（プラナリア）</td><td rowspan="13">二放射相称（左右相称）</td></tr>
<tr><td>顎口動物</td></tr>
<tr><td>腹毛動物（イタチムシ）</td></tr>
<tr><td>輪形動物（ワムシ）</td></tr>
<tr><td>内肛動物</td></tr>
<tr><td>線形動物（回虫）</td></tr>
<tr><td>類線形動物（ハリガネムシ）</td></tr>
<tr><td>腕足動物（シャミセンガイ）</td><td rowspan="5">旧口動物</td></tr>
<tr><td>軟体動物（貝類、イカ、タコ）</td></tr>
<tr><td>環形動物（ミミズ、ゴカイ）</td></tr>
<tr><td>有爪動物（カギムシ）</td></tr>
<tr><td>節足動物（昆虫類、甲殻類）</td></tr>
<tr><td>有鬚動物（ヤムシ）</td><td rowspan="4">新口動物</td></tr>
<tr><td>棘皮動物（ヒトデ、クモヒトデ）</td><td>（二 or 五）</td></tr>
<tr><td>半索動物（ギボシムシ）</td><td rowspan="2">二放射相称（左右相称）</td></tr>
<tr><td>脊索動物（ホヤ、脊椎動物）</td></tr>
</table>

（生物の分類を形態と発生から分けたものの一部）

図3-10
形態と発生による生物の分類

物の進化の話をする時には、現在でも「後生動物」という言い方がよくなされます。この場合の「後生動物」は「海綿動物などを除いたもの」ということです。よって本書でも、場合に応じて後生動物という言葉も使うことにします。

　後生動物は、その形態から大きく放射相称《ほうしゃそうしょう》と左右相称《さゆうそうしょう》に分けることができます。（図3-10）。放射相称はクラゲに代表される刺胞《しほう》動物門などに見られます。海綿動物門は、放射相称と不相称のどちらともみなされる場合があります。これらはともに原始的ですが、左右相称の動物は運動性に富み、年代的にも後の時代に登場します。左右相称の動物は、放射相称以外の多くの動物を含み、発生過程の様式によって、二胚葉《にはいよう》動物と三胚葉動物に区別されます。

さらに三胚葉動物は節足《せつそく》動物などの旧口《きゅうこう》動物と、脊椎《せきつい》動物などの新口《しんこう》動物に分かれます。この分け方は本書6章で重要な意味を持ちます。

(注) 動物の分類は現在急速に見直しが進められています。ここに掲げたものは、考え方の一つとして捉えてください。

COLUMN

エディアカラ紀の気候変動

六億三〇〇〇万年前から五億四〇〇〇万年前に渡るエディアカラ紀の気候変動を次ページの図3-11にまとめています。気候変動を示すいくつかの指標のうち、ここでは炭素13同位体《どういたい》比を見てみます。炭素13は生物に由来する物質なので、同位体比が大きければ当時生きていた生物の量が多いことがわかります。逆に、炭素13同位対比が下がると生物量が下がることを示します（51ページ図3-2も参照）。

まず、六億三〇〇〇万年前にはマリノアン大氷河期があり、生命活動が低下しているのが見てとれます。その終了とともにエディアカラ紀が始まり、生命活動が活発になっています（炭素13同位対比が上昇します）。五億八〇〇〇万年前になるとガスキアス氷河期となり、生命活動も低下します。これが終わると、中国の陡山沱《ドウシャンツオ》層で多細胞の微化石群が見られるようになります。そしてエディアカラ生物群が繁栄する時代となります。さらに五億四〇〇〇万年前になると生命活動が大きく低下するのがわかります。地球全体が寒冷な時代になったのかもしれません。エディアカラ生物群のほとんどは絶滅することになります。そして、いよいよ生物の新しい進化の時代となるカンブリア紀に入っていきます。

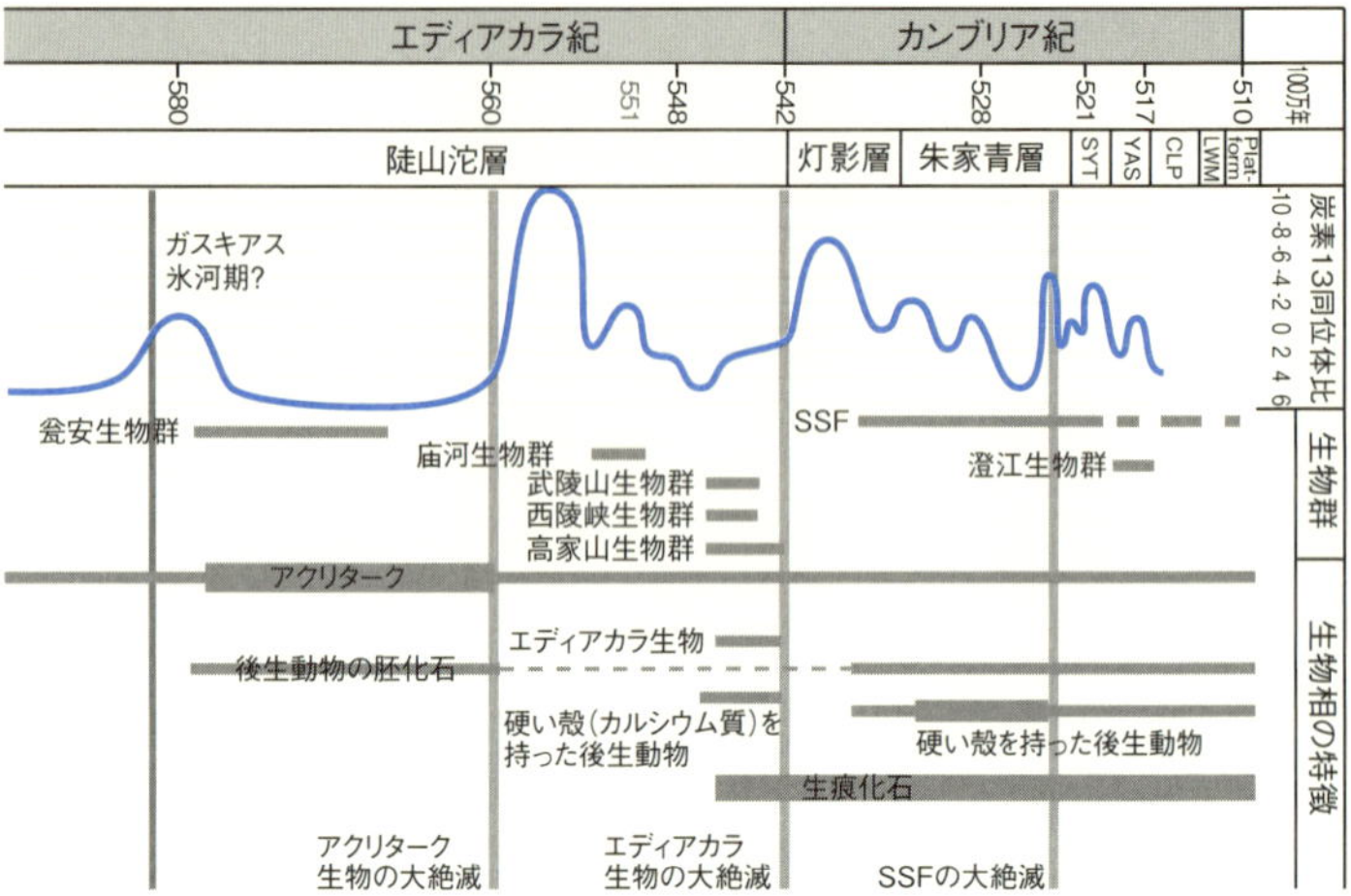

図3-11

中国におけるエディアカラ後期の生物相の変化

ガスキアス氷河期（5億8000万年前）の後に瓮安生物群が現れ、後生動物の胚が見られるようになる。5億6000万年前には大きな絶滅現象が起こり、その後に庙河生物群などが現れる。これらの中にはカルシウム質の硬い殻を持った生物が見られる。全世界的には、軟らかい組織でできたエディアカラ生物群がこの時期に大繁栄する。また、この時期の後期には生痕化石が見られるようになる。約5億4000万年前には大絶滅現象が起こり、エディアカラ生物群は姿を消す。その後に小殻化石群（SSF）の時代となるが約5億2000万年前になるとこれらは大絶滅を起こす。その後に現れるのが澄江動物群である。なお、炭素13同位体比は採取する場所で異なる。特にガスキアス氷河期の位置づけはまだ充分ではなく、検証がなされている。

With the permission of Prof. Zhu Maoyan.

第4章

爆発的進化の謎を解く鍵

——小《しょう》有《ゆう》殻《かく》化石・生《せい》痕《こん》化石

4-1 エディアカラ紀とカンブリア紀の区分

カンブリア紀における生命の爆発的進化は一体いつから始まったのでしょうか？本章ではこのことを明らかにしていきたいと思います。そのためのヒントはエディアカラ紀の終末とカンブリア紀の始まりに隠されています。ですので、まずこれらの時代について詳しく見ていきましょう。

前章においてエディアカラ紀では、生物相《せいぶつそう》がこれまで考えられていた以上に多様に進化していたらしいことを示しました。そのような時代も、寒冷な気候を迎えると共に終焉《しゅうえん》を迎えることになります。生物全体の量を示す炭素13同《どう》位《い》体《たい》の量が、この時に非常に低下しています。またこの時以降、葉っぱのようなエディアカラ生物群の化石は見られなくなります。

エディアカラ生物群のほとんどは、この寒冷期に絶滅したことになります。エディアカラ紀の終末です。また寒冷期が過ぎて、生命の活動が再び活発になっていく時代をカンブリア紀と定義していくことになります。

カンブリア紀の始まりはいつ？

カンブリア紀の始まりはいつからでしょうか？　周りの文献を見渡してみると、五億七〇〇〇万年前からカンブリア期が始まると書かれている場合も多いと思います。しかしそれは以前の定義で、一九九四年に国際委員会は五億四二〇〇万年前からカンブリア紀が始まるという修正案を出し、正式な定義となりました。ですので現在のところ、カンブリア紀の始まりは五億四二〇〇万年前ということになります。

策定にあたって国際委員会は、カンブリア紀の境界を定める地層をカナダのニューファンドランド島の地層と定めました。ニューファンドランド島は、前章で触れたエディアカラ生物群の化石が見られるところです。カンブリア紀の始まりを定める地層は、そこから三〇〇キロほど東に位置するチャペルアイランド層の2Aと呼ばれる層になりました（図4-1）。この地層には、生物が歩いた痕《あと》の化石（生痕化石《せいこんかせき》）や小さな殻のような化石（小有殻化石《しょうゆうかくかせき》）が含まれます。国際委員会は、それらの化石のうちの一つ、フィコデス・ペダムと呼ばれる生痕化石が初めて現れた場所を、カンブリア紀の基点にすることに決定しました（図4-2）。またその年代は五億四二〇〇万年前とされたのです。

ところがこの年代は、動物が活発に歩き出した痕跡（生痕化石）が地層中に連続的に分布しているなかの中間に位置します。専門の研究者に限らずとも、せっかくカンブリア紀の境界を定めるなら動物が活発に歩き始めた時点に定められないものか、という感想を抱きます。すなわち、生痕化石が大量に現れ出す瞬間をカンブリア紀の始まりとしてはどうかというアイデアです。このような考えを主に提出しているのは、きれいに連続した地層を持つ中国の研究者たちです。

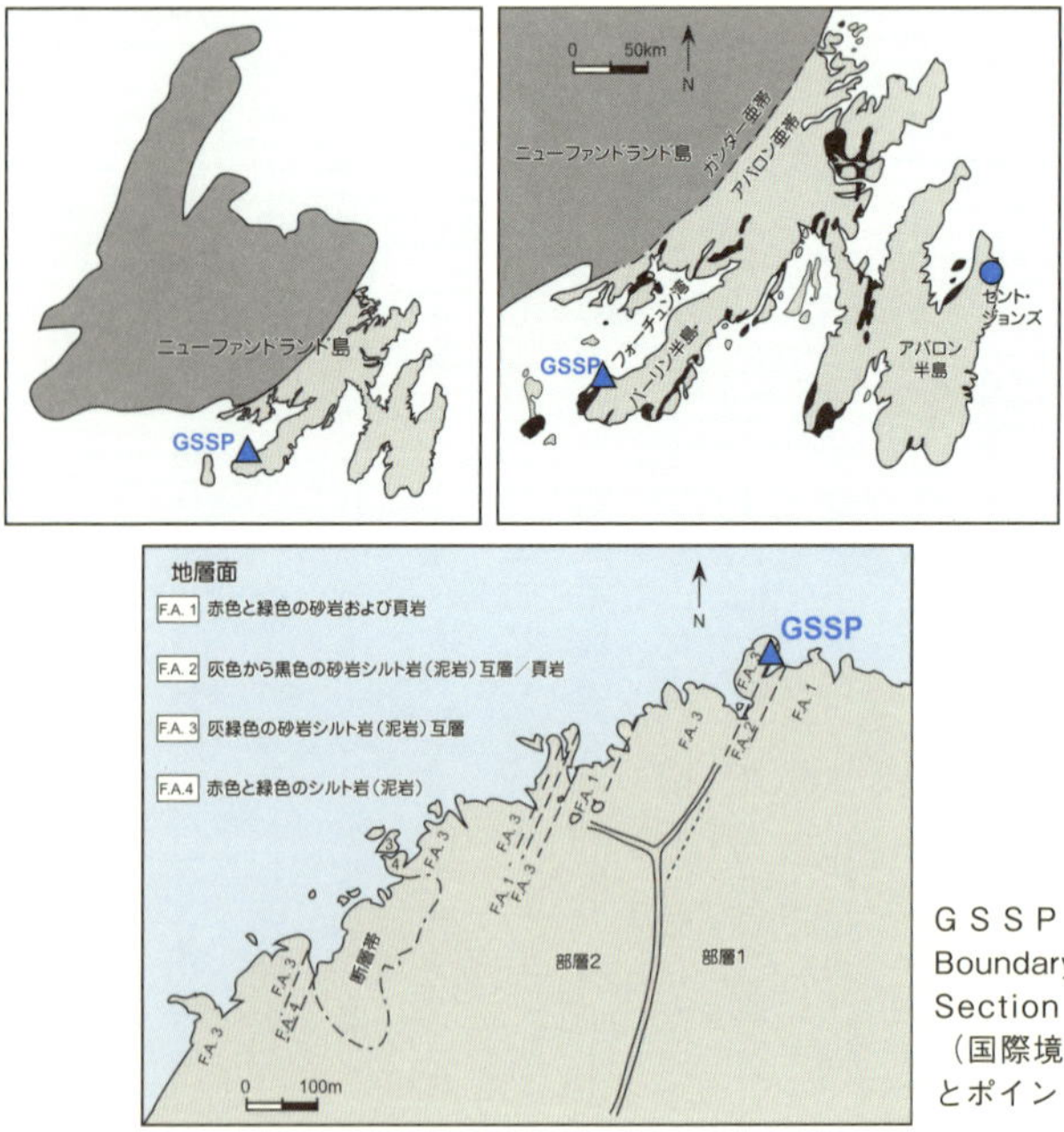

GSSP：Global Boundary Stratotype Section and Point（国際境界模式層断面とポイント）

図4-1
カナダ・ニューファンドランド島のカンブリア紀の境界と定められた地層
With the permission of Prof. Loren Babcock.
http://www.stratigraphy.org/procam.htm Dr. Gabi Ogg

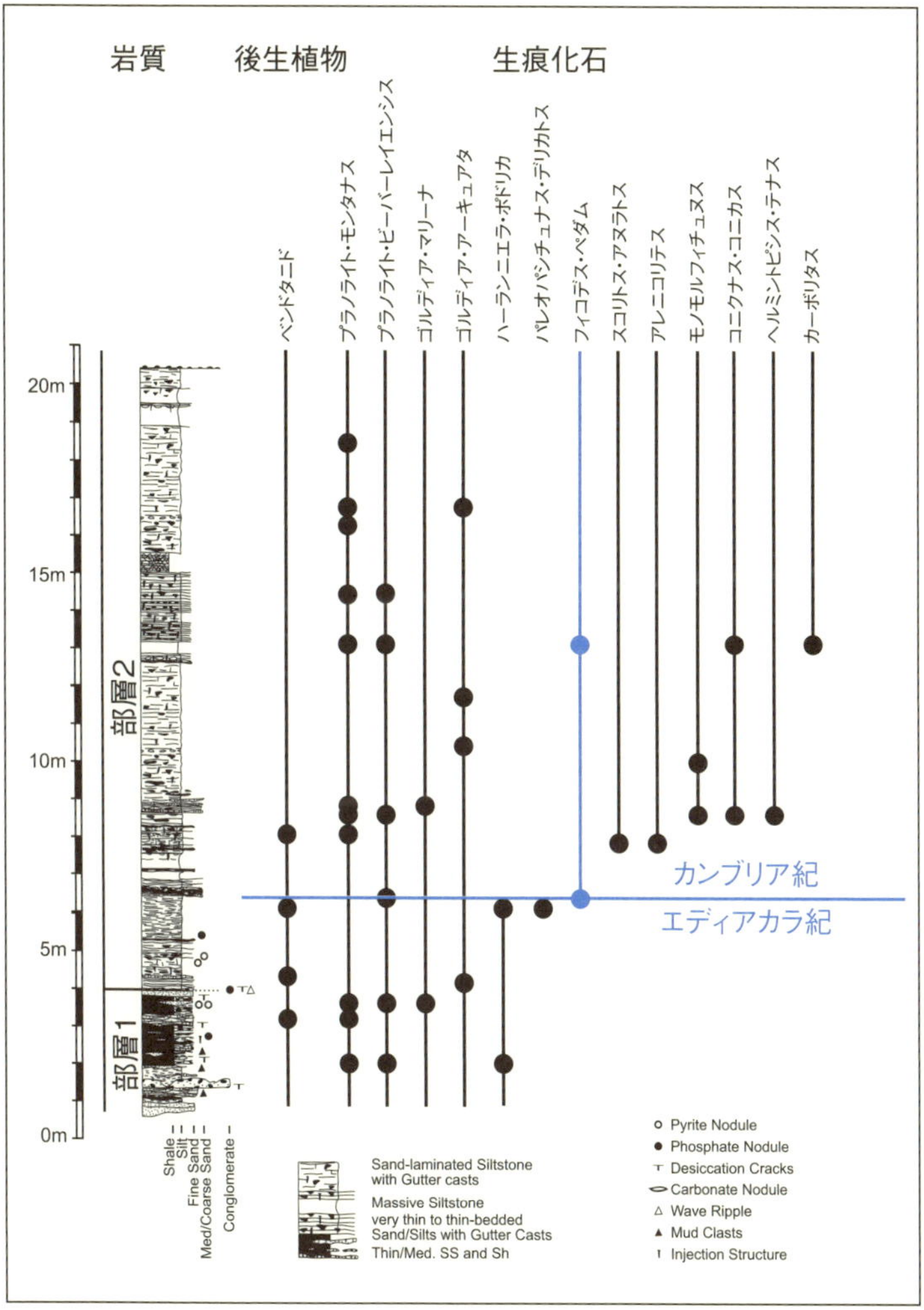

図4-2

ニューファンドランド島・フォーチュン岬の地層における生痕化石の分布

With the permission of Prof. Loren Babcock.
http://www.stratigraphy.org/procam.htm Dr. Gabi Ogg

中国の地層に見るカンブリア紀境界

中国の雲南省《うんなんしょう》では、各地でカンブリア紀の地層が露出しているのを見ることができます。中でも会沢《ハイズ》地方の大海《ダハイ》というところでは、カンブリア紀境界の地層を連続的に観察することができます。この場所は省都の昆明《こんめい》から北東に一五〇キロのところで、昆明の南側には澄江《チエンジャン》があります。

大海の地層においてちょうどカンブリア紀の境界のあたりを見ると、境界より下に五八メートルのドロマイト（$CaMg(CO_3)_2$）を含む堆積岩）の層があり、そこには微生物以外の化石は見られません。そしてその上に数メートルの厚さのリン酸塩の層が何度も何度も断続的に現れます。この何度も現れるリン酸塩の層全体を、ここでは中宜村《ゾンギーカン》部層と呼びます。

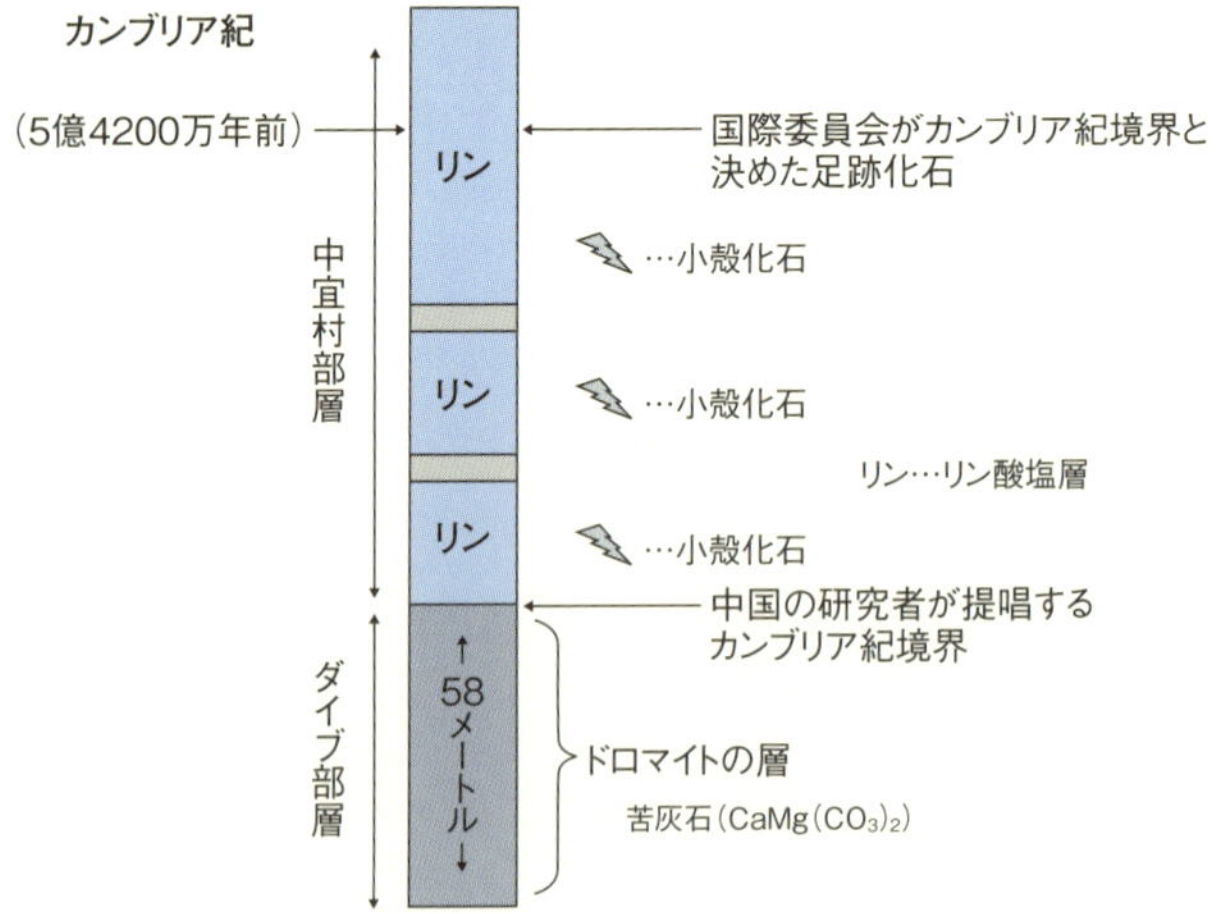

図4-3
中宜村部層

中宜村部層で最下層のリン酸塩層の一番上から、おびただしい量の小さい殻のような化石（小有殻化石）が現れます。一度出現すると、それらは以降の地層の中に繰り返し現れ、また生痕化石も同様に大量に見られることになります。すなわち最初のリン酸塩層のところが、硬い殻を持った生物が多く出現し、またそれらが動き回りだした時代ということになるのです。

ところが国際委員会の定義では、動物の活動が活発化した時代のまっただなか、ある特定の生痕化石（フィコデス・ペダム）が現れた時代をカンブリア紀の始めとしてしまっているのです。これは、中国の研究者にとっては納得のいかない決定であるのは当然のように思われます。国際委員会の決定も、今後変更される可能性が大いにあると言えるでしょう。その際、硬い殻を持った生物が活発に動き回る最初の時代をカンブリア紀の始まりとする、ということになると思います。

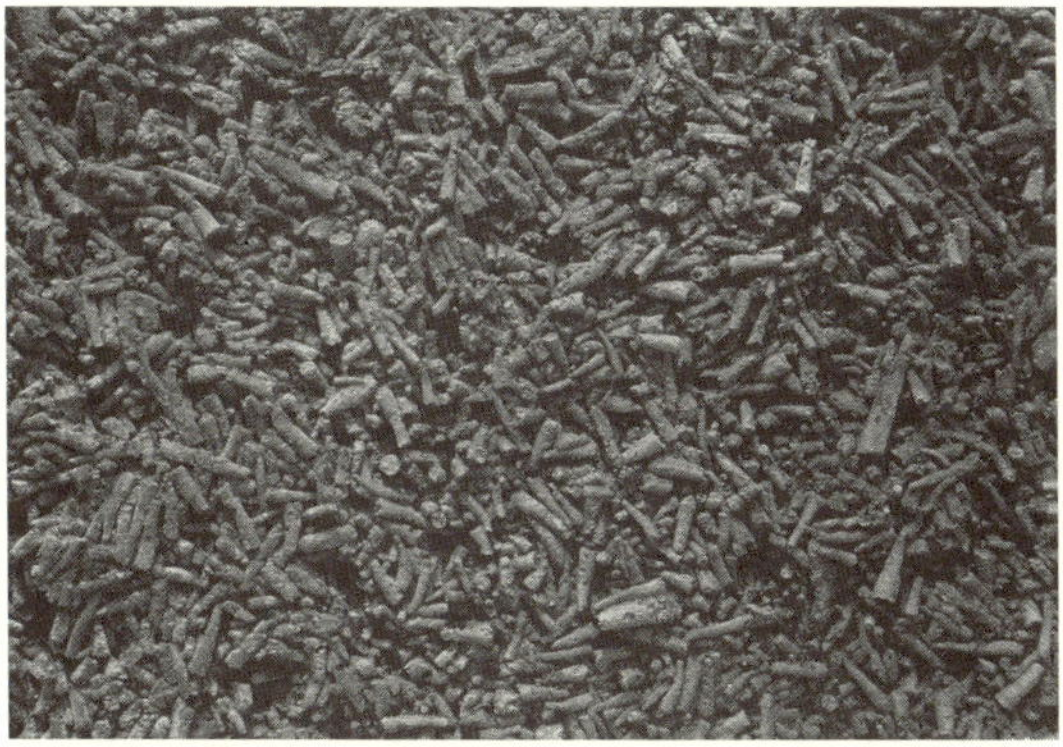

写真11
大量の
小有殻化石
With the permission of Prof. Zhu Maoyan.

中宜村部層の最下位のリン酸塩層上部に見られる小有殻化石群。大量に現れる。

中国のカンブリア紀境界地層を訪ねて

筆者は二〇〇五年、この地域のカンブリア紀境界を含む地層を見学する機会を得ました。南京で開かれたカンブリア紀の国際会議に出席した後、この境界を詳しく研究している南京大学の朱《ズー》博士が案内してくれたのです。昆明は雲南省の省都である大都市で、周辺への旅の起点となります。標高が少し高いので、夏に訪れても爽やかな気候でした。高速道路を利用して昆明から七〇キロほど南下すると、地方都市である澄江に辿りつきます。その周辺には多様な化石が出土する有名な発掘場所や、さらには大海と異なるカンブリア紀境界の地層が散在します。

写真12
丘の表面
小さな丘の表面に小有殻化石が散らばる。
著者撮影

澄江の周辺はなだらかに続く低い丘陵《きゅうりょう》地帯であり、そこに舗装《ほそう》・未舗装の道路が通じ、あちこちに小さな農村の集落があります。舗装した道路には、リン採掘用の車や、造成用のダンプカーがたびたび見られました。筆者はいくつかの地層を見学したのですが、最も印象深かったのは、なだらかな丘陵地帯の上部で見た小有殻化石群です。見晴らしのいい丘のような場所があり、雑草の間の岩をみるとあちこちに小有殻化石が含まれていました。また丘陵地帯を歩く道すがら、岩の表面のあちこちにカンブリア紀の生物たちが歩いた痕の化石を見ることができました。

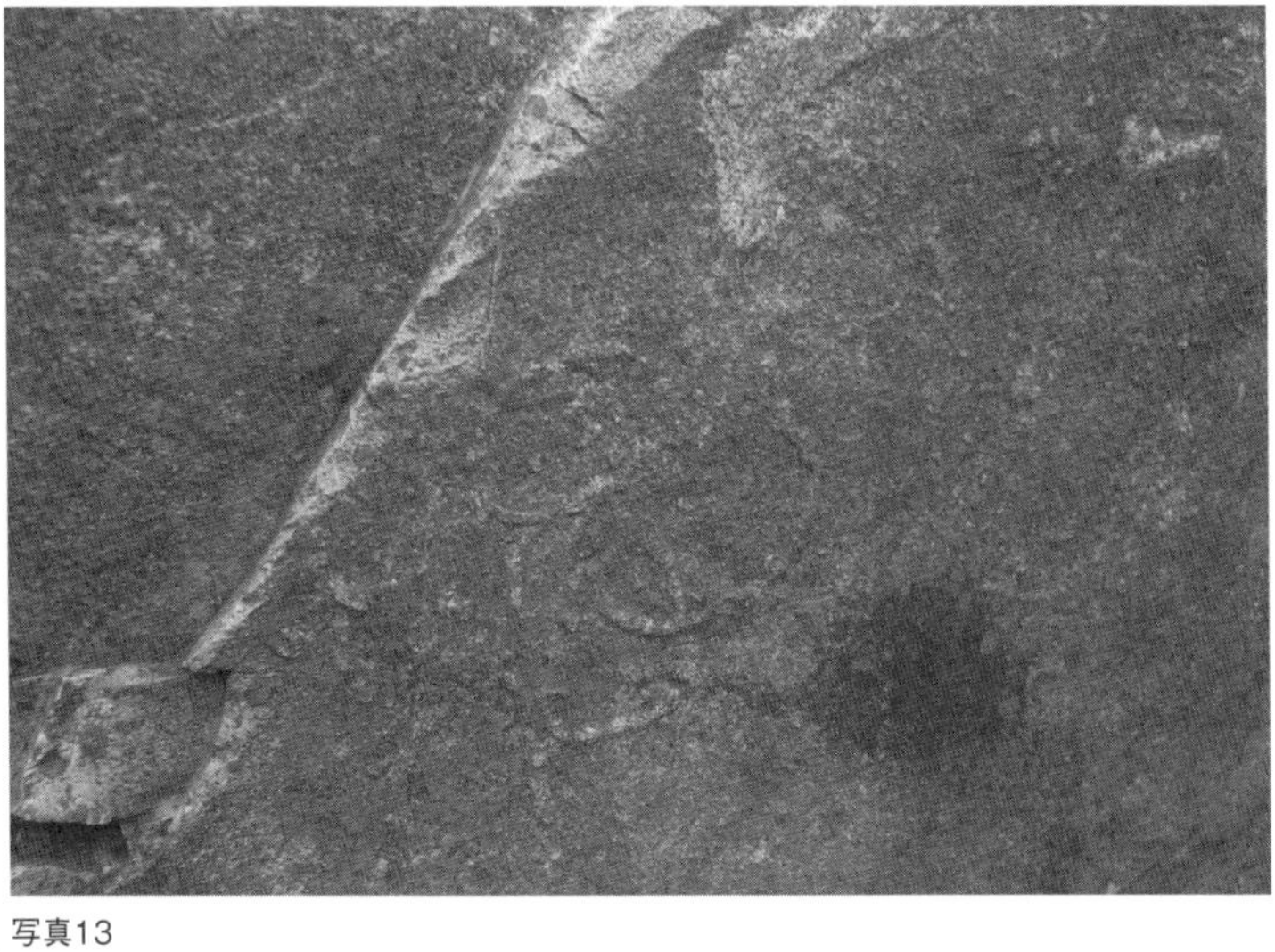

写真13
生痕化石
道端で見つけた石の表面にあった生痕化石。
著者撮影

4-2 爆発的進化のシンボル・小有殻化石群《しょうゆうかくかせきぐん》の正体は？

小有殻化石群《しょうゆうかく》とは、英語の頭文字をとってＳＳＦ（Small Shelly Fossils）とも呼ばれる、大きさが数ミリほどの化石の一群です。各化石の構造はあまりにも断片的なものなので、単体の生物ではなく何かの生物の一部と考えられています。そして特徴的なことは、これらがある瞬間から大量に現れるということと、硬い殻でできているということです。

小有殻化石群は最初の出現から一〇〇〇万年ほどの間、断続的に出現することになります。またその期間、もととなった生物の歩いた痕《あと》（生痕化石《せいこん》）も大量に現れます。筆者が観察したところでも、小有殻化石が見られる道端の石のあちこちに生痕化石を見ることができました。大きさは数センチから数十センチにも達するので、わずか数ミリの小有殻化石のもととなった生物は大きさ数センチ以上と推測されます。

生痕化石や小有殻化石は、ロシアやカナダなど世界中の同時代の地層で、同様に観察することができます。したがってこの時代に動物は硬い殻を備え、大きさが数センチに達し、自力で海底を這《は》い回るようになったということができるのです。

カンブリア紀の小有殻化石と生痕化石は、数百万年の間断続的に地層に現れ、時間の経過と共に複雑化していくことがわかっています。生痕化石の方は、単純な一本線から複数の線やさまざまな運動をしたことを示す痕が加わるようになっていきます。一方、小有殻化石の方は単純なホーン型のものから、表面や全体の形がより複雑なものになっていきます。

これらの痕跡は、もととなる生物が数百万年の時間をかけて、単純なものから複雑なものへと進化していったと捉えることができます。そして、最初の出現から約一〇〇〇万年経過した時点で、いよいよそれらの本体と関係すると思われる三葉虫《さんようちゅう》の化石が現れます。さらにそのすぐ後には、さまざまな形態を持つ生物の化石、澄江《チエンジヤン》動物群の化石が現れることになります。

図4-4
生痕化石の時代推移
生痕化石の時代順の推移。おおむね、線は細いものから太いものへと変化し、線の断面は複雑化していく。また、線の動きも単純なものから複雑な活動を示すものへと変化する。

4-3 硬い殻とリン酸塩と爆発的進化の関係

生物の爆発的進化はカンブリア紀の初期に硬い殻を獲得したことによる軍拡《ぐんかく》競争によって促進された……と簡潔に表現できればいいのですが、残念ながら真実はそうではありません。動物の初期進化において、硬い殻の出現は異なる時代に異なる場所で見られるのです。最初の出現はエディアカラ紀のクラウディナでした。クラウディナはどのような生物なのか不明ですが、大きさ一ミリメートルほどの、炭酸カルシウムからなる硬いホーン状の化石です。また、エディアカラ紀の海綿《かいめん》には二酸化ケイ素（シリカ）からなる硬い針が含まれています。さらに本章で記した小有殻《しょうゆうかく》化石群の成分はリン酸塩、炭酸塩、シリカなどさまざまです。一方、後に見る澄江《チエンジヤン》動物群のいくつかのグループは硬い組織からなる外骨格を持っています。

　したがって、動物の初期進化では、硬い組織は時代の進行につれて利用のされ方が変化していったという考え方も成り立ちます。生命はたった一つの方法によって硬組織を獲得したのではなく、いくつかの方法を使って硬い組織を作ることに成功したのです。そしてそれらの最終形態が澄江動物群の時代であり、あるものは体全体を覆って敵からの攻撃に備えるようになってきました。そのような段階では食う食われるの軍拡競争がさらに激烈になり、進化を推し進める原動力になったと推測されます。

　最後に、硬い殻の化石が出ると必ず観察されるリン酸塩の層の存在について触れておきます。リン酸塩は化石を含む地層の成分なので極めて重要なのですが、その働きについてはほとんどがまだ謎に包まれています。エディアカラ紀でもカンブリア紀の始めでも、硬い殻を持った化石が出るのは必ずリン酸塩の成分の地層なのですが、両者の直接的な関係は全くわかっていません。※

生命におけるリンの働きと硬組織

　そもそもリンは、ATP（アデノシン三リン酸）に使われ、生命の代謝《たいしゃ》の基本を支える物質となっています。ATPは生命が活動するエネルギーを化合物として蓄える「生体のエネルギー通貨」とも呼ばれているものです。生命はこのようにリンを必要としますが、その量は多くても少なくても不都合であって、ちょうどいい量にコントロールされている必要があります。また、脊椎《せきつい》動物の骨はリン酸カルシウムからできており、骨形成にとってカルシウムと共に重要な要素となっています。

　一方、カンブリア紀の無脊椎動物の硬組織にもリンが使われていることがわかって

※先に述べたように、炭酸カルシウム、二酸化ケイ素からなる硬い組織も部分的に見られます。

きています。5章で詳しく説明する、ミクロディクティオンという生物の一部の殻(硬組織)はリン酸塩でできているのです(107ページ)。爆発的な進化に重要な役割を果たす硬い組織の獲得にリンが一役買っていることがわかります。

このようにリンは生命にとって重要な元素となっていますが、カンブリア紀の爆発的進化とどのような関係にあるかについては全くわかっていないと言っても過言ではありません。このテーマは取り組む研究者は少ないですが、重要なテーマなので、今後研究の進展があるかもしれません。

今現在では、エディアカラ紀にはリンが少なく、カンブリア紀に入ってリンが多く供給され、生命の活動を活発化したのではないかとする研究者がいます。また、リンの供給もととしては、エディアカラ紀に形成されていた超大陸ロディニアの分裂によってなされたのではないか、とする考えがあります。しかし、これはあくまでも一つの考えであって、例えば生命活動によってリン酸塩が供給されるようになったのだとする研究者もいます。前のアイデアとは全く逆の考えと言えます。また、エディアカラ紀にもある時期にはリンを含む地層が見られるので、エディアカラ紀の全時代を通してリンが少ないとも言い切れません。

COLUMN

カンブリア紀境界の生命活動

カンブリア紀の境界の様子を具体的に把握するために、生命全体の活動度を示す炭素13同位体《どういたい》量のグラフを見てみることにします（図4-5）。この量がマイナスに下がっている時期が絶滅期を示すことになります。

まず、五億四二〇〇〇万年前のエディアカラ紀の終末には生命活動度が下がり、絶滅期を迎えたことがわかります。この時をもってエディアカラ生物群のほとんどは地球上から姿を消しました。そのSSF（小有殻《しょうゆうかく》化石群）が現れ、やがて大量に出土するようになります。このようなSSFは五億二〇〇〇万年前頃に絶滅期を迎えます。また、

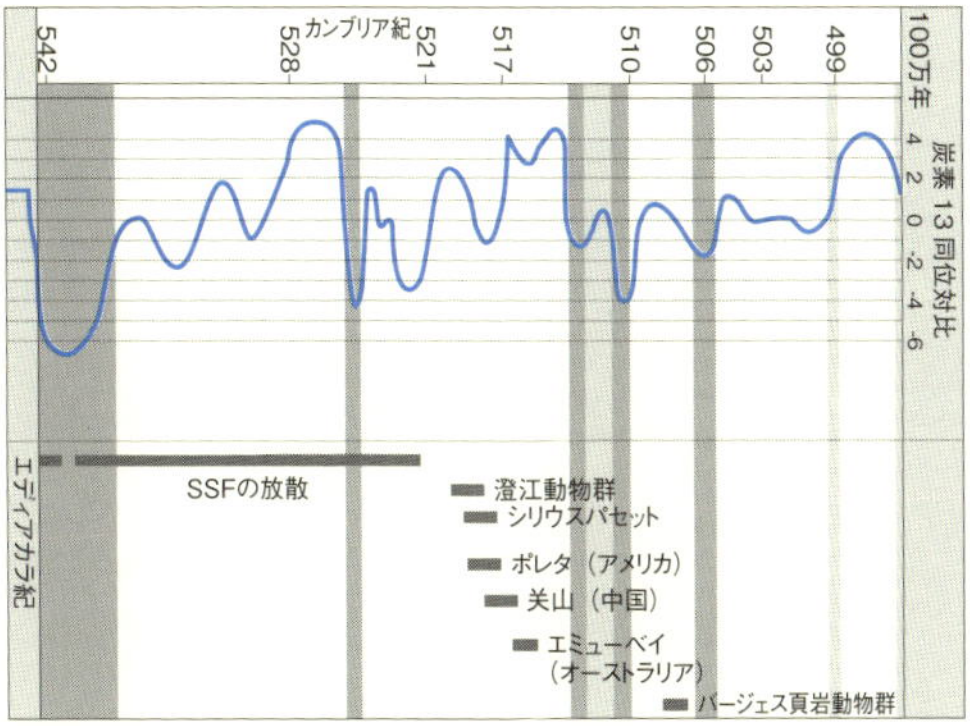

図4-5
カンブリア紀の気候変動
With the permission of Prof. Zhu Mao-yan. Revised from the original drawing.

ちょうどその頃炭素13同位体量も減少しています。SSFはどのような生物の断片か不明ですが、この時期に一度生物相《せいぶつそう》の移り変わりがあったことがわかります。この絶滅期を経た後に出現するのが澄江《チェンジャン》動物群です。現在では、中国の他の場所から同様の化石産地が次々と見つかり、また、世界中の他の場所からも化石が見つかっています。しかし、それらの中でも、澄江動物群は最も古く、また最もきれいな標本が多く見つかっている生物群と言えます。バージェス頁岩よりも千数百万年古いことがわかっていますが、それらの中には共通する生物種が数多く見られます。

第5章

わかってきたカンブリア紀の進化Ⅰ

——歩《ほ》脚《きゃく》動物から節《せつ》足《そく》動物へ

5-1 澄江《チエンジヤン》動物群の発見の歴史

中国ではさまざまなところにカンブリア紀の地層が見られ、生物の化石が出土するということは以前から知られていました。ところが一九八四年になって、前章で触れた昆明《こんめい》近くの地方都市、澄江《チエンジヤン》周辺から保存状態のいい化石が大量に見つかるようになりました。さらに調査の地域を広げるとその量はバージェス頁岩《けつがん》（カナダ）をはるかに凌《しの》ぐ量となっていきました。生物進化の最初期の様子を伝えるカンブリア紀の生物たちの存在が一挙に明らかになってきたのです。この章ではまず、最初の発見のいきさつからみていくことにします。

そもそも、ウォルコットがバージェス頁岩を発見する二年前の一九〇七年に、フランスの地質学者・古生物学者のホーナー・ランテノア、ジャック・デプラ、ヘンリ・マンスイらが、澄江周辺の地質を調べに来ています。その際に、雲南省《うんなんしょう》にカンブリア紀の地層があり、そこに三葉虫《さんようちゅう》や節足《せっそく》動物の化石が豊富にあることを発見しています。筆者が澄江を訪ねた折にも、よく見ると農村の道のあちこちに生痕《せいこん》化石や小《しょう》有殻《ゆうかく》化石などがありましたが、このあたり数十キロ平方におよぶ範囲から化石を見つけることは難しいことではなかったと思われました。

　一九三〇〜一九四〇年代になると本格的な地質調査が始まり、カンブリア紀初期の地層が中国全土に露出していることがわかってきました。中でも、盧衍豪《ルヤンハオ》、何春蓀《ヘチュンソン》、楊遵儀《ヤンジュンイ》博士らは澄江周辺の化石を調べ、甲殻類《こうかくるい》に近い節足動物が数多く見られることを報告しています。

　さらに一九八〇年には、すでに述べた侯《ホウ》博士が昆明を訪れ周囲の化石調査に乗り出して、やはり多くの節足動物を発見しました。侯博士は一九八四年に再び澄江を訪れ、近隣の大坡头《ダポト》村で雲南省の地質調査部と合流し、周囲を詳しく探索することにしました。最初は洪家冲《ホンジアンチョン》村などを調査し、その後、帽天山《マオトンシャン》を調べることにしました。化石発掘調査は周囲の農夫を雇って行われましたが、帽天山の岩はもろかったので発掘は容易でした。七月一日の午後三時頃、もろい岩の一つを割ったところ、見慣れない甲殻類と思われる化石が見つかりました。さらに周囲の岩を割ってみたところウォルコットがバージェスで発見しているナラオイアが見つかり、他にも続々と化石が見つかるようになりました。

　しかも、それらの化石は通常は残らない軟組織の形をそのままとどめており、生物を生きたまま岩に封じ込めたようでした。侯博士はこれらの生物の重要性に気づき、発見ノートに「バージェス頁岩に相当する化石層を発見した」と書きました。この後、雲南省の地質調査部は、発掘に全面的に協力するようになりました。

当時の大陸分布と澄江・バージェスの関係

澄江動物群が生きた時代はバージェス動物群よりも二〇〇〇万年ほど古いとされています。当時の大陸分布の中でこれらの二地点を見ると両者の関係がよくわかります（図5-1）。地理的には五千キロも離れていますが、両地域から産出する化石には共通のものが多くあります。このことは、両地域で発見される生物が決して特異なものではなく、当時の海洋全体に生息していたカンブリア紀の代表的な生物であったことを示しています。バージェス頁岩では構造や生態がよくわからずに謎とされていた生物がいましたが、澄江から同種や近種の生物が多数見つかり、生物間の関係が次第に明らかになってきました。

例えば、ハルキゲニアという生物は今では有名な生物とな

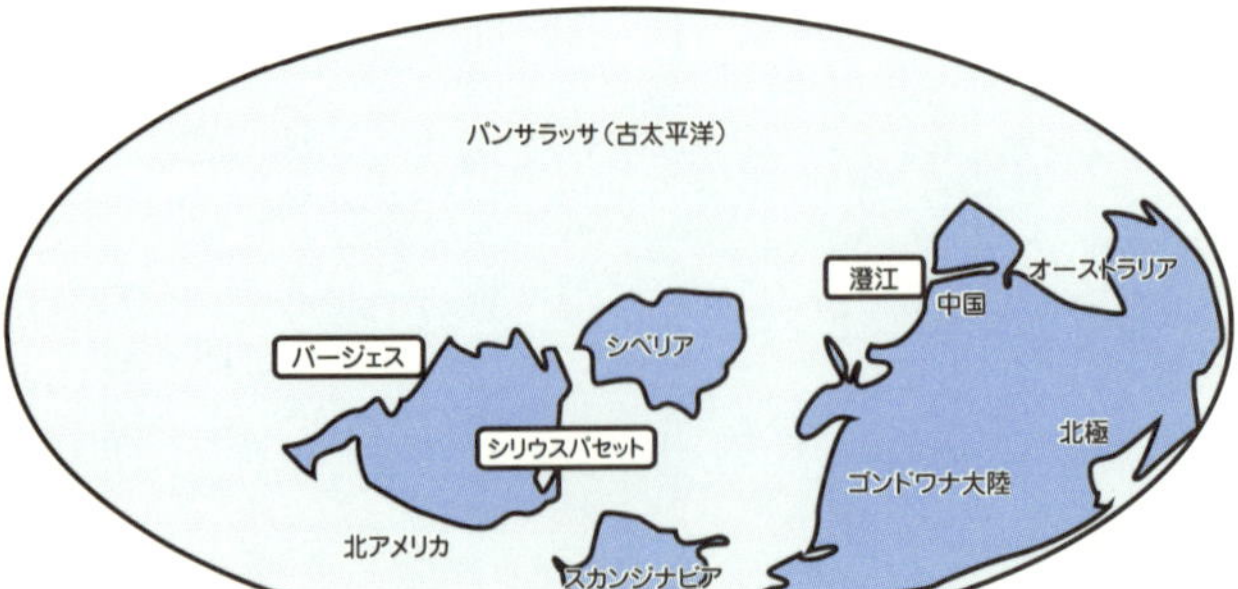

図5-1
当時の大陸分布

りましたが、バージェスが調査された時点では奇妙な生物と思われていました。ところが、澄江からはその仲間が多数見つかるようになりました。さらに、これら歩脚《ほきゃく》動物と言われるものと節足動物の関連性も議論されるようになってきました。節足動物の進化については、次節以降、ハルキゲニアに代表される歩脚動物の話から詳しく見ていきます。

澄江の古地理と現在の地理

澄江の化石は、どれも黄色くてもろい石の中に含まれているのが大きな特徴です。手で引き裂くように力を加えると、バラバラと薄い層に分かれていくほどのもろさです。当時の地形が砂地か泥のようなものでできていたことを想像させます。図5-2は当時の地理を復元したものですが、左下（南西方面）に陸地があり、そこから右上（北東）方面に海が広がっていたことがわかります。澄江はそれらの境界に位置し、そこには砂と泥の地域がありました。澄江の化石は、このような場所に生息して

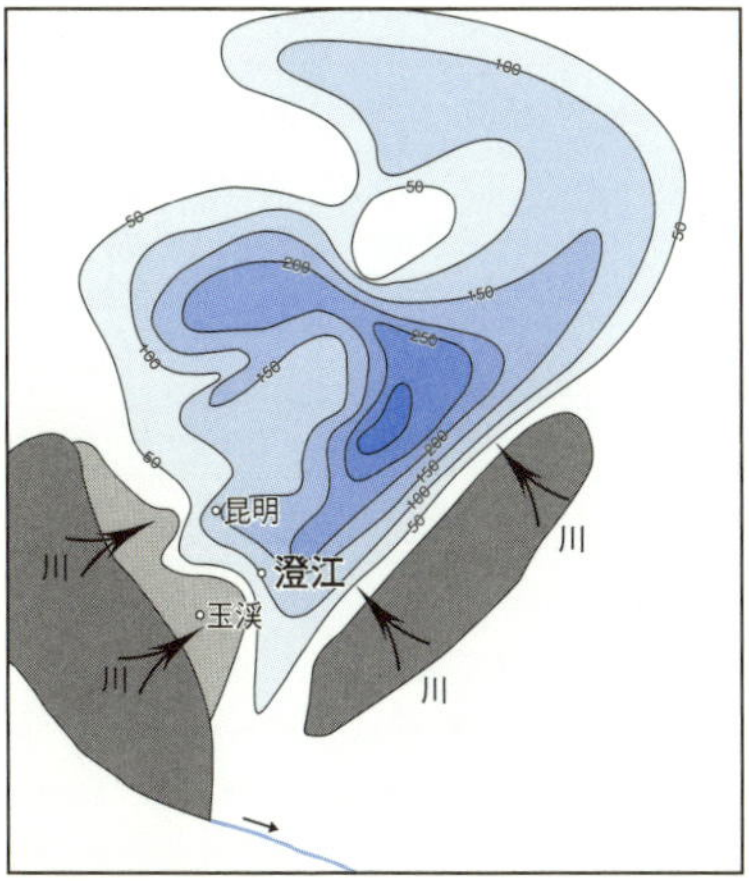

図5-2
澄江の古地理 With the permission of Prof. Shu De-gan.

いた生物の痕跡だと考えられるのです。

一般に生物は、死ぬとさまざまな生物に食べられて分解されるか無機的な変性を受けるため、もとの形はほとんど残りません。ところが澄江の化石は、バージェス頁岩のようにかなり明瞭にもとの生物の形をとどめています。これは、突然砂嵐が襲いかかり、一瞬のうちに周辺に生息していた生物を封じ込めてしまったからだとされています。澄江動物群の化石は、侯博士の発見ポイントだけではなく数十キロ四方におよぶ広い範囲から見つかっていることから、砂嵐による大災害は一度だけではなく、周辺一帯で何度も繰り返し起こったと思われます（図5-3）。この点はバージェス動物群のケースと大きく異なります。バージェス動物群の場合はロッキー山脈中腹のアクセスしにくいところ、極めて狭い範囲に化石を含む層があるだけです。周辺に似たような化石を含む層がいくつか見つかっていますが、澄江ほど広くはなく、またそれほど多くの生物を含んではいません。

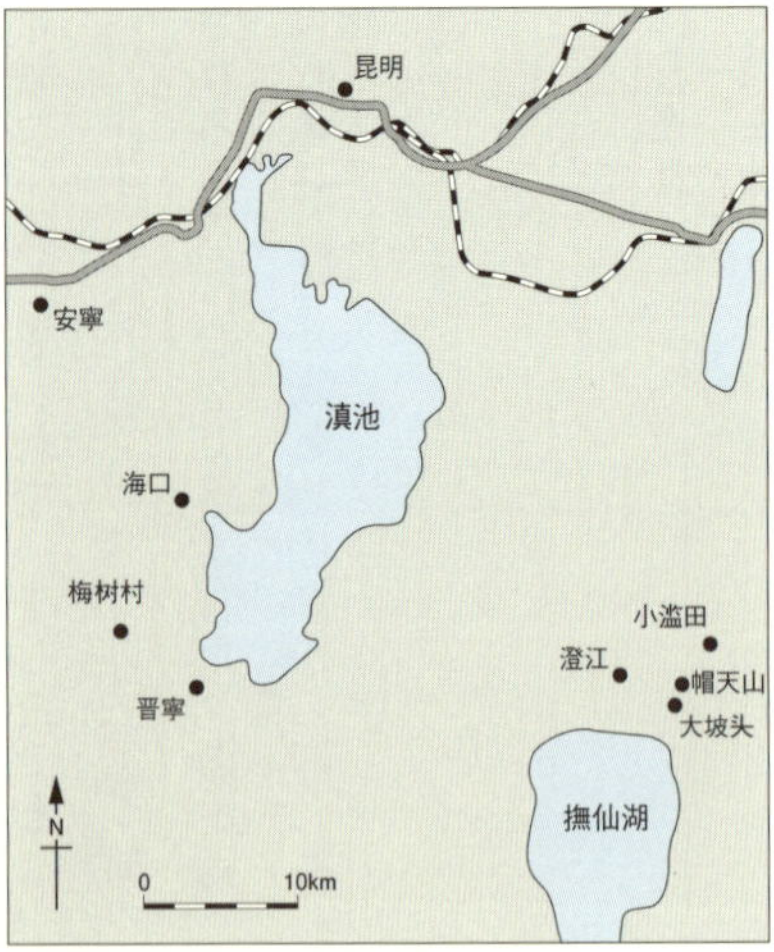

図5-3
現在の昆明、澄江周辺の地図

動物群の種の統計をとったものを図5-4に、澄江の動物の復元図を図5-5に示します。節足動物が圧倒的に多く、次に多いのは所属不明の生物と海綿動物であることがわかります。

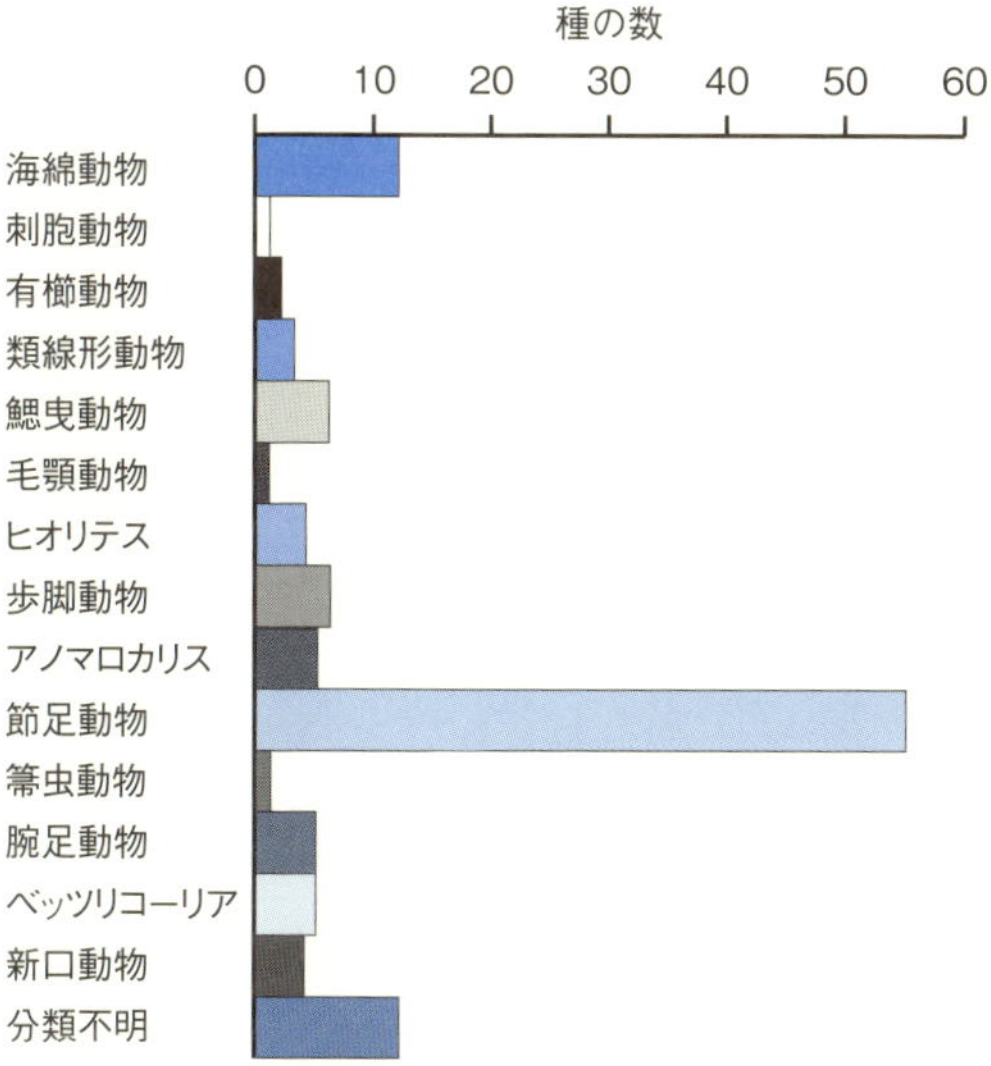

図5-4
澄江動物群の生物種の割合
With the permission of Prof. Zhu Mao-yan.

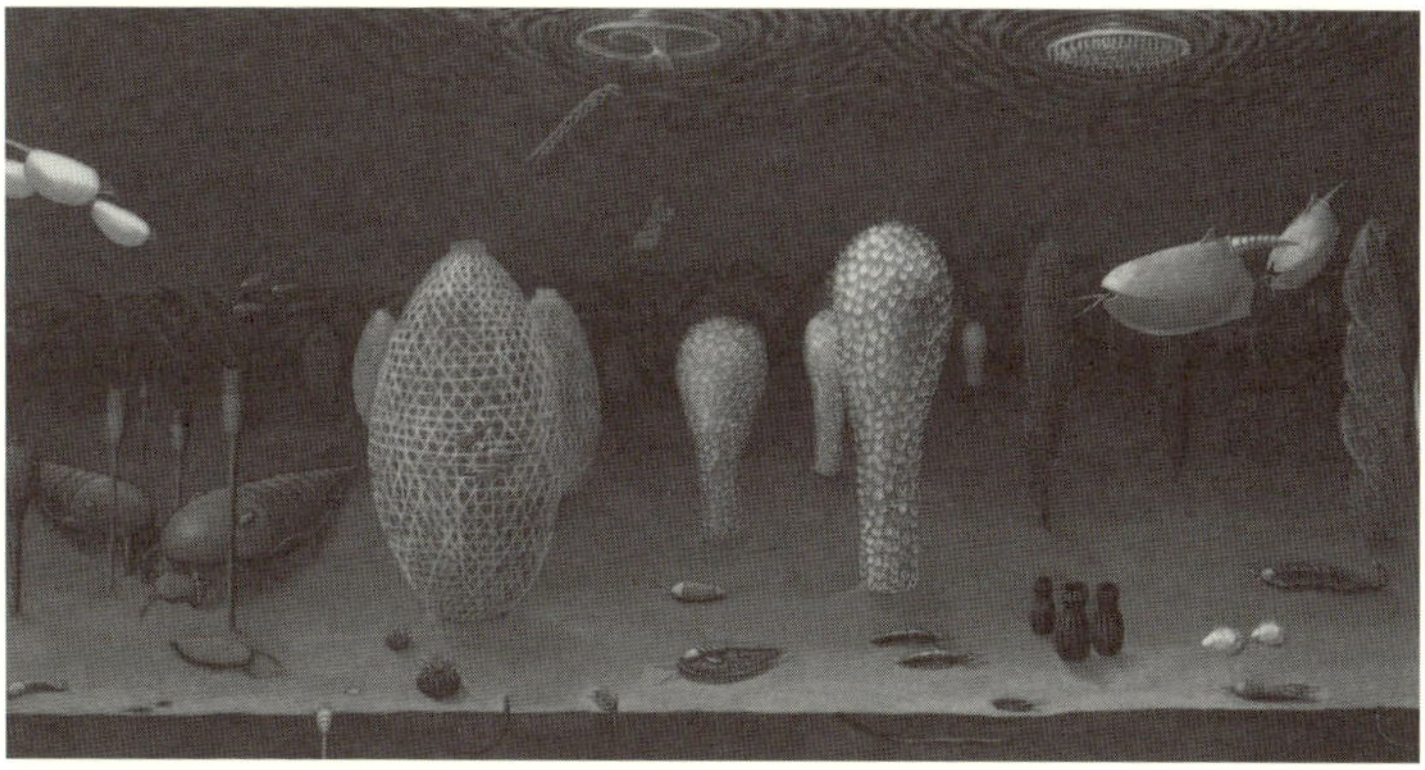

図5-5
澄江動物群の復元図
With the permission of Prof. Shu De-gan.

5-2 歩《ほ》脚《きゃく》動物の進化

ハルキゲニアの仲間が大量に見つかった！

歩《ほ》脚《きゃく》動物とはあまりなじみのない名前ですが、一つの例としてハルキゲニアを挙げます。ハルキゲニアは一九七七年コンウェイ・モリス博士がこの生物を調べた際、あまりに奇妙なその姿を表す名前として、幻惑（ハルシネイション）という単語に由来してつけたものです。最初はどちらが頭でどちらが尻尾か、どちらが上下かさっぱりわからない生物でした。グールドの『ワンダフル・ライフ』では、あまりにもわけのわからない形から、独立の生物ではなく他の生物の一部の器官なのではないかとされています。

ところがその後、澄江《チエンジヤン》から出土する大量の生物の中にハルキゲニアも混じっていたことにより、理解は大きく進展するようになります。まず、モリス博士が調べた化石はハルキゲニアという属の一種、スパーサという生物でした。※一方、澄江から見つかった少し別の生物はハルキゲニア・フォルティスと別の種名が与えられました。二〇ほど

※ハルキゲニア・スパーサは1911年、ウォルコットによって最初に報告されています。

の標本を詳しく調べた結果、丸い頭部に二対の細長い触手《しょくしゅ》（付属肢《ふぞくし》）を持つことがわかり、どちらが頭部かは確定的になりました。

また上下の問題については、一方の先端に分岐《ぶんき》したかぎ爪があることがわかってきたことにより、決着がつきました。このかぎ爪の存在は、地面にくいを打つようにして進むために肢《あし》の先についたものである、という解釈がなされるようになってきたのです。研究には侯《ホウ》、ベルグストロム、ラムズケルド、陳《チエン》という四名の研究者が携わり、最初にモリス博士が再現した復元図は上下が逆だったことがわかりました。ハルキゲニアに関するモリス博士の最初の解釈が誤りだったという話は、それ以降、よく知られる話となって広く伝わっています。

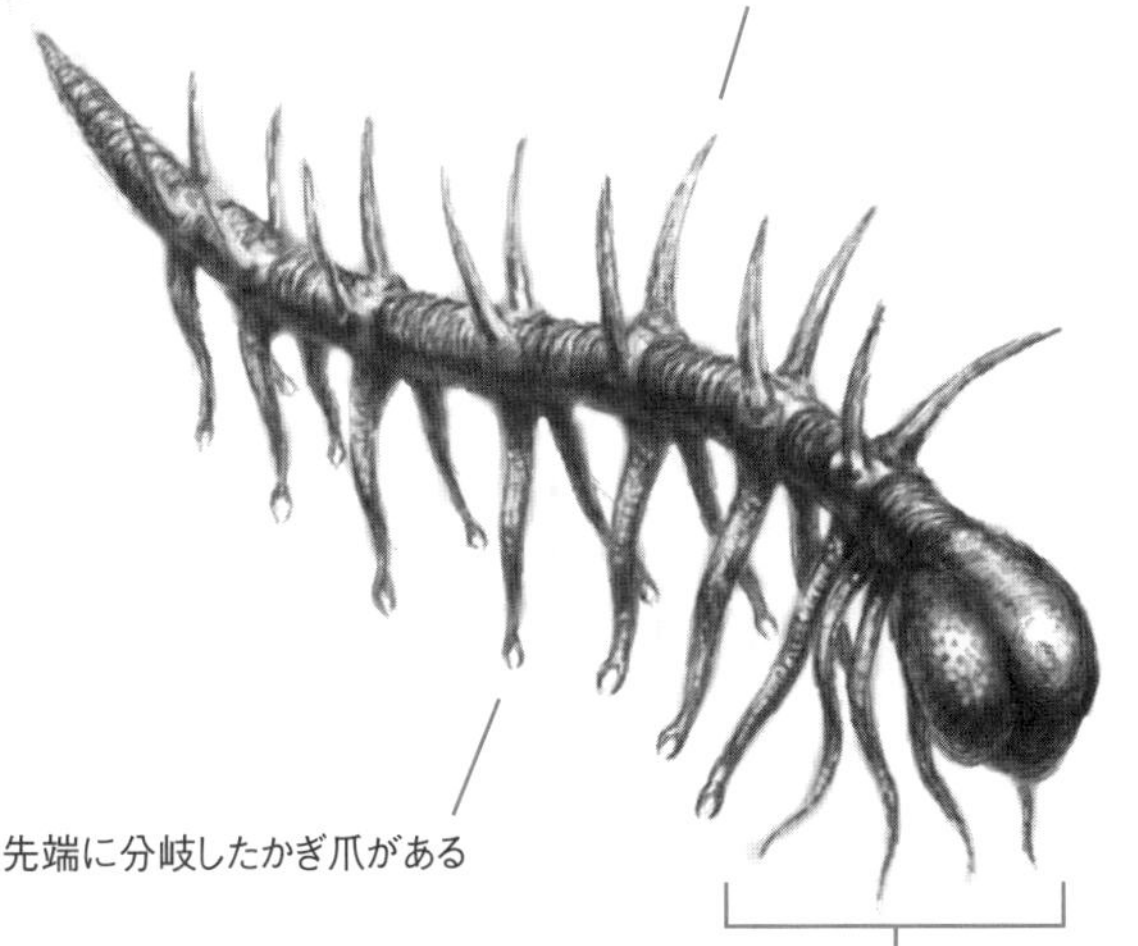
背に身を守るための鋭い棘がある
頭部に2対の細長い触手(付属肢)を持つ

ハルキゲニア

バージェスで見つかったアユシュアイア

lobopod（ロボポッド）というのが歩脚動物の英語表記であり、これは葉を意味するlobe（ローブ）と脚を意味するpod（ポッド）の合成語です。日本語では、別名で葉状《ようじょう》肢《し》動物と呼ばれることもあります※1。

歩脚動物の特徴は肢の形状にあります。肢は、節足動物ほど硬い外皮に包まれておらず、軟《やわ》らかそうな節のない形をしています。内部に血管はなく、肢の中全体に体液が満たされていたようです。形態的には節足動物よりも少しだけ原始的と思われていて、外見的な比較が進むようになりました。

カナダのバージェス頁岩でさまざまな動物の化石が見つかった折、歩脚動物の代表的な例として認識されたのがアユシュアイアです。大きさ一～六センチメートルの生物で、後に澄江からも見つかっています。肢は歩行の機能を担うものの、節構造となっていないために強い力で歩くことができません。それゆえに、節足動物に至る前の原始的な段階にあるとされています。現在の生物分類で考えると有爪《ゆうそう》動物に近いとする説もあります。

アユシュアイアは胴体も環状の構造をしていて、その先端には明確な頭の構造があ

※1　このように日本語では脚とも肢とも表記されます。

※2　分子生物学的な研究から環形動物との関係は見直されています。

りません。胴体の前方に前向きに口がつき、口の周りに六～七本の棘《とげ》がついています。アユシュアイアの化石の周りには海綿が見つかる場合が多いので、海綿に取りついて生活していたと考えられるようになっています。

舒博士の歩脚動物～節足動物進化仮説

アユシュアイアは、バージェス頁岩動物群が発見された頃から環形《かんけい》動物と節足動物を結ぶものとして捉えられてきましたが、最近舒《シュウ》博士らは、歩脚動物から節足動物へ至る過程の始めにアユシュアイアがいたとする説を出しました。こうすると、環形動物からアユシュアイアのような歩脚動物を経て、節足動物へと至った道筋がわかりやすくなります。※2

アユシュアイアから最近報告されたミラロ

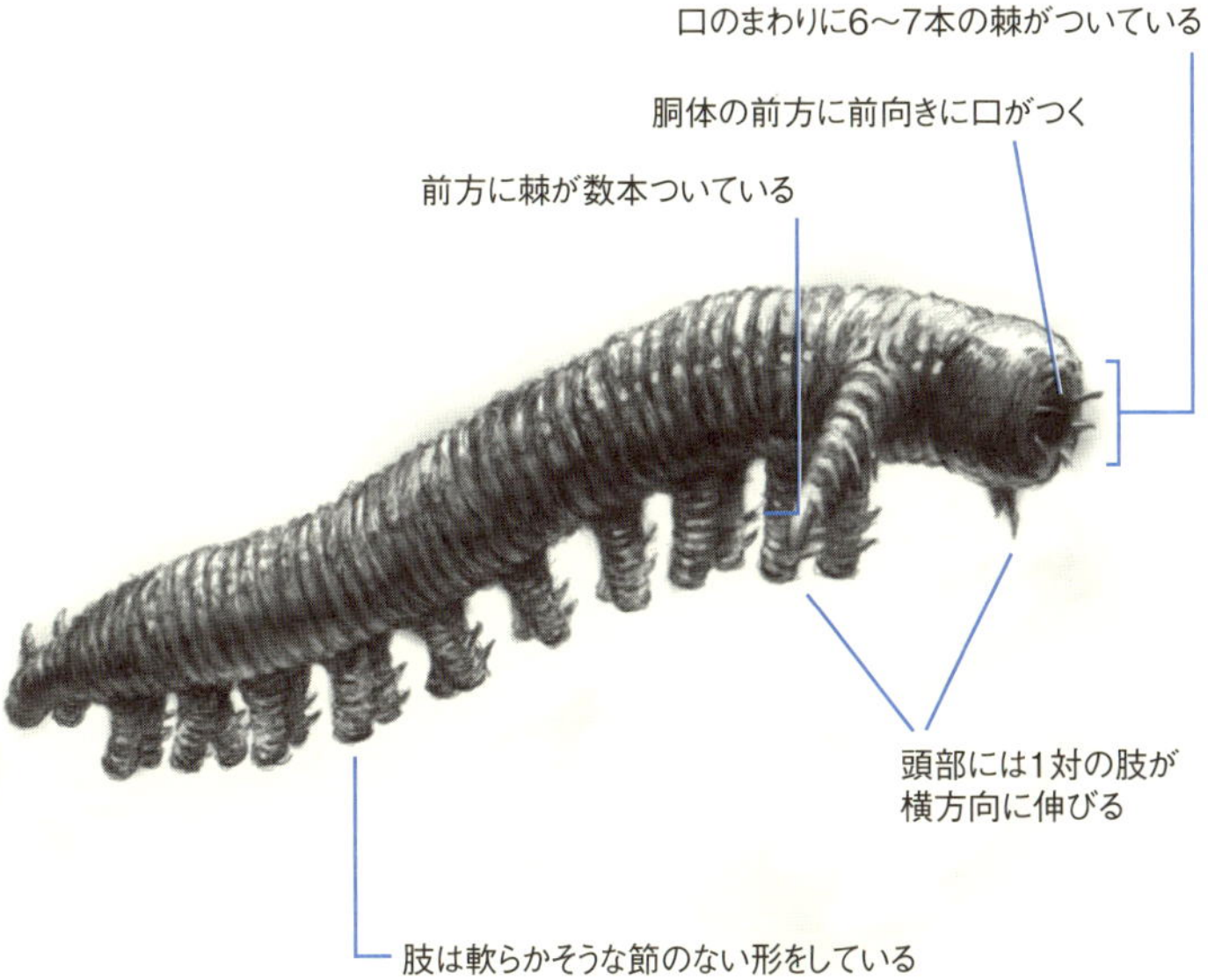

口のまわりに6～7本の棘がついている
胴体の前方に前向きに口がつく
前方に棘が数本ついている
頭部には1対の肢が
横方向に伸びる
肢は軟らかそうな節のない形をしている

アユシュアイア

レシャニアまで、カンブリア紀中期に見られる歩脚動物はおおよそ次のような特徴をもっています。

背側の棘
針のような棘のある脚
体環《たいかん》のある胴
分節化されていない単肢
脚の胴への強い接着

　舒博士らがアユシュアイアより進化した段階にあるとした生物が、ミクロディクティオン、ゼヌージオン、オンコディクティオン、パウシポーダです。※

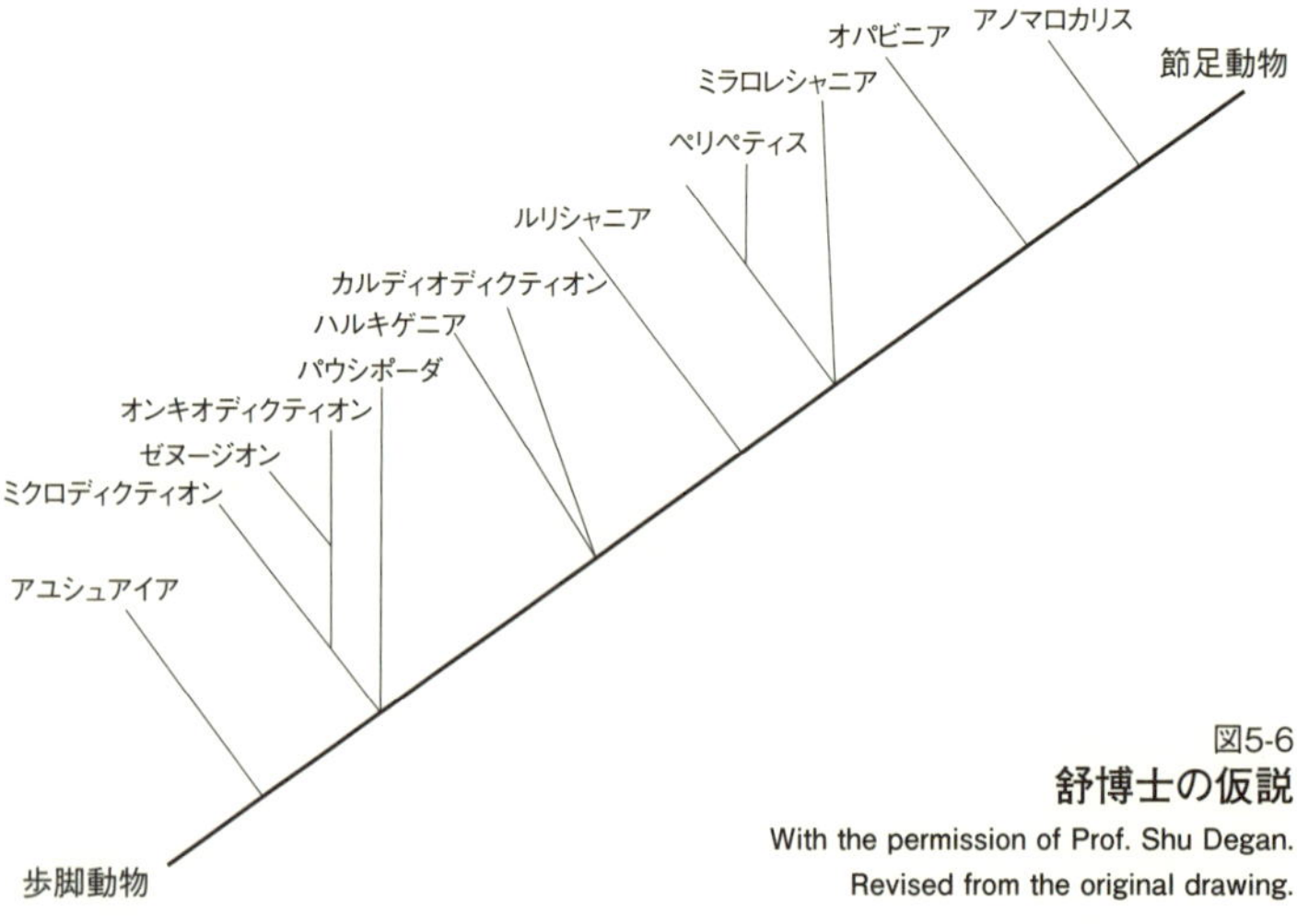

図5-6
舒博士の仮説
With the permission of Prof. Shu Degan.
Revised from the original drawing.

※現在の分子進化研究の進展より、形が似ていても、近縁な生物とは断定できないという認識が広まってきました。したがって、化石から生物の形を見て、進化の系統を考える作業には大きな不確定さが入ると言えます。ですので、このような仮説においては形の類似度によって生物を並べて考えるアイデアの一つ、と捉えるほうがよさそうです。ドジック博士などは他の考えを提出しています。

硬い組織を持つミクロディクティオン

ミクロディクティオンは、舒博士らの解釈によると、アユシュアイアとハルキゲニアの中間に位置するとされています。この生物は澄江動物群の中でも、かなり鮮烈な印象を与えます。大きさは数センチとこの時代の生物としては標準的ですが、体側に並ぶ九個の丸い鱗《うろこ》のような硬皮が特徴的です。この硬い組織が目立ちますが、それ以外の全体の構造に目を向けるとハルキゲニアに似ていると言えます。

肢にはハルキゲニアと同じく先端に対のかぎ爪がついています。しかし、背中側には棘はありません。また、ハルキゲニアと同様に頭と尻尾の区別が不明瞭だったのですが、丸い方が頭で二対の触手がついていると考えら

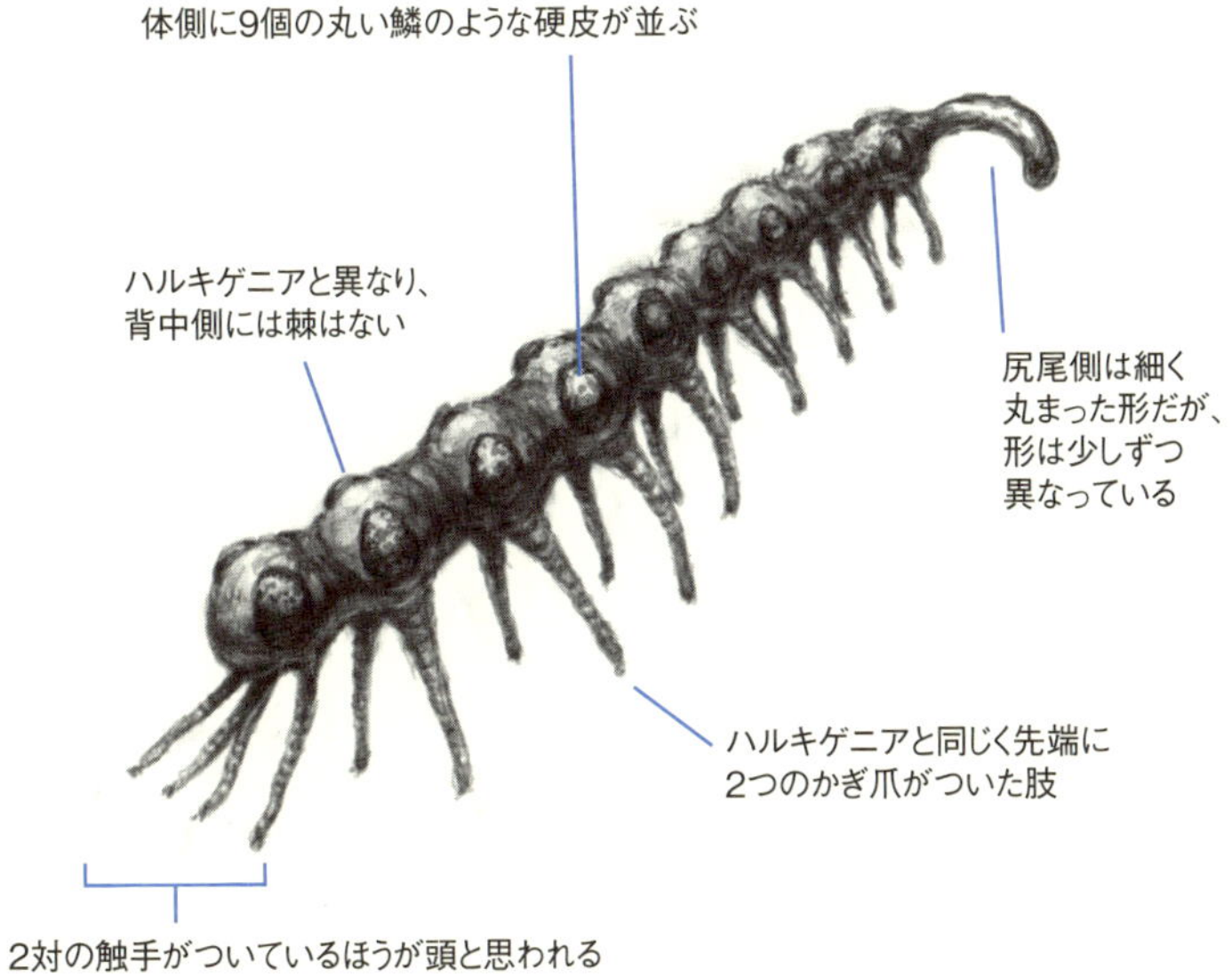
体側に9個の丸い鱗のような硬皮が並ぶ
ハルキゲニアと異なり、背中側には棘はない
尻尾側は細く丸まった形だが、形は少しずつ異なっている
ハルキゲニアと同じく先端に2つのかぎ爪がついた肢
2対の触手がついているほうが頭と思われる

ミクロディクティオン

れます（ただし、二対の触手の方を尾部とする説もあります）。

ミクロディクティオン属にはシニカムという種の他に、一〇種程度の異なる種があり、カナダ、アメリカ、ヨーロッパ、中国、オーストラリアから見つかっています。しかしそれらの多くは体側の丸い鱗状の硬皮（硬い部分）のみしか出土しておらず、名前もなく未記載となっています。

他の歩脚動物たち

ゼヌージオン……謎の中間的動物

ゼヌージオンはドイツから一九二七年に発見された生物であり、専門家の間ではカンブリア紀の歩脚動物としてかなり知られた存在でした。しかしたった二つの標本しかなく、しかも全身

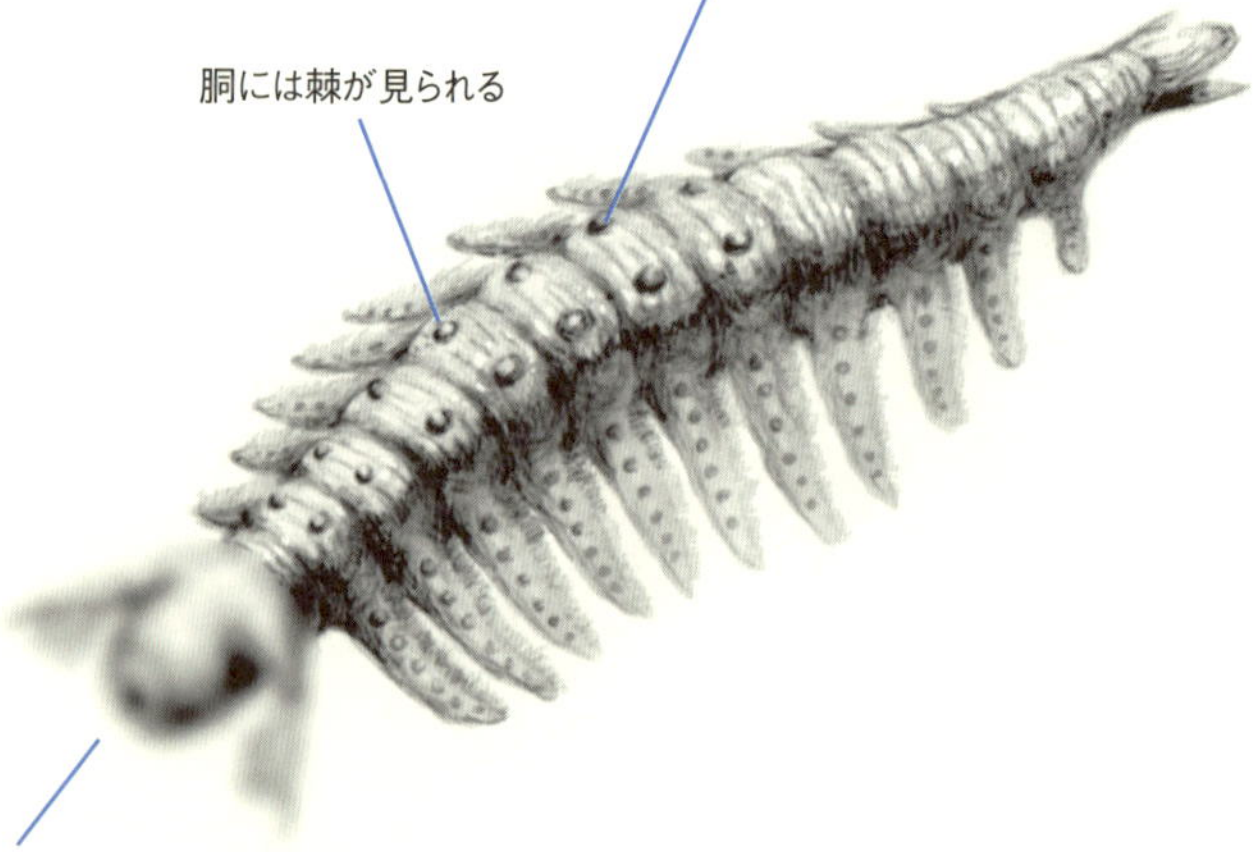

胴体には弱い節構造が認められる
胴には棘が見られる
頭部は欠けていて詳細は不明

ゼヌージオン

像が明瞭に残っているわけではなかったので、観察されない頭部を含めて全体像には未知なところが多くありました。ゼヌージオンの胴には棘が見られ、他の歩脚動物と共通する特徴を持っています。しかし、歩脚動物でありながら胴体には弱い節構造が認められるため、節足動物と歩脚生物の中間に位置するとされています。

劉《リュウ》博士と舒博士らは、ゼヌージオンよりも進化した段階の生物としてハルキゲニアを置きました。その理由は、これまでの生物と異なり頭部が胴体から明瞭に分かれているからです。

ミラロレシャニア……眼を持つ生物の登場

ごく最近発見され、歩脚動物から節足動物への進化の系列解明に一役買っている生物です。似た生物としてルリシャニア※という生物が知られていますが、大きく異なる点は頭部に眼が二つあることです。ここまで述べてきた生物たちには眼はありませんから、この生物は歩脚動物の系列から離れて、眼を持つ節足動物へと進化する中間段階に位置していると思われます。眼のある頭部はすでに述べた生物たちに比べてさらに機能性を発揮することを感じさせ、肢は非対称性が加わって、より複雑な運動が可能になったことを想像させます。劉博士、舒博士らによると、次のような特徴により

※ミラロレシャニアとルリシャニアは同じ生物なのではないかとする説もあります。

ミラロレシャニアはアノマロカリスやオパビニアに近いグループと言えるとしています。

頭部の下方にある口
眼の存在
最前列の付属肢が前方を向き、アノマロカリスの触手（大付属肢）に似ている
前方の六対の付属肢がつく胴の部分は、節足動物の特徴に近い

そして、舒博士らはミラロレシャニアよりさらに進化した生物がアノマロカリスなのではないか、という説を提唱しています。

次節では、アノマロカリスについて詳しく解説していきます。

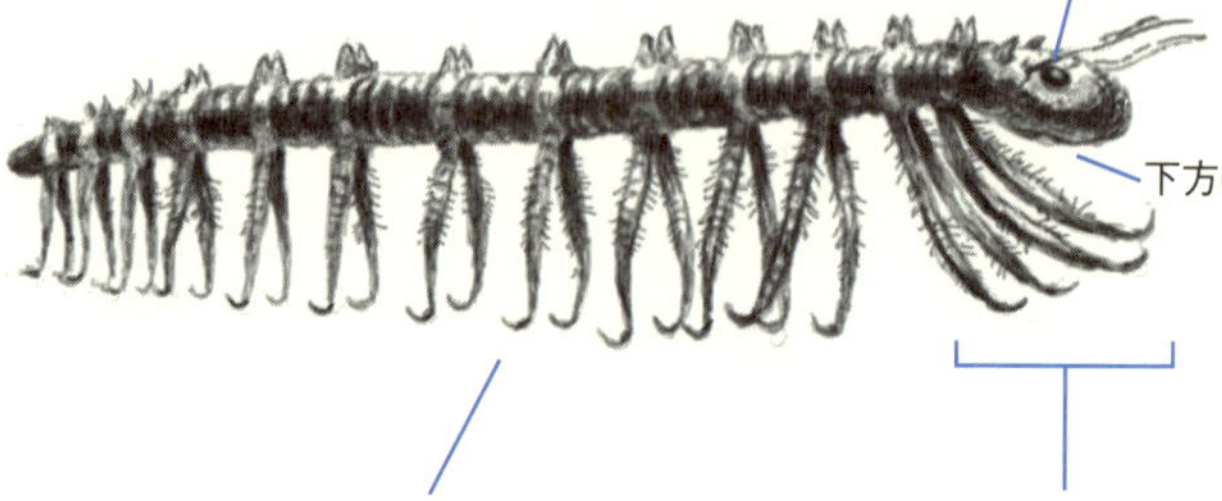
6対の付属肢がつく胴の部分が節足動物の特徴に近い
頭部に眼が2つある
下方に口がある
肢に非対称性が見られる
前方を向いている

ミラロレシャニア

5-3 アノマロカリスの進化

アノマロカリス発見の歴史

アノマロカリスは、1章で触れたように一八九二年ホワイティーブスによって、アノマロカリス・カナデンシスという種名で論文に発表されました。今では触手《しょくしゅ》と判明している部分だけが見つかっていたのですが、ホワイティーブスは単体の生物だと思ったのです。この考えは以降、一〇〇年弱も続き、アノマロカリスはとても奇妙な生物と思われていました。デレグ・ブリッグス博士は、この触手だけの部分について一九七九年にとても詳しく論じた論文を発表しています。

一方、現在ではよく知られていることですが、ウォルコットが発掘した時点でアノマロカリスの他の部分も見つかっていました。しかし、それぞれの化石は独立の生物だと思われていたのです。アノマロカリスの胴体の部分はラガーニアと呼ばれ、ナマコの仲間と思われていました。また放射状のたくさんの筋《すじ》のあるリング状の化石はクラゲの仲間と思われ、ペイトイアと名づけられていました。

一九七八年の段階で、モリス博士はこれらの化石について調べ、ラガーニアと呼ばれる「ナマコ」にペイトイアと呼ばれる「クラゲ」が付着していることを見出したのですが、やはり一つの生物の器官ではなく別の生物と考えてしまいました。それから少し後の一九八一年、ウィッチントン博士とブリッグス博士はそれらの化石を削ってみることにし、その結果「ナマコ」の先端にペイトイアとアノマロカリスがくっついていることを見出しました。すなわち、これらが一つの大きな生物の器官だったことが判明したのでした。

巨大なアノマロカリス

このように一九八一年、ウィッチントン博士らによって明らかにされたアノマロカリスの全体像は一つのシンボル的な存在となり、バージェス頁岩《けつがん》動物群の魅力とともに世界中に知られるようになっていきました。その過程で、一九八九年に出版されたグールドの『ワンダフル・ライフ』やＮＨＫの番組『ＮＨＫスペシャル「生命」』が大きな役割を果たしました。

ところでなぜアノマロカリスがシンボル的な存在になったかというと、大きな要因として、当時この生物が最大の捕食《ほしょく》生物だったことがあります。通常、バージェス頁岩や澄江《チエンジャン》に見られる動物の大きさは二〜三センチメートルと小さなものです。一〇センチメートル程度ある生物にベッツリコーリアや節足《せっそく》動物がいますが、当時としては十分大きな生物です。ところがアノマロカリスの場合、先端の付属肢《ふぞくし》だけで一〇センチメートル程度の大きさがありました。全身を復元してみると六〇センチメートルほどに達し、他の生物よりはるかに大きなサイズだったことが判明したのです。

これが一般に知られているアノマロカリスの大きさですが、他のアノマロカリスを見てみると一〇センチメートル程度のものや二〇センチメートル程度のものが、よく見つかっています。筆者は澄江の発掘場所付近に設けられた博物館を訪れたことがありますが、ちょうどその程度の大きさのものが陳列されていました。

しかし、かねてから話題になっていたのですが、もっと大型のアノマロカリスが近年澄江で見つかっ

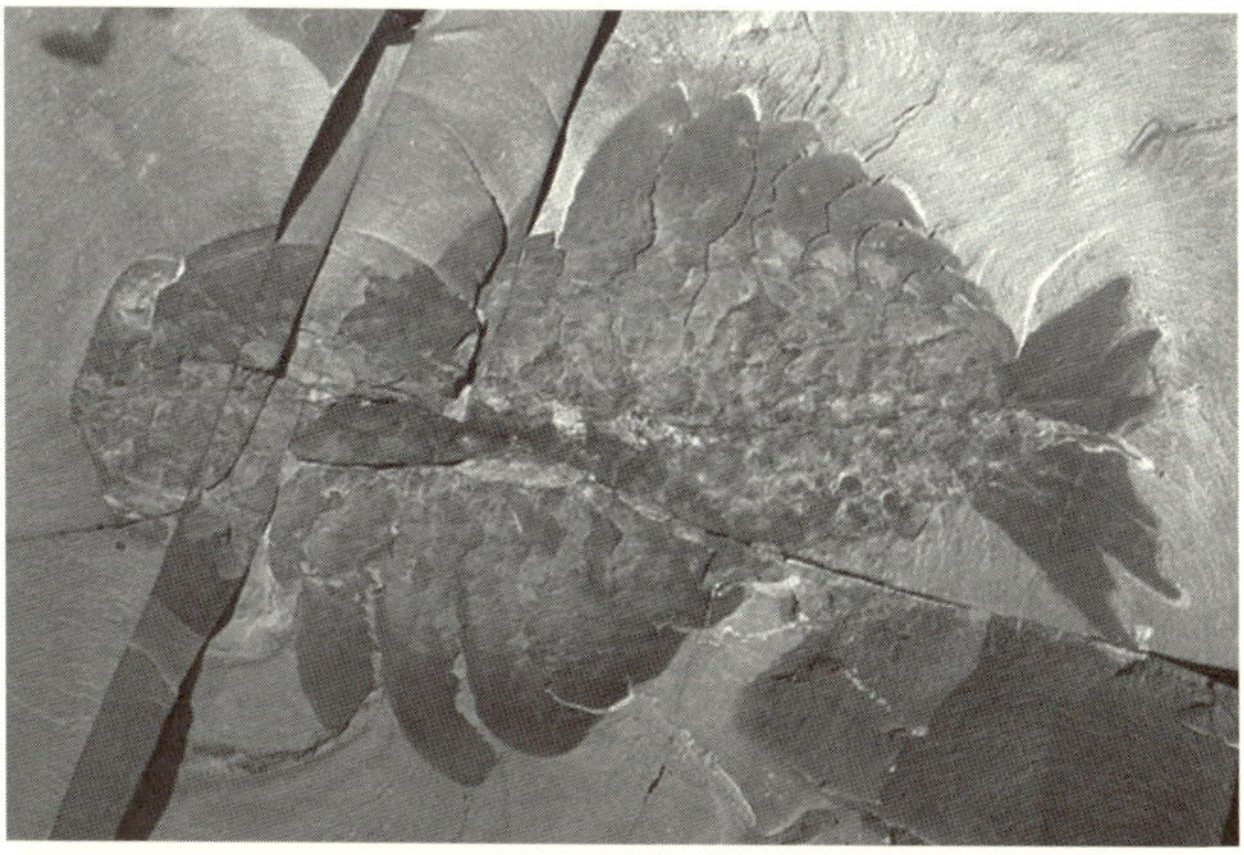

写真14
アノマロカリスの全身化石
ロイヤルオンタリオ博物館にあるアノマロカリスの全身の化石
With permission of Parks Canada ©Royal Ontario Museum 2008. Photo by J.B. Caron.

ています。やはり同じ博物館にその大型アノマロカリスの標本が置いてありました。口の部分だけの標本（化石）なのですが、大きさがなんと二五センチメートルほどもあります。一目見ただけでアノマロカリスの口とわかるものでした。全体を再現すると、なんと二メートルにも達します。

他の動物のほとんどが二〜三センチメートル、大きくて一〇センチメートルという世界に、二メートルものアノマロカリスがいたことは驚くべき事実です。生命の進化史上を通じても最大の節足動物はこの程度のサイズであり、これより大きな節足動物は地球上に登場したことはありません。カンブリア紀の初期の段階で、最大サイズに達した生物がすでにいたことになります。

以上は大きさについての話ですが、筆者の研究によって、運動機能とそれを実現する体の構造という点でもアノマロカリスは充分に成熟した段階にあることが明らかにされました。カンブリア紀の初期には不思議な生物がたくさんいます。しかし必ずしも原始的な生物ばかりではなく、ある視点から考えると充分に発達した生物がいたと言うことができると思います。

いろいろなアノマロカリス

アノマロカリスと言っても、澄江や他の場所からの発見により、その仲間が増えてきました。それらを整理してみることにします。

アノマロカリス・カナデンシス

カナダのバージェス頁岩で発見された最初のアノマロカリスです。本節の冒頭で触れたように初めは触手《しょくしゅ》だけが見つかり、一八九二年、ホワイティーブスによってアノマロカリス・カナデンシスと記載されました。その後、ウィッチントン博士らによって全身像が明らかにされたものを、改めてアノマロカリス・カナデンシスと呼ぶことにしました。

特徴としては頭部の幅が狭く、眼が著しく飛び出ていることが挙げられます。ヒレの数はアノマロカリスによって異なりますが、カナデンシスの場合は頭部の下に小さな三つのヒレがあり、胴体の方に一〇対のヒレがあります。

アノマロカリスに共通する特徴としては、頭部の下面についているリング状の口と、尾部に垂直方向についている尻尾状の構造が挙げられます。リング状の口はアノマロカリスだけに見られ、コリンズ博士はこのことをもって「放射《ほうしゃ》歯目《しもく》」という大きな分類を提唱しています。尾部に垂直に伸びるファンもこのグループに固有のもので、他の生物には見られません。

　オパビニアにも尾部に垂直に伸びるファンがついていますが、アノマロカリスに近い仲間に位置づけられています。

　また、胴体の下に肢《あし》があるアノマロカリスの存在が以前から報告されていますが、それは大付属肢という他のグループに分類されるのではないかという説が提唱されつつあります。アノマロカリス・カナデンシスに肢は見つかっていません。この点については後で詳しく触れます。

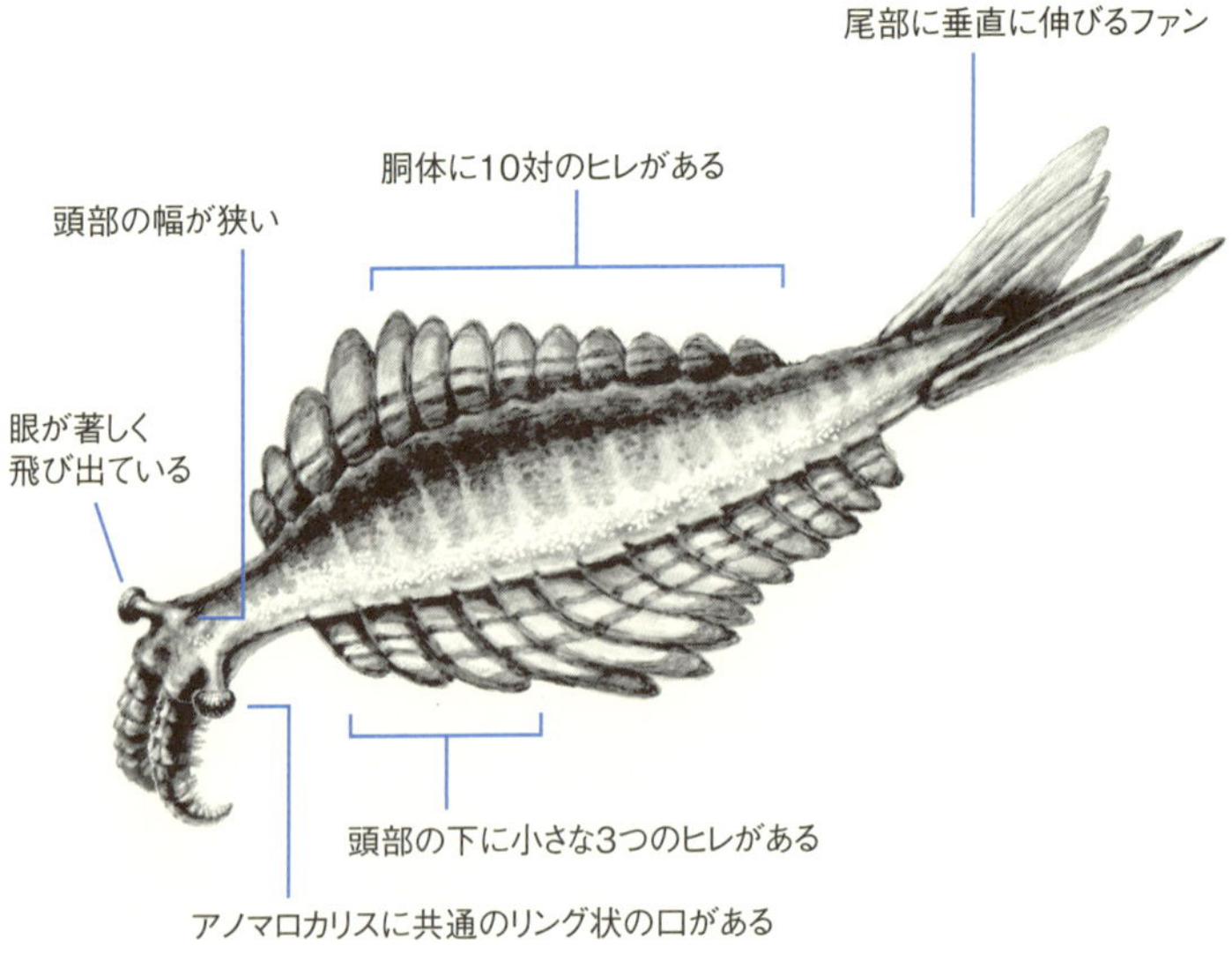
尾部に垂直に伸びるファン
胴体に10対のヒレがある
頭部の幅が狭い
眼が著しく
飛び出ている
頭部の下に小さな3つのヒレがある
アノマロカリスに共通のリング状の口がある

アノマロカリス・カナデンシス

ラガーニア・カンブリア

最初、ウォルコットによりナマコとして分類されていたものが、今日のラガーニア・カンブリアの胴体になります。また、ブリッグス博士が付属肢Fと名づけたものがラガーニア・カンブリアの付属肢ということになりました。※

歴史的経緯は込み入っていますが、現在ではラガーニア・カンブリアというアノマロカリスの一種に再構築されています。

ラガーニア・カンブリアは、アノマロカリス・カナデンシスや次に紹介するアノマロカリス・サーロンなどとはかなり体型が異なっています。まず、胴体が非常にずんぐりしています。眼が口より後部につき、ヒレも胴体の中心のところが最大に広がるようになっています。不思議なことに、尾部には三対の垂直なファンがありません。

写真15
コブシメ
ラガーニア・カンブリアの姿や泳ぎ方はコウイカ科のコブシメに似ている？
木村勉氏撮影

また、アノマロカリスに肢はあるのか？という問題ですが、ラガーニアの場合、最初肢と思われた棒のようなものがありました。これは現在、ヒレを支えるロッド（支柱のようなもの）と考えられるようになりました。

ラガーニア・カンブリアを見ると、筆者はいつもコウイカ科のコブシメを思い出します。生物学的には全く別のグループですが、体側にあるヒレはラガーニアに似ているような気がしてなりません。水族館でコブシメを観察すると、とてもきれいにヒレを動かしホバーリングしたりして、前後に自在に動いています。ラガーニアは節足動物に近いのでこれほど柔軟にはヒレを動かせないと想像しますが、その動作はかなり似ていたはずです。このように、別の生物グループが外見上同じようなものに進化することを収斂《しゅうれん》進化と呼びます。※

アノマロカリス・サーロン

アノマロカリス・サーロンは、澄江からしか見つかっていません。ただし、二〇以上の頭部の付属肢が発見されているので、澄江では珍しくない種と言えます。全身像が残っているのは少ないのですが、大きなものでは最大二〇センチメートルのものが知られています。

※最新鋭のF15戦闘機の尾部には垂直に二つの尾翼があります。これは全体的な形として、アノマロカリス・カナデンシスに似ていると言えます。流体の中を動く際にはこのような形が最適であり、最新の技術と最古の動物が同じ結論に達したということに筆者はちょっとした感慨を覚えます。

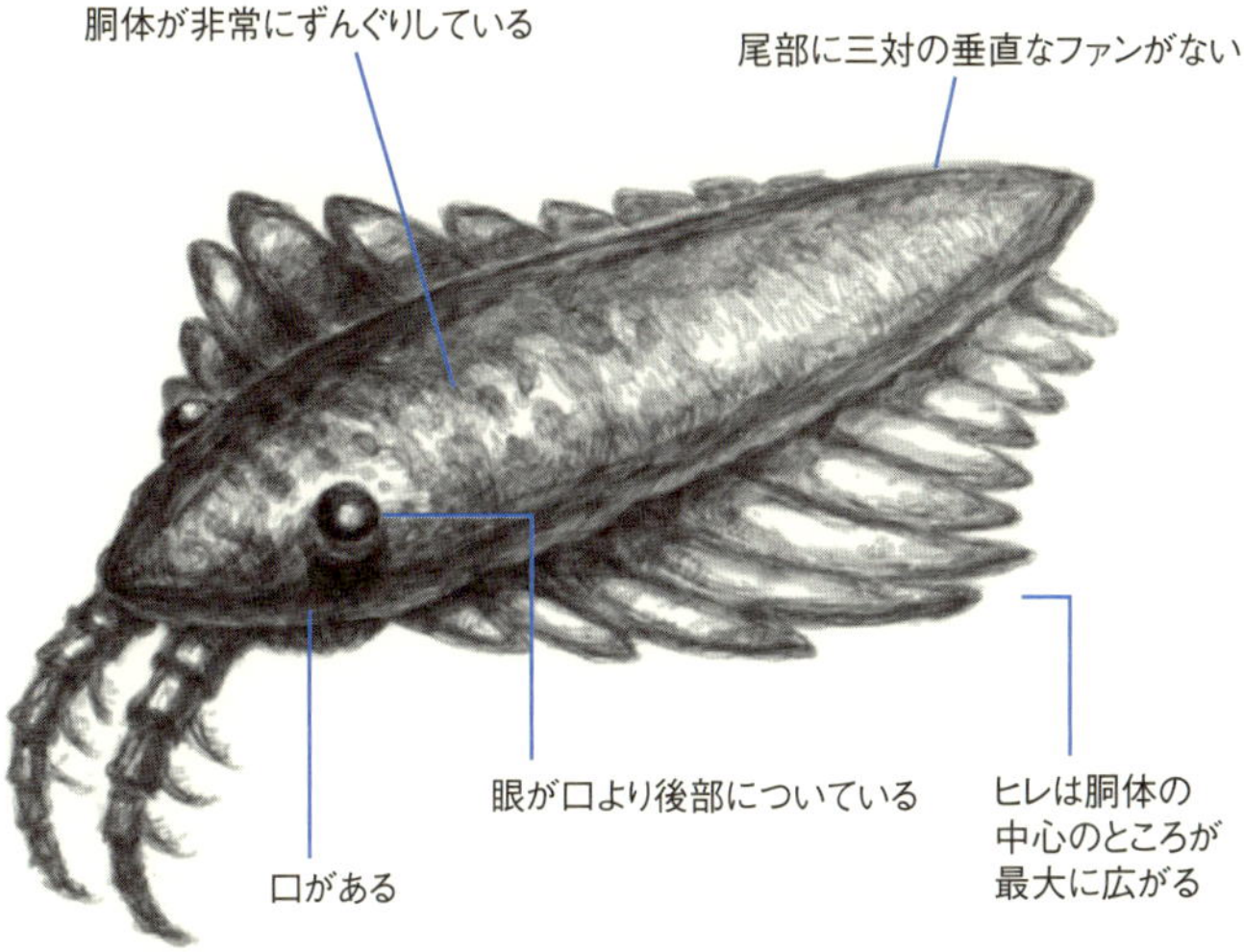
胴体が非常にずんぐりしている
尾部に三対の垂直なファンがない
眼が口より後部についている
ヒレは胴体の
中心のところが
最大に広がる
口がある

ラガーニア・カンブリア

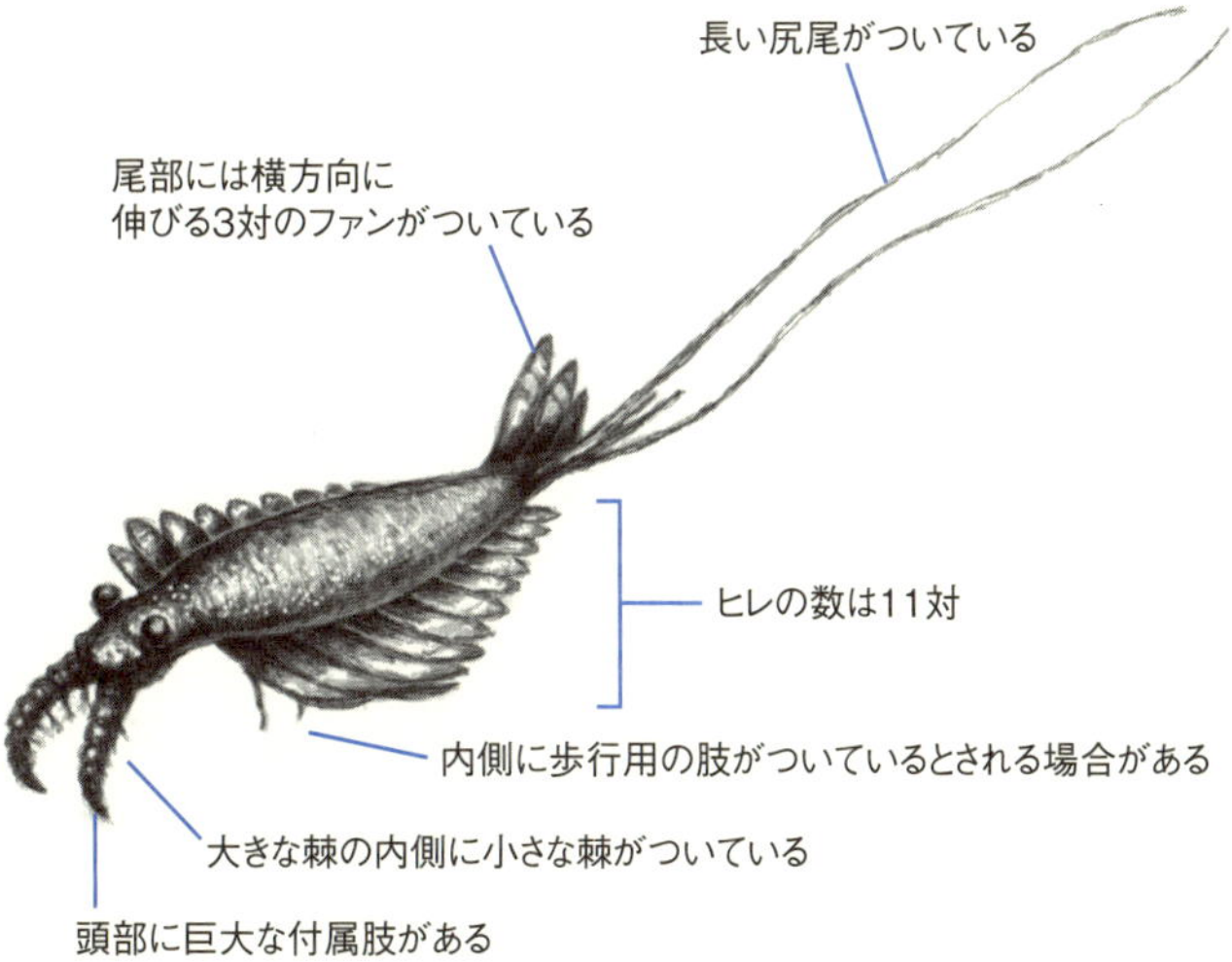
長い尻尾がついている
尾部には横方向に
伸びる3対のファンがついている
ヒレの数は11対
内側に歩行用の肢がついているとされる場合がある
大きな棘の内側に小さな棘がついている
頭部に巨大な付属肢がある

アノマロカリス・サーロン

ヒレの数は一一対で、アノマロカリス・サーロンの一三対と比べて少なくなっています。形は三角形になっていて、さらに内側に歩行用の肢がついているとされる場合があります。尾部にも横方向に伸びる三対のファンがついています。さらに最後部には長い尻尾がついています。これらの特徴は、アノマロカリス・カナデンシスと、後に詳しく述べる大付属肢グループの中間の性質を示しているように筆者には思えます。ただし、ヒレの下に肢があるかどうかはまだ確定していません。

アンプレクトベラ・シンブラキアタ

アンプレクトベラも、澄江のみから見つかっているアノマロカリスです。三〇ほどの頭部の付属肢が出土していますが、全身像は極めてまれです。大きなものでは一四センチメートルの付属肢が残っているので、全長は五〇センチメートルほどに達していたと思われます。

頭部の付属肢の形はアノマロカリス・サーロンと異なり、枝分かれした棘《とげ》がなく、二列についています。そして、頭部側の三つの棘は長くなっています。胴体は横幅があり、ヒレを入れるとかなり横に広くなっているのが特徴と言えます。尾部はどのようになっているのか正確にはわかっていないのですが、アノマロカリス・サーロンと

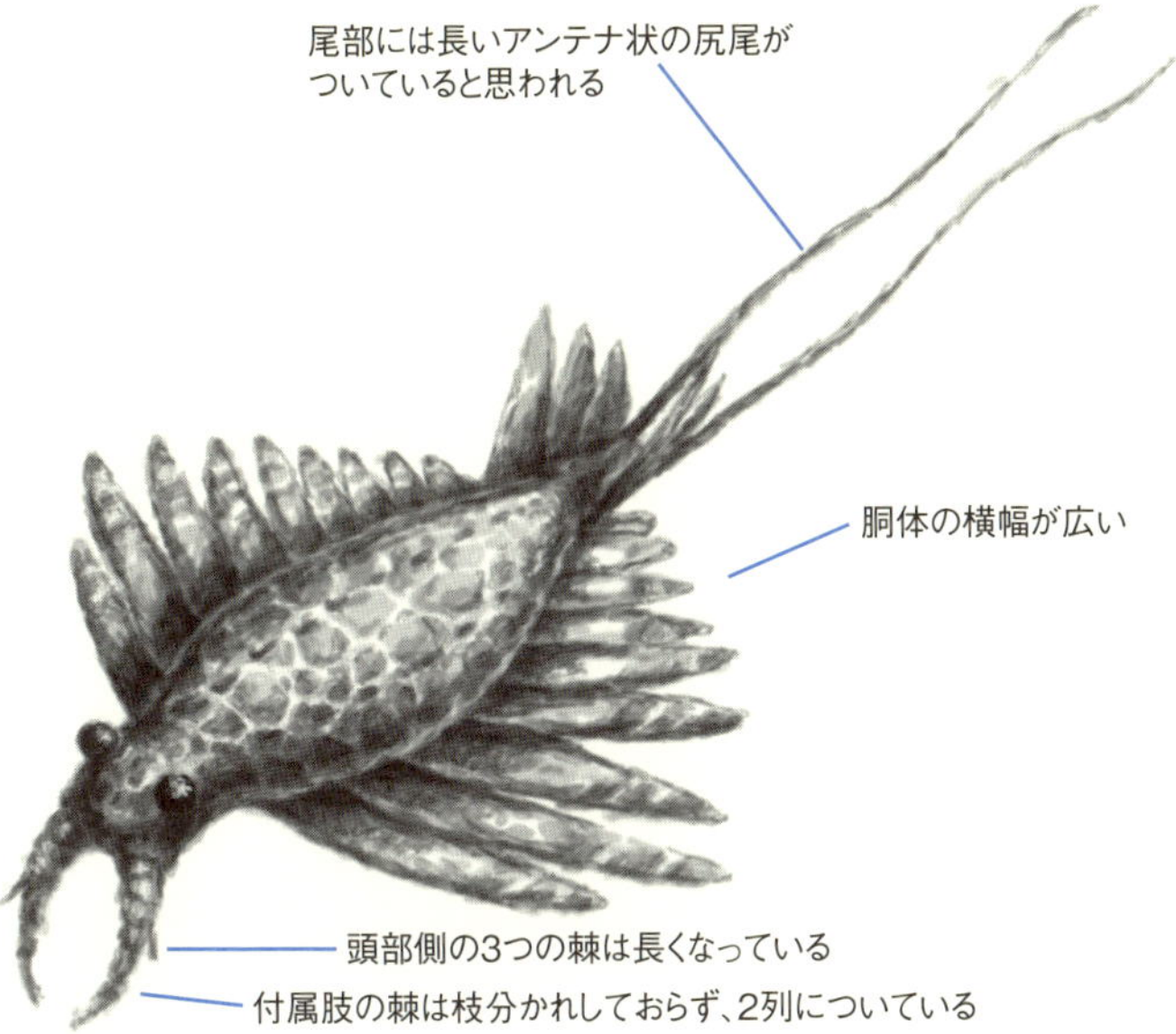
尾部には長いアンテナ状の尻尾がついていると思われる
胴体の横幅が広い
頭部側の3つの棘は長くなっている
付属肢の棘は枝分かれしておらず、2列についている

アンプレクトベラ・シンブラキアタ

同様に長いアンテナ状の尻尾がついていると思われます。

パラペイトイア・ユンナネンシス

やはり澄江でのみ見つかっているアノマロカリスで、あまり多くの化石は見つかっていません。頭部の付属肢のサイズが五センチメートルほどですので、さほど大きくありません。

その付属肢は、これまで紹介したアノマロカリスとはかなり異なっています。まず、棘が認められず、代わりに三本の指のような大きな突起がついています。また、口の周辺に小さな二つの付属肢がついていて、やはり他のアノマロカリスに見られない特徴となっています。これらはおそらくエサを食べる時に使ったと思われます。

口はアノマロカリス・カナデンシスなどと同様のリング状のものが頭部の下面についており、眼がやや後ろについています。パラペイトイアの最大の特徴は、ヒレの下に見られる肢の存在です。ラガーニアのような支柱と違って、ヒレと独立に動く肢と考えられます。

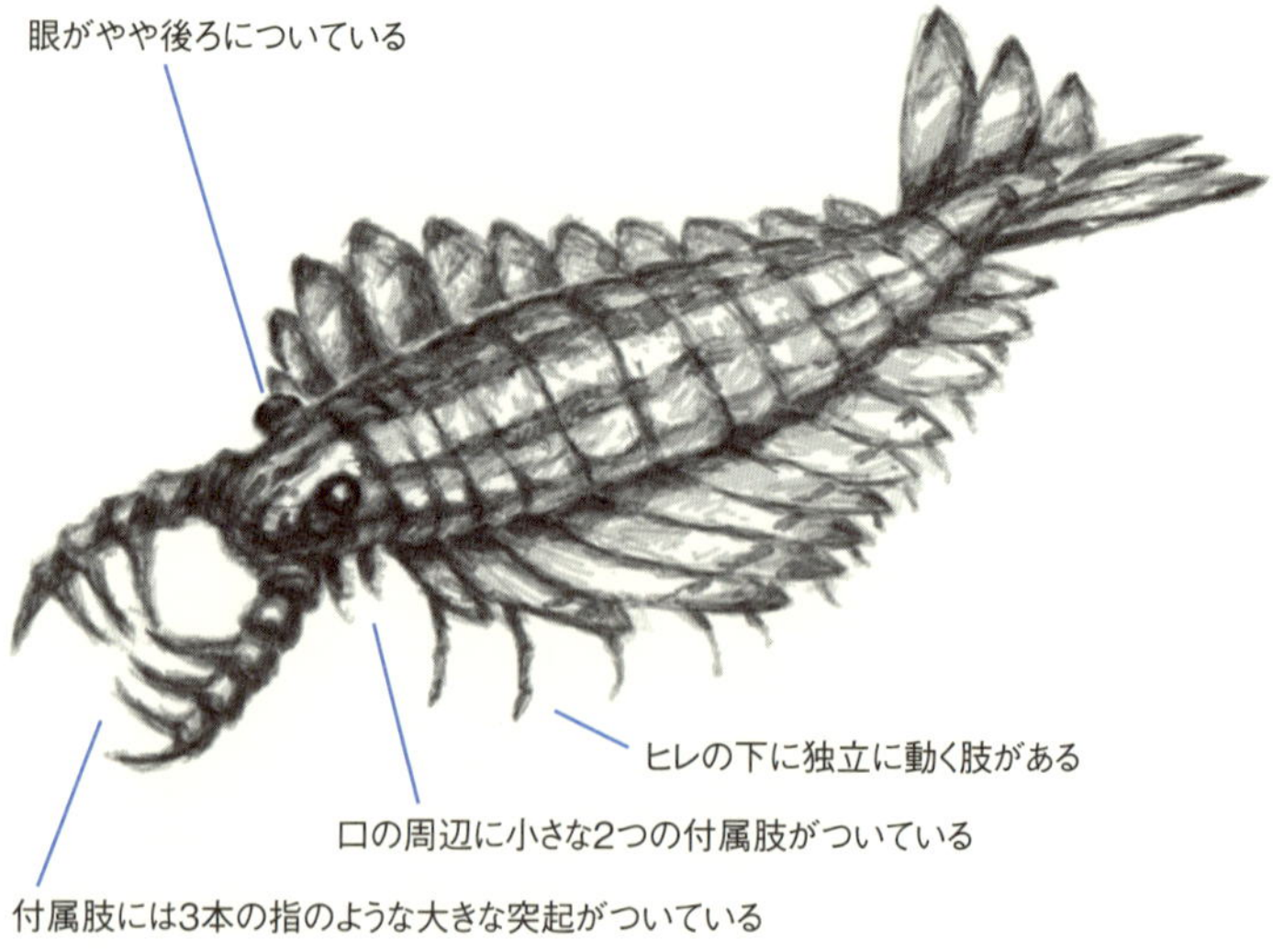
眼がやや後ろについている
ヒレの下に独立に動く肢がある
口の周辺に小さな2つの付属肢がついている
付属肢には3本の指のような大きな突起がついている

パラペイトイア・ユンナネンシス

アノマロカリスに肢はあるか?

アノマロカリスのヒレの下には肢があるか?ということが少し前から議論されるようになりました。筆者が以前に考えたことは、口が下方についている以上海底の生物を捕食したはずであり、接地する肢があった方が捕食に便利だろうということです。したがって、アノマロカリスには肢があるのではないか、と思っていました。

その後、この問題についてコメントする論文が増え、アノマロカリス・カナデンシスには肢は見つかっていない、とありました。現在では多くの標本が見つかっていますが、どの標本にも肢は見られないので、どうやらなかったとするのが妥当と思われるようになってきました。また、すでに記述したようにラガーニア・カンブリアには独立した肢はなく、代わりにヒレの下面に付着する筋のような支柱がついています。アノマロカリス・サーロンについては、内側の方に肢があるのではないかとする文献もあります。さらに、パラペイトイアになると明瞭な肢の存在が認められます。

というわけで、アノマロカリスにはさまざまな種類がいて、肢のあるものからないものまでいるというのが正解、ということに落ち着くように思われました。

ところがパラペイトイアは、アノマロカリスよりも5節で詳しく紹介する大付属肢グループに属しているとした方がいいのではないか、という意見がごく最近出されるようになりました。大付属肢グループというのは、ウィッチントン博士が研究を行っていた頃から知られていたグループで、頭部にある大きな付属肢を特徴とした生物たちです。バージェスで見つかっているヨホイアやレアンコイリア、澄江で見つかったフォルティフォルセプスなどが含まれます。

これらの生物はいずれも頭部に大きな付属肢がつき、胴体部には大きなヒレを有していてその内側に肢があります。パラペイトイアを並置すると、アノマロカリスというよりも大付属肢グループの仲間のようにも思われます。ただ、頭部下面についているリング状の口はアノマロカリスに特有なものなので、これがあるかないかが分類の基準となるかもしれません。

いずれにせよ、大付属肢グループからアノマロカリス類へ連続的に変化することを示すような中間の種が見つかってきたのが最近の進展です。筆者は現時点で、アノマロカリスは大付属肢グループから分岐《ぶんき》してきた生物であり、遊泳能力を高めるためにヒレを大きく発達させ、最終的にその下面についていた肢は不要になってなくなったのではないか、と想像しています。※大付属肢グループはこの後詳しく解説することとして、その前に、もう少しアノマロカリスについて説明を補足しておきましょう。

※あるいは、全然別の生物群からの収斂進化の結果かもしれません。

5-4 アノマロカリスの分類と近縁な生物

アノマロカリスにはさまざまな種類がいることがわかりました。これらはどれもアノマロカリスと呼んでいい生物ですが、単にアノマロカリスと呼んだ場合、どの種を指しているのか特定されていないので細かい話ができません。

分類上どのような生物かというと、最重要な特徴として、頭部の下面についているリング状の口と頭部先端の一対の大きな触手《しょくしゅ》、胴体側面の横方向に伸びるヒレ、などを挙げることができます。これらの形態的な特徴を持つグループをまとめて、コリンズ博士はアノマロカリス科を設置しました。アノマロカリス科にはこれまで紹介してきた生物たちが入りますので、例えばパラペイトイアやアンプレクトベラなども「アノマロカリス」の一員に入ると言えます。コリンズ博士はさらに、放射状の口を持つ生物（放射歯目《ほうしゃしもく》）というグループを上位に新設し、オパビニアを含めることを提唱しました。

しかしコリンズ博士の分類は、先に触れた大付属肢《ふぞくし》グループとの関連から、今後変更される可能性がかなり高いように思われます。これは澄江《チェンジャン》から中間的な生物が次々と見つかっているためで、古生物学という学問の性質上、致し方のないことと言えます。またすでにベルグストロム博士は別な分類を唱えています。

コリンズ博士が提唱した分類

節足動物門
恐蟹綱《きょうかいこう》
放射歯目
アノマロカリス科
ラガーニア・カンブリア
ククメリクラス・デコラトス
アンプレクトベラ・シンブラキアタ
パラペイトイア・ユンナネンシス
アノマロカリス・カナデンシス
アノマロカリス・サーロン
オパビニア科
オパビニア・レガリス

アノマロカリスに近縁な生物

アノマロカリス科には属さないものの、形が似ていることにより、近縁の種ではないかとされる生物がいます。その代表格はオパビニアです。ここでは、アノマロカリスに形が似ている生物をいくつか挙げます。

オパビニア

頭部に飛び出た五つの眼を持ち、先端に一つのノズル状の触手を持つとても奇妙な生物です。バージェス頁岩動物群のことを少しでも御存知の方なら、この生物も記憶していると思います。一九七二年にウィッチントン博士がその姿が発表すると笑いに包まれたというエピソードがよく知られています。

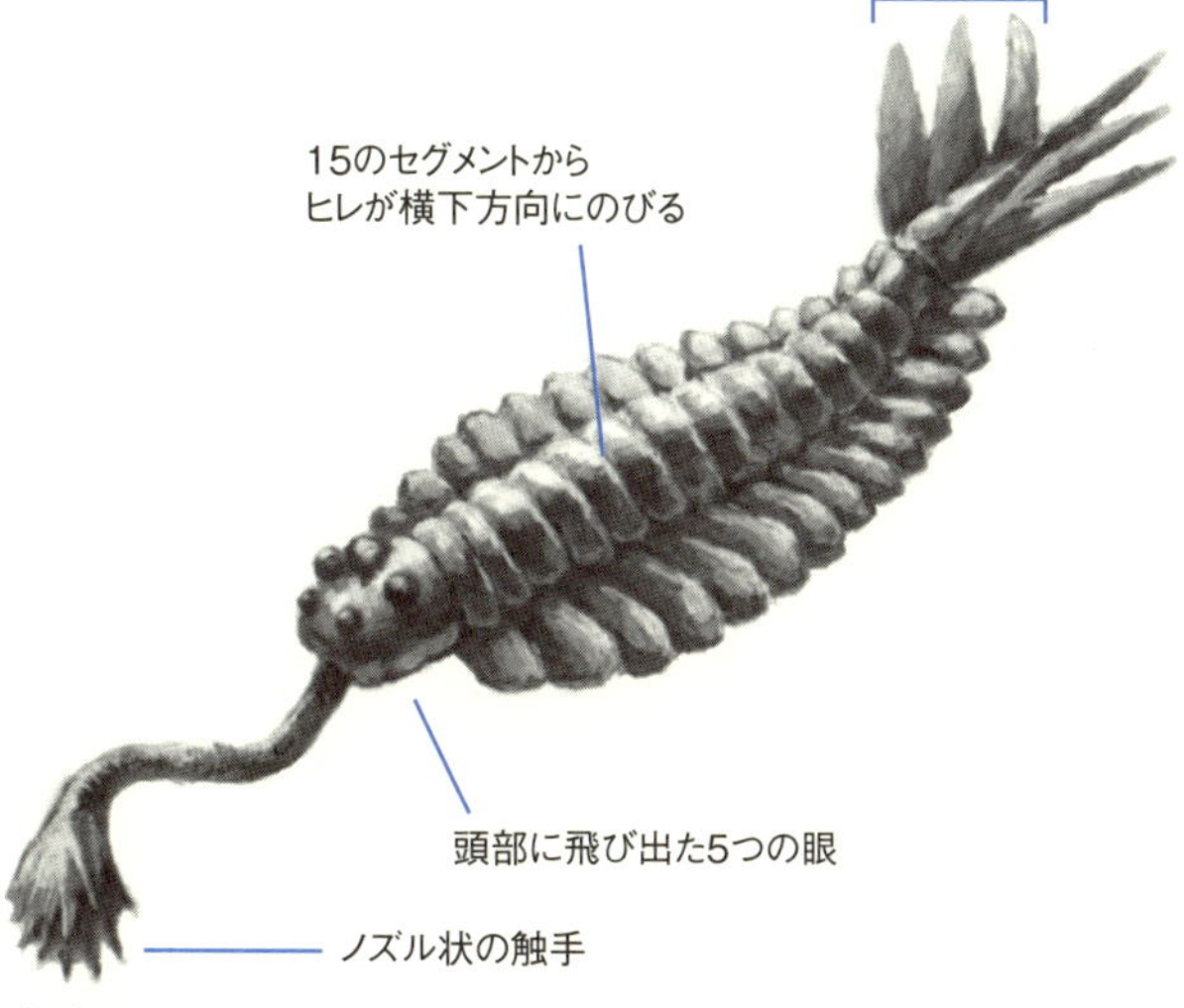
尾部に縦方向に伸びる3対のファンがある
15のセグメントから
ヒレが横下方向にのびる
頭部に飛び出た5つの眼
ノズル状の触手

オパビニア

体は一五のセグメントからなり、それぞれからヒレが横下方向に伸びています。このヒレで海底を遊泳したと思われます。体側のヒレとは起源が異なる器官として、尾部に縦方向に伸びる三対のファンがあります。このファンの存在が、オパビニアをアノマロカリスに近い生物に位置づける根拠になっています。

一五年ほど前は分類上とても奇妙な生物と思われていたのですが、その後、多くの研究者がアノマロカリスに近い生物なのではないかと指摘するようになりました。舒《シュウ》博士らの指摘では、歩脚《ほきゃく》動物（lobopod）から節足《せっそく》動物へ移行する途中の形態ではないかとされています。なお、オパビニアは澄江からも発見されています。

ケリマチェラ・ケルガーディ

グリーンランドのシリウスパセットと名づけられた場所からも、バージェス頁岩動物群に似た生物が発見されました。グリーンランドはデンマークの領土ですが、一九八九年にモリス博士らが参加した探検旅行によってこの場所が調べられました。モリス博士は一九八九、一九九一、一九九四年にこの地を再調査し、一万個におよぶ化石を採取してきました。バッド博士はそれらを調べ、一九九七年にケリマチェラを論文誌に報告しました。一見他のどの生物とも似ていないので分類が困難だったのですが、次のような特徴から、コリンズ博士の分類によるアノマロカリスに近いところに位置づけられるのではないかとされるようになってきました。

頭部に伸びる一対のアンテナは大付属肢グループが持つ大付属肢に似ています。また体側にある肢《あし》は二肢《にし》性のようにもとれ、外肢はヒレと呼吸用のエラの役割を果たしています。尾部にはアノマロカリス類のような大きな付属肢が垂直方向にも水平方向にもついていません。これらのことから、アノマロカリスよりも次節で述べる大付属肢グループに近いのかもしれません。さらに最後部には二方向に長く伸びるアンテナ様の尻尾がついています。

この生物のように、シリウスパセットで発見される生物はバージェスと似ているようで

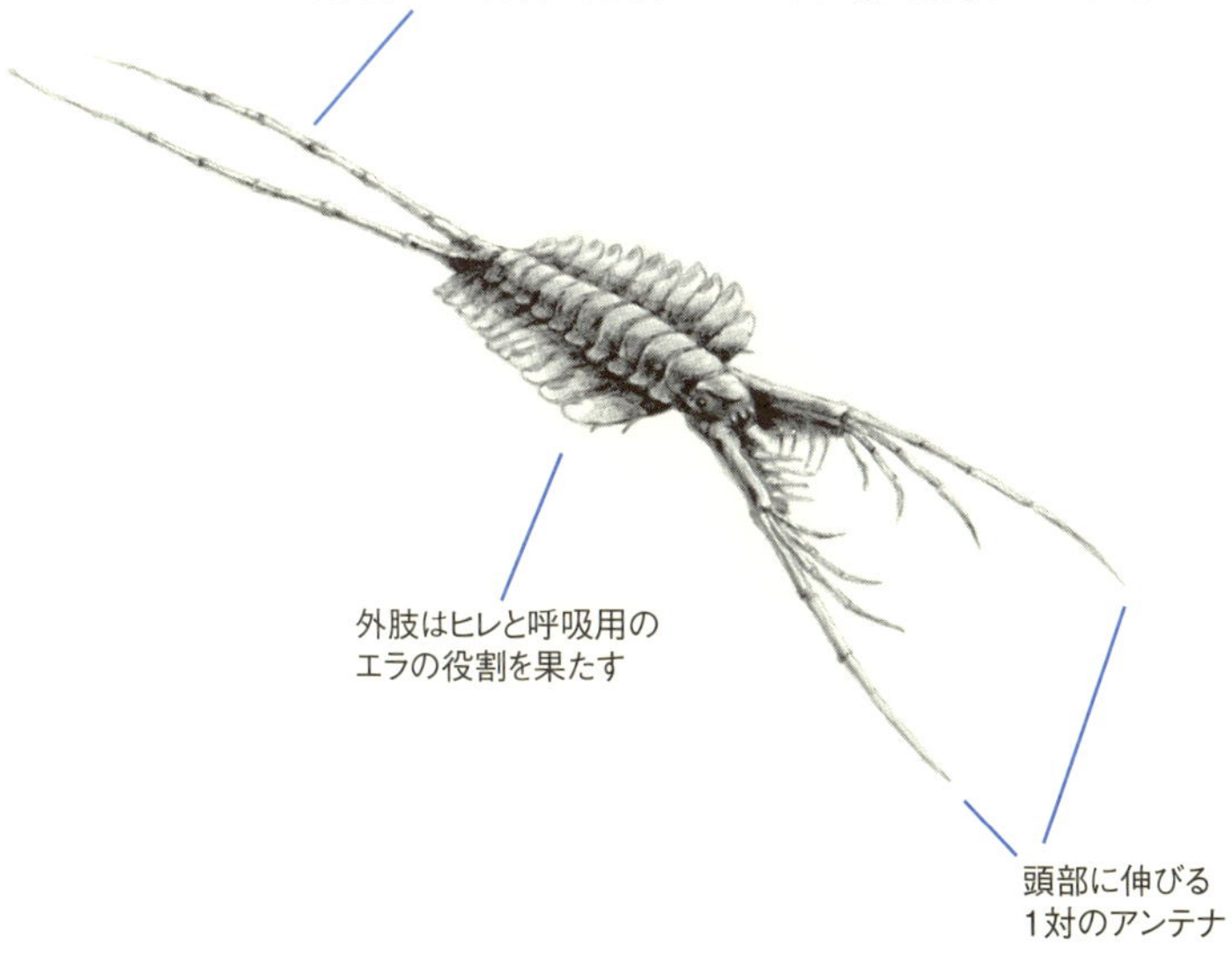
最後部には2方向に長く伸びるアンテナ様の尻尾がついている
外肢はヒレと呼吸用のエラの役割を果たす
頭部に伸びる1対のアンテナ

ケリマチェラ・ケルガーディ

異なる独自の特徴を有している場合があります。

パンデルリオン・ウィッチントーニ

パンデルリオンはさらに奇妙な生物で、解釈が難しい生物です。体側にある一一のヒレは明らかにアノマロカリスのそれに似ています。また頭部の下面には、アノマロカリスと同じようなリング状の口があります。しかし頭部の大付属肢や内肢は節構造になっておらず、まるでアユシュアイアのような特徴を持っています。

付属肢が節構造になっていないということは、すでに述べた歩脚動物の特徴をあわせ持っているのかもしれません。今は分類不明でも、今後、各グループをつなぐ中間状態の生物に位置づけられる可能性もあります。

体側に11のヒレを持つ
グリーンランドからしか見つかっていない
頭部の大付属肢と内肢は節構造になっていない
頭部の下面にアノマロカリスと同じようなリング状の口がある

パンデルリオン・ウィッチントーニ

5-5 アノマロカリスにつながる大付属肢《ふぞくし》グループ

カンブリア紀の生物の中心的なグループに、大付属肢《ふぞくし》グループとアノマロカリス類がありますいずれも以前から知られていましたが、澄江《チエンジャン》からの新しい発見により、両者の関係がよりはっきりとしてきました。

陳 均遠《チエンジユンヤン》博士は、大付属肢グループにフォルティフォルセプス、レアンコイリア、ジンフェンギア、タングァンギアといった生物を配置しました。パラペイトイアはコリンズ博士の分類ではアノマロカリスのグループに属しますが、陳博士は大付属肢グループに近い生物として分類しています。同様に、大付属肢グループに入れた方がいいという研究者は他にもいるので、コリンズ博士の考えは今後変更されるかもしれません。

また他に、ハイコウカリス、ヨホイアなどの生物を大付属肢グループに加える研究者もいます。これらの生物の多くは澄江で見つかったものなのですが、ヨホイアとレアンコイリアはバージェスで見つかっています。

フォルティフォルセプス

外見はアノマロカリスやオパビニアにかなり似ています。系統が近いから似ているのか、それとも系統は別ながら収斂《しゅうれん》進化の結果そうなったのか、筆者にはわかりません。起源はともかく、大きな触手《しょくしゅ》以外にもアノマロカリスのグループに極めてよく似た形態をしています。頭部の先端に飛び出た眼がついているのが特徴で、大付属肢の根もとからは細いアンテナが、頭部からは下方には三対の肢《あし》が出ています。

体全体は細長く四センチメートルほどで、あまり大きいわけではありません。大付属肢グループのほとんどはこのくらいのサイズなので、体の大きなアノマロカリスのグループ

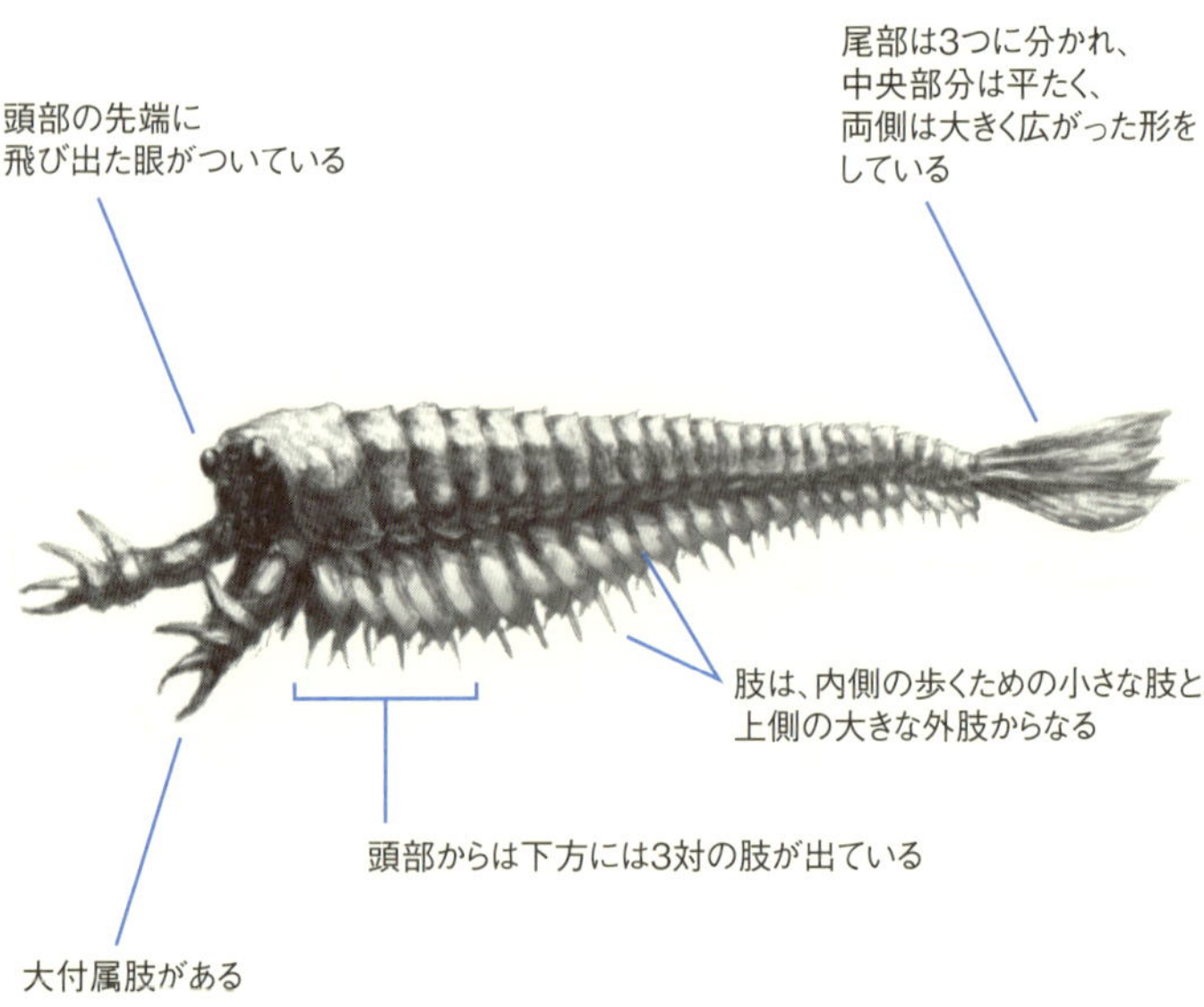

尾部は3つに分かれ、
中央部分は平たく、
両側は大きく広がった形を
している
頭部の先端に
飛び出た眼がついている
肢は、内側の歩くための小さな肢と、
上側の大きな外肢からなる
頭部からは下方には3対の肢が出ている
大付属肢がある

フォルティフォルセプス

は、別のより成功した集団のようにも思われます。

　肢は、内側の歩くための小さな肢と、上側の大きな外皮からなっています。これらはカナダスピスの肢に似ているとも言えます。尻尾がかなり大きいのも特徴ですが、アノマロカリスのように垂直に立っているわけではありません。なお、フォルティフォルセプスは澄江からのみ見つかる珍しい種で、数は多くありません。

レアンコイリア

　レアンコイリアは最初にバージェス頁岩《けつがん》周辺から見つかった生物です（バージェスのものはレアンコイリア・スーパーラタと名づけられています）。頭部にある大きな付属肢が特徴で、先端が大きく三つに分裂し、さらにその先にアンテナが伸びています。レアンコイリアには眼がないので、この長い器官で周辺の状況を知覚していたと考えられます。また、中腸の部分がよくわかる標本が見つかっています。

　澄江のいくつかの発掘場所からは、別種のレアンコイリア・イレセブロサが多数見つかっています。全体の形は、他の大付属肢グループよりもずんぐりとしており、下方に伸びる肢もかなり大きい作りになっています。侯《ホウ》博士とベルグストロム博士は、この大きな肢でうまく泳げたのではないかと解釈しています。

標本数が多くて研究者の目に触れる機会が多いせいか、この生物の形態的な特徴や種の特定については、かなり異なった見解があるようです。例えば侯博士とベルグストロム博士は、頭部の先端にある二つの黒いスポットは眼ではないかとしていますが、バージェスのレアンコイリアでは眼はないとされています。

また、侯博士とベルグストロム博士は、レアンコイリア・アシアティカ、ヂアンチア・ミラビィス、ヨホイア・シネンシス、ゾンシニア、アピセファラスなどと報告されてきた生物たちが、いずれもレアンコイリアなのではないかとしています。

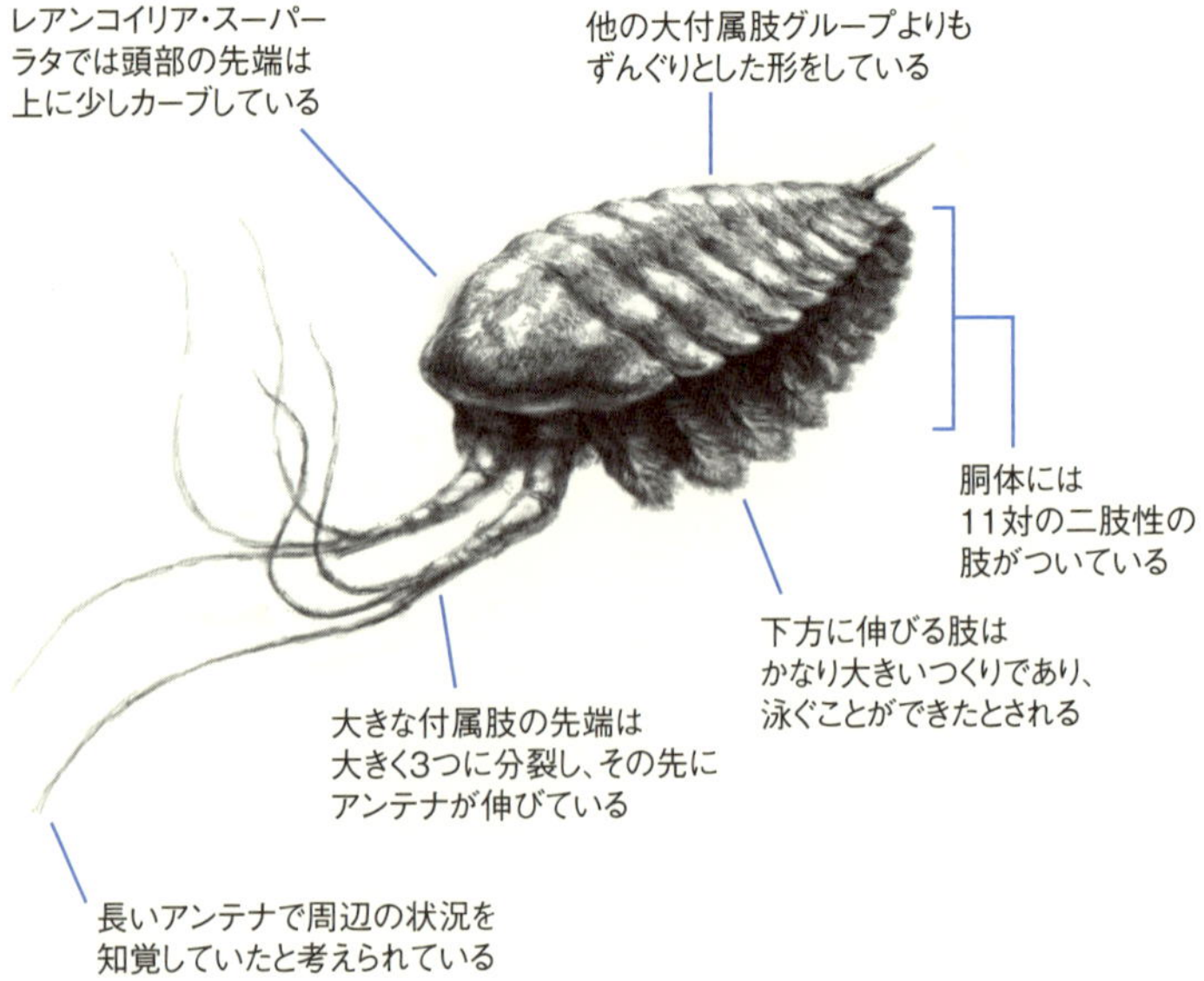

レアンコイリア・スーパーラタでは頭部の先端は上に少しカーブしている
他の大付属肢グループよりもずんぐりとした形をしている
胴体には11対の二肢性の肢がついている
下方に伸びる肢はかなり大きいつくりであり、泳ぐことができたとされる
大きな付属肢の先端は大きく3つに分裂し、その先にアンテナが伸びている
長いアンテナで周辺の状況を知覚していたと考えられている

レアンコイリア

ヨホイア

バージェス頁岩で見つかった生物です。頭部の大付属肢は最初下方に向かい、途中で人間のひじのように上方に曲がり、最後には四つに分かれます。胴体は一三の節からなり、最初の一〇節は下方で傾斜がついた三角形になっています。最後の三節はチューブ状の構造をしています。

胴体の下には肢がありますが、ヒレのような薄くて大きな構造を持ち、先端には無数の棘《とげ》があります。また、頭部の下方には三対の肢があります。これらの構造からおそらく海底を歩く生活を送り、またある程度泳ぐこともできたと思われます。

なお、ヨホイアという名前は、ウォルコッ

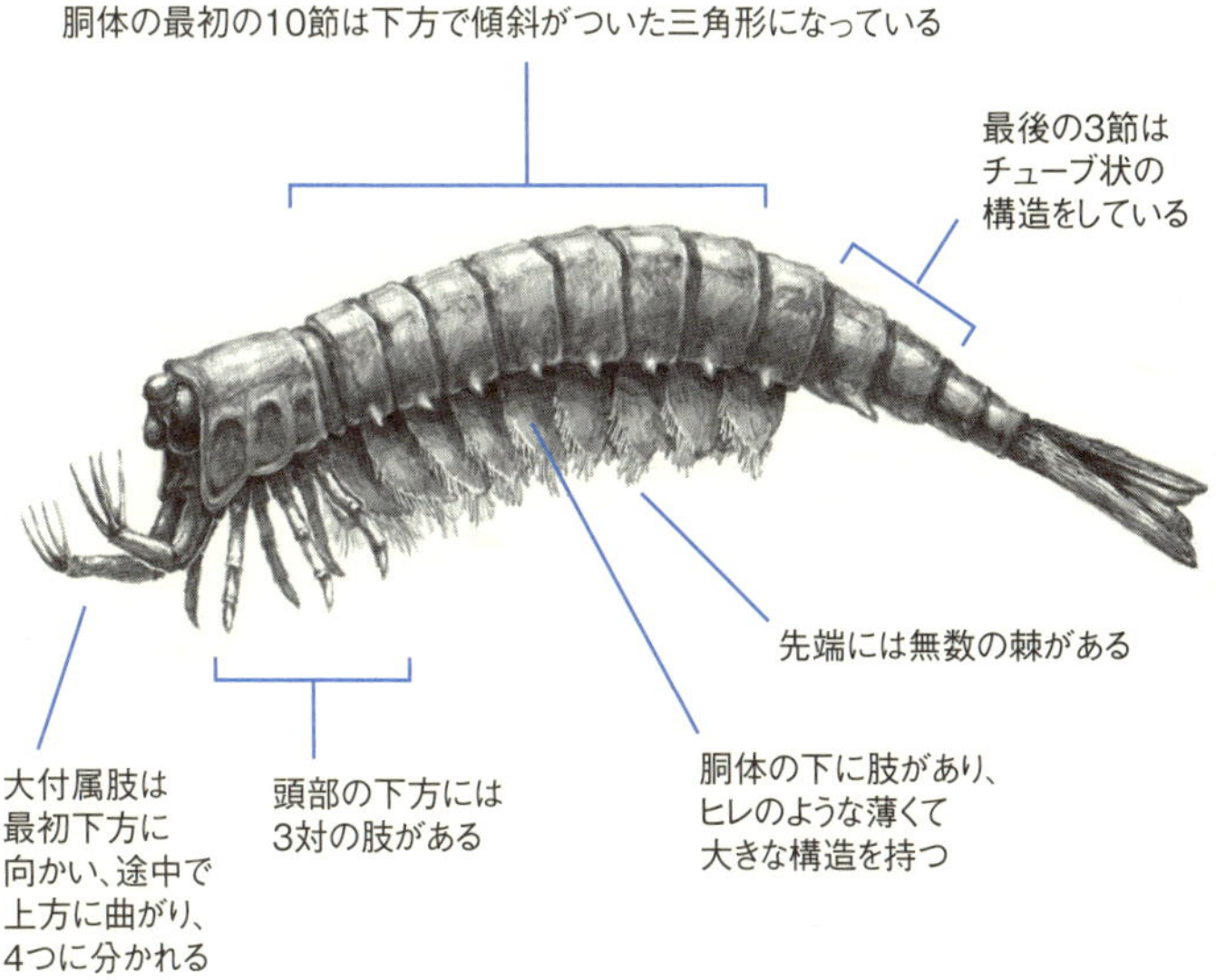

胴体の最初の10節は下方で傾斜がついた三角形になっている
最後の3節は
チューブ状の
構造をしている
先端には無数の棘がある
胴体の下に肢があり、
ヒレのような薄くて
大きな構造を持つ
頭部の下方には
3対の肢がある
大付属肢は
最初下方に
向かい、途中で
上方に曲がり、
4つに分かれる

ヨホイア

トによって一九一二年につけられました。バージェス頁岩はヨーホー国立公園にありますが、それにちなんでいます。名前が表すように、バージェス頁岩では代表的な生物でよく見られるのですが、後年ウィッチントンが詳しく調べた際には大付属肢の解釈をめぐって苦心したようです。その証拠に一九七四年には三葉虫綱に、クエスチョンマークつきで分類した論文を発表しています。

写真16
ヨホイアの化石

COLUMN

二《に》肢《し》性の肢《あし》について

節足《せっそく》動物の肢《あし》の構造には単肢《たんし》性と二肢《にし》性があり、バージェスの生物たちにもこの概念があてはまります。節足動物のうち甲殻類《こうかくるい》や鋏角類《きょうかくるい》、三葉虫類《さんようちゅうるい》などは胴から二つの肢が伸びており、これらをまとめて二肢性の肢といいます。このうち上側の肢を外肢といいますが、毛のようなレース構造をしている場合もあります。外肢の方はエラのように呼吸機能を果たしながら、ヒレのような役割も担っています。下側の肢は内肢といい、歩くのに使われます。一方、昆虫や多足類《たそくるい》などは外側の肢を持たず、内側に歩くためのだけの肢を持ちます。このような肢が単肢です。

大付属肢グループやアノマロカリスは二肢型構造をしているので、生物は単肢構造から二肢構造へと進化して

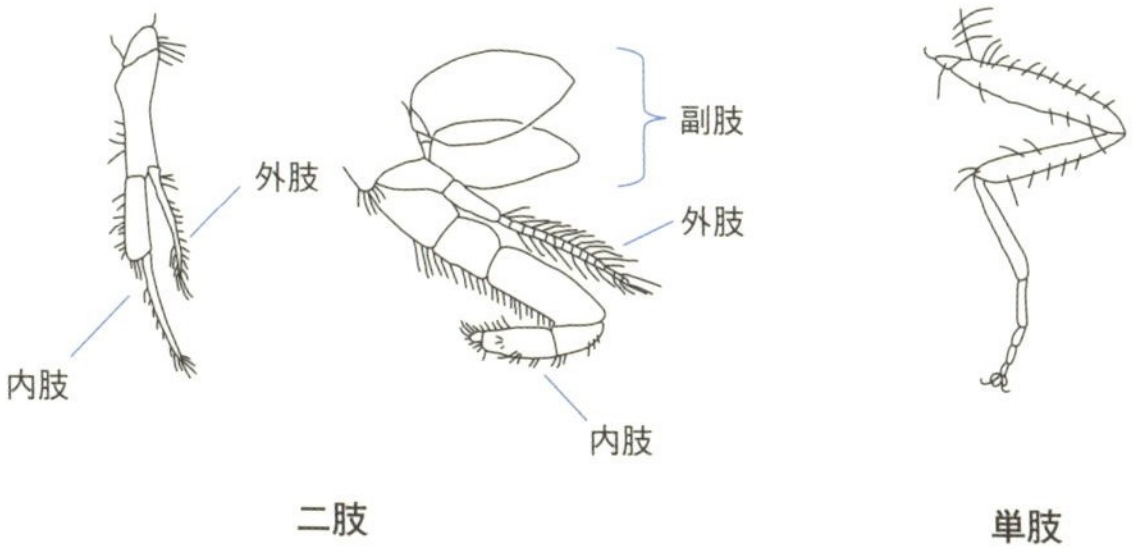

図5-7
二肢性の肢

いったように思えますが、以下に見るように、話はそれほど簡単ではありません。

まず、バージェスで発見された最も原始的な環形《かんけい》動物であるカナディアは、二肢型でした。一方、原始的な歩《ほ》脚《きゃく》動物であるアユシュアイアは単肢構造です。その後ミラロレシャニアまでは単肢構造をとり、その次のグループであるアノマロカリスなどからは二肢型の構造をしています。ここから節足動物の特徴を持ち始めるのですが、節足動物がさらに進化すると昆虫が出現します。ところがこの昆虫は、再び単肢構造になるのです。肢の構造がいつどのように変化したかという問題はまだ決着のつかない大問題で、さまざまな論争が繰り広げられています。

第6章

わかってきたカンブリア紀の進化 II

――当時の海に魚がいた!?

6-1 ピカイアは人類の祖先か？

グールドの『ワンダフル・ライフ』では最終章にバージェス頁岩《けつがん》で発見されたピカイアが登場し、人類の祖先ではないかという考えが紹介されています。ピカイアは小型のナメクジウオのような外見をしており、体の真ん中に脊索《せきさく》を持っている脊索動物だったのです。これは脊椎《せきつい》動物である人間の祖先に近い位置にいることを表します。

ところで、脊索と脊椎という微妙な違いは何を意味するのでしょうか？

脊索は発生の過程で体の主軸に見られる棒状体《ぼうじょうたい》を指し、軟《やわ》らかい組織でできています。脊椎動物においては、初期の過程で硬い椎骨《ついこつ》からなる脊椎に置き換わります。しかし下等な生物では脊椎に置き換わることなく、ずっと脊索のまま残ります。それが脊索動物です。脊索動物門には、次の三つの亜門が含まれます。

尾索《びさく》動物亜門（被嚢《ひのう》動物、ホヤ動物など）
頭索《とうさく》動物亜門（ナメクジウオなど）
脊椎動物亜門（魚類、哺乳類《ほにゅうるい》など）

ピカイアは脊索動物なのですが、人類を含む脊椎動物（亜門）ではなく、ナメクジウオなどが属す頭索動物（亜門）に属します。グールドは、このような意味で人間に近い生物としてピカイアを取り上げました。『ワンダフル・ライフ』が執筆された時点では、最も脊椎動物に近い生物だったのです。ところが澄江からは多くの新しい生物が見つかっています。中には、脊椎動物と認識できる生物も存在したのです。すなわち、人類の祖先の源流に近い生物です。

この章では澄江《チエンジヤン》で見つかった脊椎動物について詳しく解説していきますが、その前に脊索動物が占める位置について、もう少し整理しておきましょう。

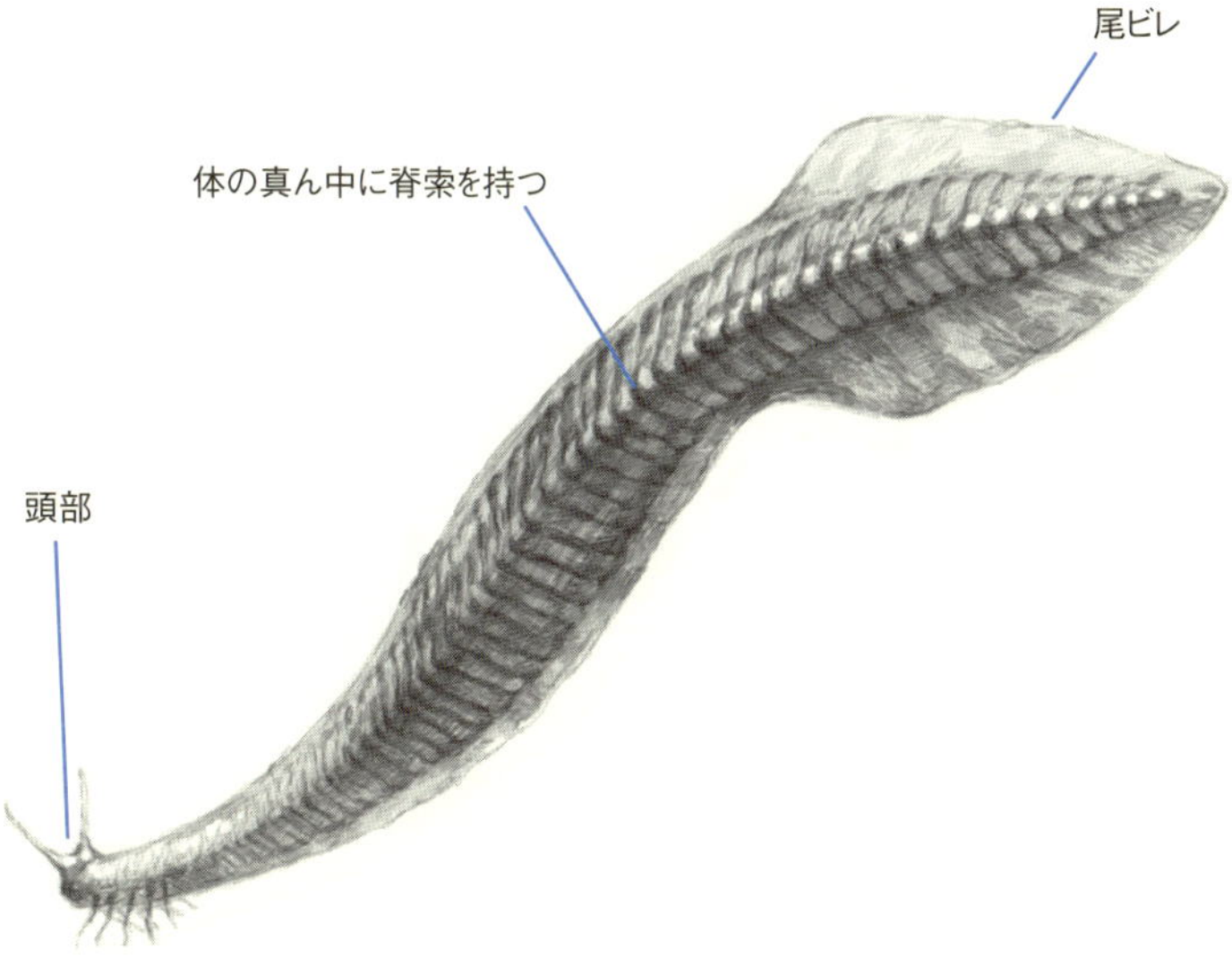

ピカイア

脊椎動物を含む大きなグループ・新口動物

澄江の生物を整理する一つの視点として、脊索動物などのグループと無脊椎動物などのグループを分ける考えがあります。それぞれのグループを新口《しんこう》動物・旧口《きゅうこう》動物と呼びます。この分類は動物の正式な分類単位とはあまり関係がなく、発生の過程に着目した考え方です。動物の発生においては、卵割《らんかつ》が進んだ時点で一部の細胞層が内部に入りこみ消化管のもとを作ります。この入り込み口が後に口となる動物を旧口動物と呼びます。旧口動物には節足動物門、軟体動物門など多くの無脊椎動物が含まれます。一方、この入り込み口が後に肛門となる動物を新口動物といいます。新口動物には人間を含む脊索動物門、半索《はんさく》動物門、棘皮《きょくひ》動物門などが含まれます（75ページ図3-10）。

澄江からは既存の分類に当てはまらない奇妙な生物がたくさん見つかっています。例えば、脊索動物ではないがそれに近いところにいると考えられる場合、どのように分類を考えればいいのでしょうか。このような場合、新口動物ではあるが脊索動物ではない、という言い方がされます。すると生物の位置が少しはっきりするようになってきます。具体的なケースとしては、本章の後半に登場するベッツリコーリア門という新しい生物グループが該当します。※

※なお新口動物と旧口動物がどのようなしくみで進化的に分岐したかについては、遺伝子的に調べる試みがなされています。これについては章末のコラムで触れます。

6-2 大進化時代へ
——脊椎《せきつい》動物が発見されたカンブリア紀

これまで最古の脊椎《せきつい》動物とされていた化石は、オーストラリアにある四億七五〇〇万年前のオルドビス紀下位の地層から出土したアランダスピスでした。アランダスピスはアゴをもたない脊椎動物「無顎類《むがくるい》」に分類されています。ところが、一九九九年のネイチャー誌で「澄江《チエンジャン》から最古の脊椎動物が発見された」（舒《シュウ》博士、モリス博士ら）と報告され、大きなニュースとなりました。その最古の魚類「ミロクンミンギア」は、オルドビス紀から五〇〇〇万年もさかのぼる時代の化石だったのです（後述しますが、厳密に言うと「魚類」というのは少し語弊《ごへい》があります）。

この発見は単に記録を更新しただけではなく、これまで無脊椎動物だけの世界だと思われていたカンブリア紀に実は脊椎動物もいたということを示し、この時代が「生命の大進化時代」だったことを示唆しました。海洋の中層を泳ぐ魚は化石に残りにくいために発見されていなかっただけで、カンブリア紀には魚も海を泳ぎ回っていたということになったのです。

以下に、カンブリア紀に発見されている脊椎動物を説明していきますが、まずは舒博士らが発見したミロクンミンギアから詳しく見てみましょう。舒博士らによってミロクンミンギアには次のような分類が与えられました。

脊索動物門・脊椎動物亜門
　無顎上綱
　　ミロクンミンギア目
　　　ミロクンミンギア属

ミロクンミンギア

ミロはギリシア語で魚の意味を表し、クンミンは見つかった場所の「昆明《こんめい》（雲南省《うんなんしょう》）」に由来しています。※中層を泳ぐ生物は化石に残りにくい傾向があり、このミロクンミンギアは最初たった一つの標本しか見つかっていませんでした。

ミロクンミンギアの大きさは三センチメートル弱で、魚と言っても大きくはありません。体全体は頭部と後半部分の二つの領域に分けることができ、頭部には鼻と複雑な構造をしたエラが認められます。

※昆明の中国語読みは「クンミン」です。

後半部分はヒレとなっていますが、その先端は欠けているのでどのような構造になっていたかはわかっていません。腹側面にもヒレのような構造があり、大きな特徴となっています。口は頭部の先端に位置していたと思われますが、保存状態が不明瞭なので正確な形はわかっていません。

ミロクンミンギアが発見されると、続々と魚に近い脊椎動物の化石が出土するようになりました。よく似た生物として、ハイコウチクスと名づけられた脊椎動物がいます。これらはその後、舒博士らのグループによって数百もの個体が発掘され、詳しい構造がわかるようになりました。また、ゾンジアンチクスと名づけられた別のグループも見つかり、次々と新しい発見が続いています。

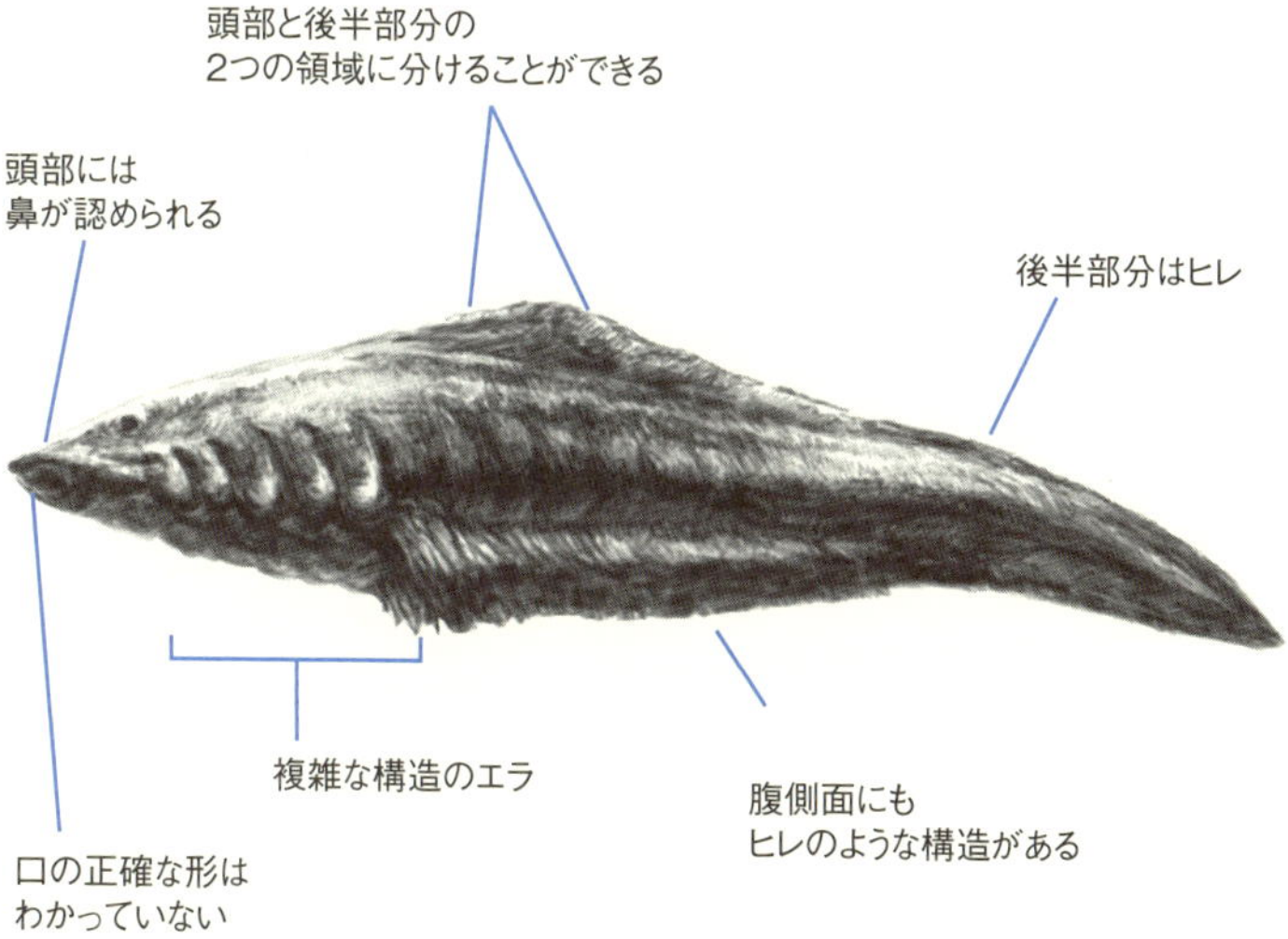
頭部と後半部分の
2つの領域に分けることができる
頭部には
鼻が認められる
後半部分はヒレ
複雑な構造のエラ
腹側面にも
ヒレのような構造がある
口の正確な形は
わかっていない

ミロクンミンギア

ミロクンミンギアは魚類なのか？ ――脊椎動物の分類

本書ではミロクンミンギアを魚に近い脊椎動物としてきました。少し歯切れの悪い表現と言えます。なぜ魚と言えないのでしょうか？ 実はいわゆる「魚類」は生物の分類として正式なものではなく、通称に過ぎないからです。

ここで魚類を含む脊索動物門について整理しておきましょう。魚類は次の顎口上《がくこうじょう》綱《こう》の一部のグループを慣習的に指したものとなります。

脊索動物門・脊椎動物亜門

- 無顎上綱（アゴのない脊椎動物）
  - ホソヌタウナギ綱（旧名　メクラウナギ綱）
  - 翼甲綱《よくこうこう》（アランダスピスなど）
  - 頭甲綱《とうこうこう》（ヤツメウナギ綱）
- 顎口上綱（いわゆる魚類の他、鳥類、哺《ほ》乳類《にゅうるい》等が含まれる）
  - 軟骨魚綱（サメやエイの仲間を含む）
  - 硬骨魚綱（多くのいわゆる魚類を含む）
  - 両生綱
  - 爬《は》虫綱《ちゅうこう》
  - 哺乳綱
  - など

ミロクンミンギアの分類上の位置づけ

進化史的には魚類ではない無顎上綱が先に現れ、それらのうちの多くが絶滅し、後に顎口上綱が出現して現在に至りました。ミロクンミンギアやハイコウチクスなどは魚ではない「無顎上綱」に位置することになり、厳密には脊椎動物であっても魚ではないことになります。ただし無顎類は魚に極めて近く、「アゴのない魚」という言い方が広く使われているので、そのような意味で本書では「ミロクンミンギアは魚に近い」と表現しています。

無顎類から魚類への進化 ——アゴの形成

頭索《とうさく》動物から頭部が形成され、脊椎骨が生じたものが脊椎動物です。最初に出現した「無顎類」とは進化学的にどのように説明されるのでしょうか。一般的な無顎類の頭部は、咽頭《いんとう》部分に鰓裂《さいれつ》（エラ孔《あな》）がありますが、頭骨はとても貧弱で口と咽頭の間にはアゴがありません。すでに定説となった学説として、「アゴのない状態からアゴのある魚への進化が生物にとって大きな分かれ目で、鰓裂を支持する組織が変形してアゴになった」ということが知られています。近年の分子生物学的研究は、遺伝子の発現とアゴの形成の関係についても詳しく明らかにしています。アゴが形成されると食物の摂取様式が変わり、その結果として多様な魚類へと進化し、水域圏に繁栄するようになったと考えられています。

頭索動物亜門について

ここで頭索動物についても説明を加えておきましょう。ナメクジウオは現在観察できる頭索動物ですが、頭部には頭骨がなく体の中央に脊索が走っています。脊椎動物の脊椎は脊椎骨からなりますが、脊索は軟骨の棒状組織です。頭部の下方には口があり、その周りには「外触手《がいしょくしゅ》」と呼ばれるヒゲのような構造があります。外触手は澄江で出土している頭索動物にも見られる注目すべき特徴です。そこから胴体の方に向かうと咽頭（人間で言うと口と食道の間にあるのど）があります。ナメクジウオなどは、咽頭に鰓裂と呼ばれるエラ孔が開いているのが大きな特徴です。

バージェスで発見され、かつて「人類の祖先ではないか」とされていたピカイアも頭索動物に分類されます。ナメクジウオにとてもよく似た形をしています。

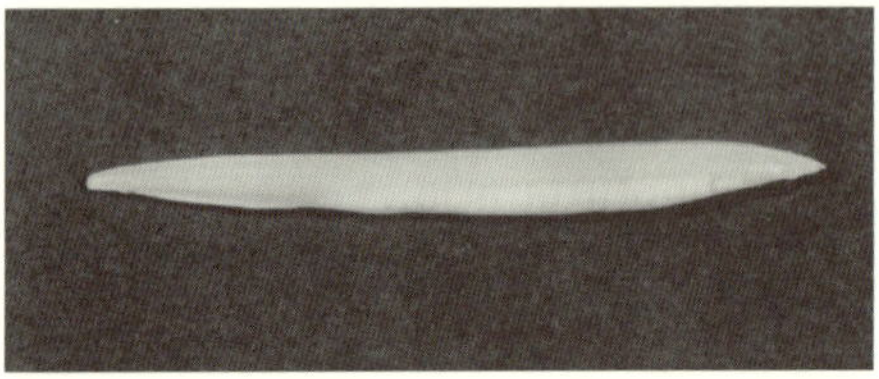

写真17
ナメクジウオ
日本近海には3種生息している。生きた化石と言われる。
蒲郡市博物館　提供

6-3 魚に似た不思議な生物
——ハイコウエラとユンナノズーン

澄江《チェンジャン》から四〇キロメートルくらい離れたところに海《ハイ》口《コウ》と呼ばれる地域があり、ここからも澄江動物群の化石が見つかっています。この海口から大量に見つかった魚のような生物の化石がハイコウエラです（写真18）。さらにこれによく似た生物も見つかり、ユンナノズーンと名づけられました。

これら魚のような生物の特徴は、群集体の化石が見つかることです。生きている時も群れをなして生活していたのかもしれません。標本数が多いので体の構造は細部まで確認できているのですが、それらをどう解釈するかという段階になると意見が分かれてしまい、分類に決着がつかない不思議な生物たちです。

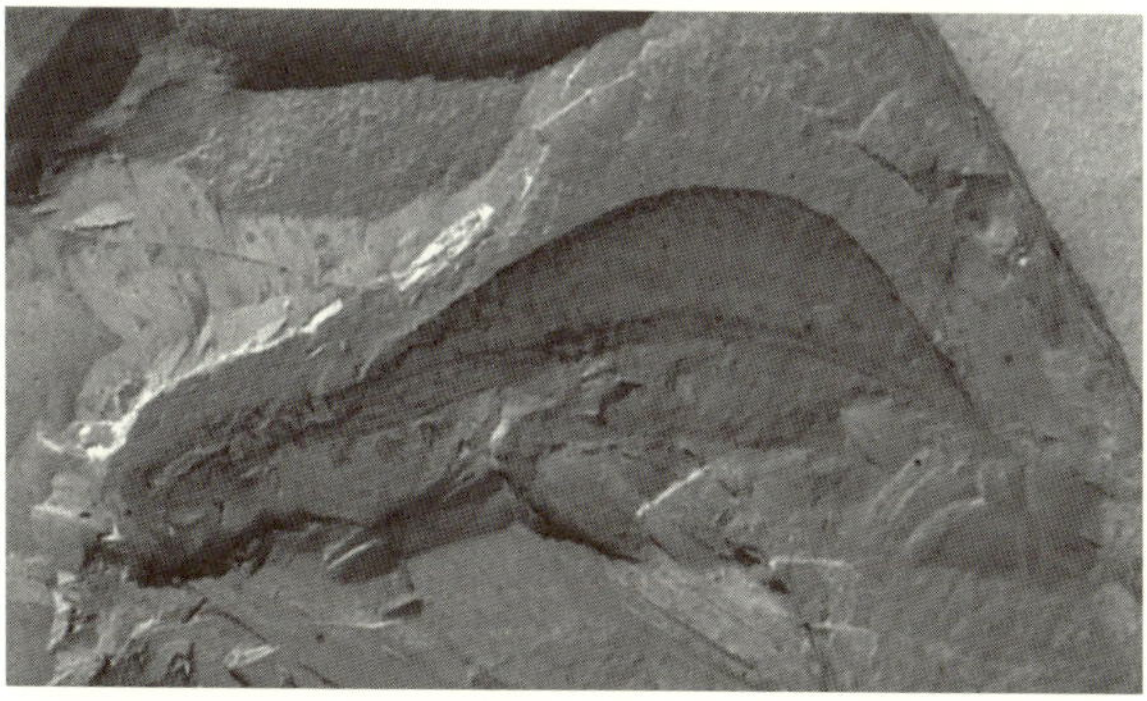

写真18
ハイコウエラの化石
体の構造は細部までわかる。
With the permission from Dr. Jun-yuan Chen.

これらの生物をまとめる一つの方法として、ユンナノゾアン（綱）という大きな分類単位を作り、ハイコウエラ、ユンナノズーンを入れるという考えがあります。

ユンナノゾアン（綱）
　ユンナノズーン（属）
　　ユンナノズーン・リビディウム（種）
ハイコウエラ（属）
　ハイコウエラ・ランセラタム（種）
　ハイコウエラ・シアンシャネシス（種）

しかし、このユンナノゾアン（綱）をより大きな単位のどこに入れるかとなると、半索《はんさく》動物門、頭索《とうさく》動物亜門、尾索《びさく》動物亜門、そして脊《せき》椎《つい》動物亜門のそれぞれを主張する研究グルー

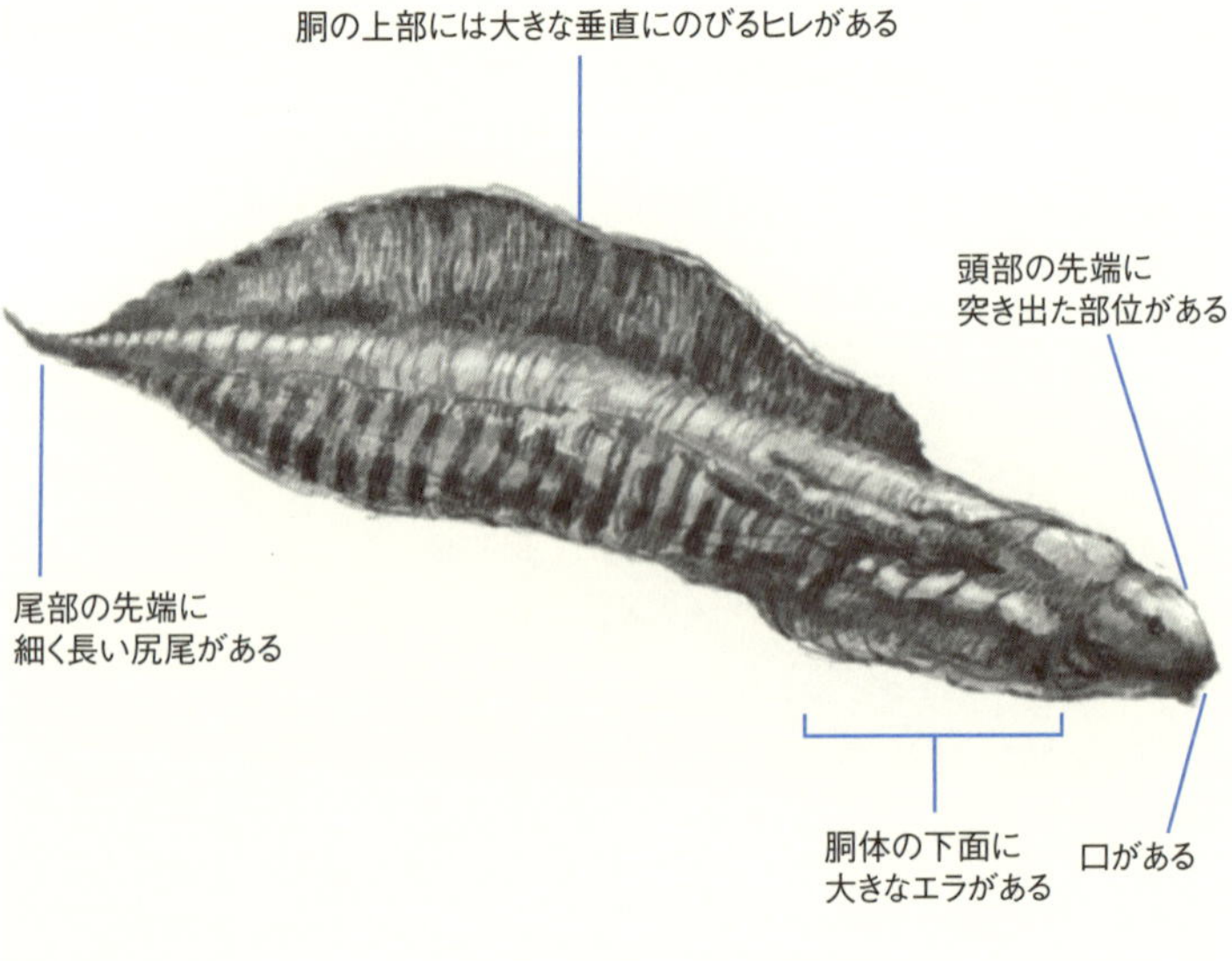
胴の上部には大きな垂直にのびるヒレがある
頭部の先端に
突き出た部位がある
尾部の先端に
細く長い尻尾がある
胴体の下面に
大きなエラがある
口がある
ハイコウエラ

プがあり、意見が大きく分かれています。

ハイコウエラを例にとり体の構造を見てみましょう。

まず頭部の先端には突き出た部位があり、その下にひげのようなものと口があります。そして後方の胴体の下面に大きなエラがあります。この明瞭なエラが新口動物の特徴です。胴の上部にはとても大きな垂直に伸びるヒレがあり、これもハイコウエラの特徴となっています。また、尾部の先端には細く長い尻尾があります。

以上がどの専門家も認める共通の構造なのですが、次の点については意見が分かれています。

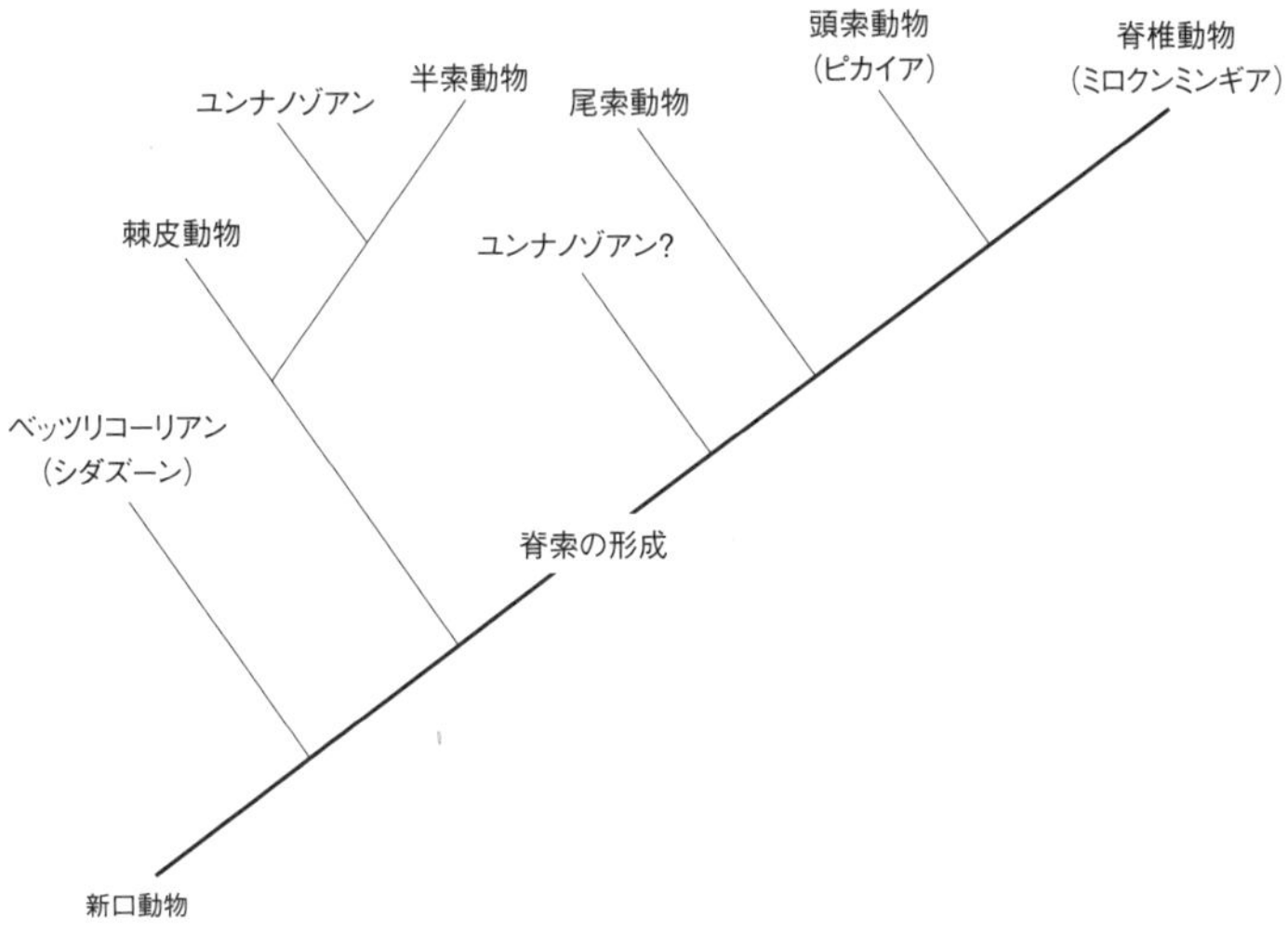

図6-1
舒博士の脊椎動物5段階進化仮説
ベッツリコーリアンは進化の過程で最も旧口動物に近いグループに位置づけられる。
With the permission of Prof. Shu De-gan.
Revised from the original drawing.

（A）胴体には脊索《せきさく》があるのかないのか？

胴体の中央部分には消化管が認められるのですが、それと平行に走る脊索があるかないかで意見が分かれています。脊索がないとするのは舒《シュウ》博士らのグループで、それゆえ体が折れ曲がっている個体が多く見つかっていると論文で述べています。一方、陳《チェン》博士らのグループは、脊索と筋節《きんせつ》が認められるので脊索動物であるとしています。

（B）眼はあるのかないのか？

頭部に二対の眼があるとするのが陳博士らのグループです。一方舒博士らのグループは、眼は認められないとしています。

（C）口やエラ、そして尻尾、体の構造

その他、口やエラ、尻尾など、脊索動物に近い特徴があるとするものとないとするものがあります。例えば細かい話ですが、咽頭弓《いんとうきゅう》と呼ばれる組織が外側にあるのか、あるいは内側にあって頭索動物のように心房《しんぼう》につながっているのか、などといったことが論点になっています。

体全体の構造に関しても陳博士らは、体表が硬いクチクラで覆われておらず薄い皮膜で覆われているので脊椎動物に近いと述べていますが、舒博士らは、全体的な構造が前方腹側と後方背中側の二つに分かれているので、脊椎動物よりも次に紹介するベッツリコーリアに似ているとしています。

不思議な生物ユンナノゾアンに関しては、侯《ホウ》博士やベルグストロム博士、ラムズケルド博士らも少しずつ異なる見解を出しています。ユンナノゾアンを含むより大きなグループはすでに述べた新口動物という分類単位ですが、そこに見つかった新たな生物グループ、ベッツリコーリア門の紹介に移ることにしましょう。

6-4 ベッツリコーリア門

——新口《しんこう》動物に新設された大きな分類単位

動物は海綿《かいめん》などを除くと、大きくはすでに述べたような新口《しんこう》動物と旧口《きゅうこう》動物に分けられます。この新口動物の中には脊索《せきさく》動物門、半索《はんさく》動物門、棘皮《きょくひ》動物門という三つの門しかありませんでした（近年、珍渦虫《ちんうずむし》動物門が加わりました）。

ところが澄江《チエンジャン》の動物化石の中には、新口動物であるものの、これらのいずれにも含まれないと考えられる生物が見つかり出しました。そのため、二〇〇一年に舒《シュウ》博士とモリス博士は、新口動物の中にこれらの生物を分類する新しい門をつけ加えることを提案しました。「ベッツリコーリア門」です。

ベッツリコーリア門新設の経緯とその奇妙な生物たち

ベッツリコーリア門の中にはベッツリコーラという種がいます。一九八七年に見つかり、当初は他の澄江動物群とともに「節足《せっそく》動物」とされ、その解釈がしばらく続きました。

ところが一九九五年、南京で開かれたカンブリア紀研究に関する国際会議の席上で、

「ベッツリコーラは節足動物」とする多数意見に対して、舒博士らが新口動物に属するという新解釈を発表しました。※その後、論文としても発表されましたが、当初はあまり受け入れられなかったようです。

やがてベッツリコーラに似たシダズーンという生物が、いい保存状態で見つかるようになりました。モリス博士は舒博士らと共に、この生物の口の形とおたまじゃくしのような外形から「ピピスカスという石炭紀のヤツメウナギのような生物に似ている」と雑誌ネイチャーに発表しました。ただし、後に舒博士とモリス博士は「論文作成中に英バーミンガム大学を訪問して実際のピピスカスの化石を調べ、最終的には他の解釈がふさわしいのではないかとも思った」と記しています。

さらに、同じようなディダズーンという生物が加わることで、舒博士とモリス博士は最終的に「新口動物の中にベッツリコーリア門という新しい大きなグループを新設するのが最適である」としました。その後、ベッツリコーリア門の生物は増え続けています。

ただし、研究者の中には、「ベッツリコーリア門の生物は、新口動物の中の脊索動物か尾索《びさく》動物に分類できるのではないか」とする人もおり、今後解釈が変更される余地も残されてはいます。

※エラの構造から新解釈がなされました。

シダズーン——とても奇妙な新口動物

ベッツリコーリア門の中ではベッツリコーラの次に見つかった生物で、保存状態がよく、新口動物に分類されるきっかけとなりました。一番の特徴は前方の体側にあるエラです。新口動物の特徴となるエラ孔と呼ばれる形が認められたことが、新たな分類の決め手となりました。

一～二センチメートルが標準的なサイズという生物の中で、シダズーンの体長は一〇センチメートルという大きなものでした。全体的におたまじゃくしのような形をしていて、丸みを帯びた円筒形の前半部分と、魚のヒレのような後半部分からなっています。細部を点検すると、前半部分は体側にエラがあり脊

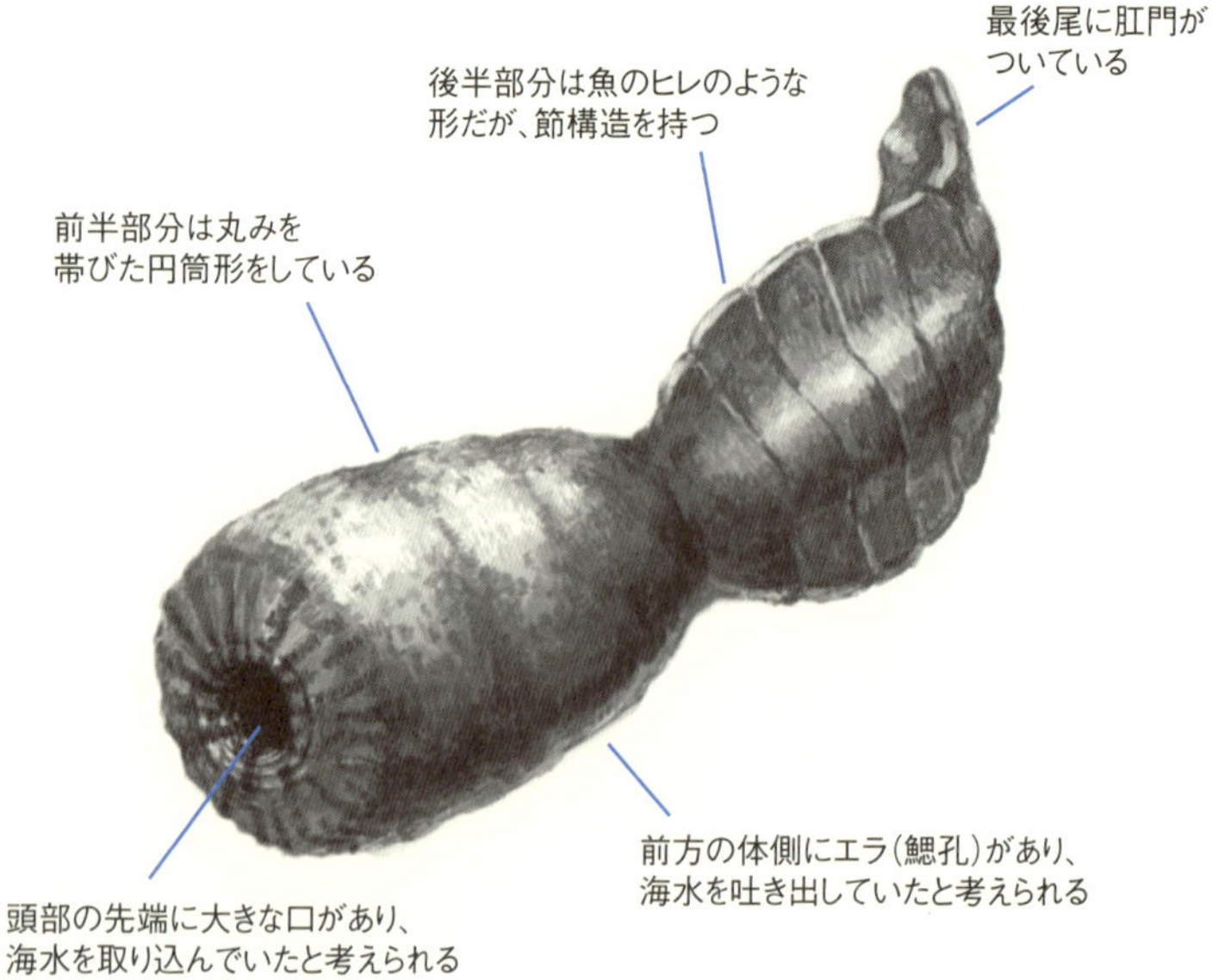

最後尾に肛門がついている
後半部分は魚のヒレのような形だが、節構造を持つ
前半部分は丸みを帯びた円筒形をしている
前方の体側にエラ(鰓孔)があり、海水を吐き出していたと考えられる
頭部の先端に大きな口があり、海水を取り込んでいたと考えられる

シダズーン

椎動物に近い特徴をしているのですが、後半部分は節構造が見られ、節足動物のようにも見える特徴を持っていることがわかります。また、後半部分の最後尾に肛門がついています。頭部の先端には大きな口があり、海水を大量に入れ栄養分を濾《こ》し取り、残った海水を体側のエラ（エラ孔）から吐き出したと考えられます。眼はありません。

ベッツリコーラ——節足動物ではなかった

シダズーンに似ていて、おたまじゃくしのような胴体と尻尾に分かれた構造をしています。ただし、体は上下対称ではなく、胴体の上部から尻尾が飛び出たようについています。尻尾は根もとが太く、先端に行くにしたがいだんだん細くなっており、先端にはうちわの

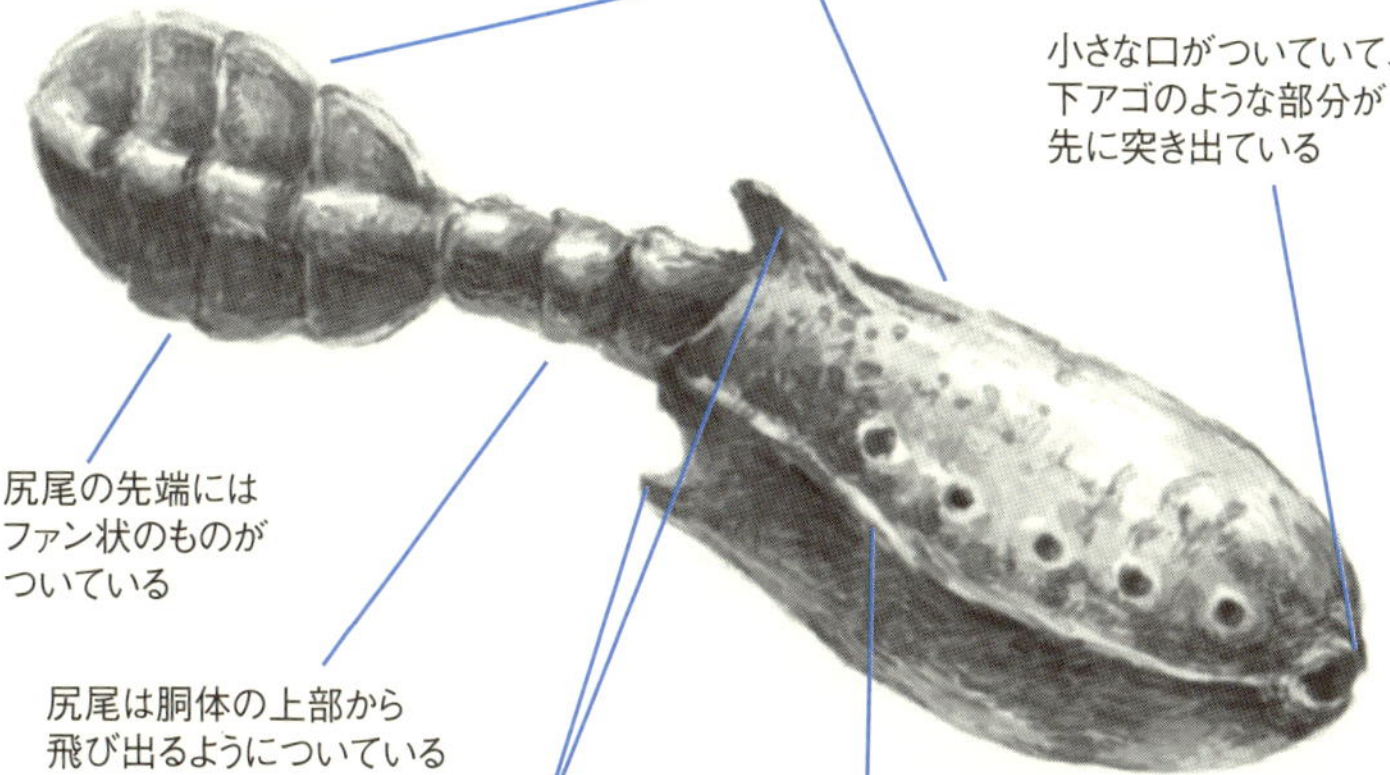
比率の大きい胴体と尻尾に分かれる
胴体の後方上部と下部には三角形のテールのようなものがつく
口から胴体の真ん中を抜けるように線が入っている

ベッツリコーラ

ようなファン状のものがついています。

一方、胴体の先端には小さな口がついていて、下アゴのような部分が先に突き出していています。当初は、節足動物のように口の先に触手があるとして復元されていたのですが、触手はないことがわかり脊索動物に近い新口動物とされるようになりました。胴体の後方上部と下部には三角形のテールのようなものがついています。

なお、シダズーンやベッツリコーラについては全体がわかるきれいな標本がいくつも見つかっています。

バンフィア——体は九〇度ねじれた構造

バンフィアは最初バージェス頁岩《けつがん》で発見されており、ウォルコットによって一九一一年に報告されていました。澄江でもよく見られる種です。ただし、バージェス産のものも澄江産のものも保存状態が悪く、詳しい解析は行われていませんでした。舒博士とモリス博士によってバンフィアもベッツリコーリア門に入れられることになり、ようやく見直しが進むようになっています。

澄江の保存状態のいいものを分析した結果、前半部分の胴体と後半部分の尻尾のような部分はほぼ同じ長さであることがわかりました。また、多くの化石がねじれている状態で見つかることから、前半部分と後半部分はもともと九〇度ねじれた構造をしていることもわかりました。すなわち、前半部分は魚のように縦長であり、後半部分はイルカの尾ビレのように上下につぶれた平たい構造をしているのです。

前半部分は口やエラなどの構造が確認できず、細部がどのようになっているかはよくわかっていません。他のベッツリコーリアンと同じように、前半部分の後部には上下に尖《とが》ったテールのようなものがつき出ています。

なお、ベッツリコーリアンの尻尾のように見える構造は見かけ上のもので、その最後尾に肛門がついていることから、他の動物でいう「腹」に相当します。

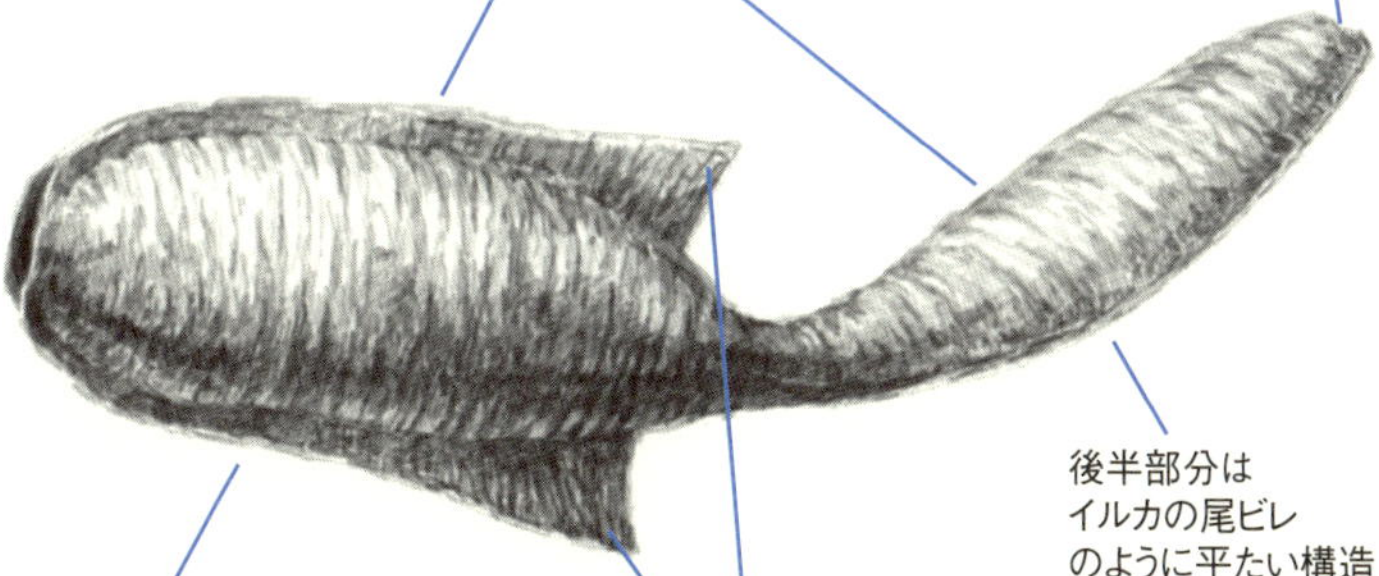
前半部分の胴体と
後半部分の尻尾
のような部分はほぼ同じ長さ
最後尾に肛門が
ついている
後半部分は
イルカの尾ビレ
のように平たい構造
前半部分は
魚のように縦長
上下にとがったテールのようなもの

バンフィア

6-5 舒《シュウ》博士の五段階進化仮説

舒《シュウ》博士は、澄江《チエンジャン》から見つかる新口動物から、以下のような五段階を経て脊椎動物《せきつい》へと進化したのではないかとする説を提唱しています（151ページの図6-1参照）。

①旧口動物から分かれたベッツリコーリアン

旧口動物と新口動物が分かれる過程において、他の脊椎などより原始的で最も旧口動物に近い生物グループとしてベッツリコーリア門が位置づけられています。

②棘皮《きょくひ》動物門と半索《はんさく》動物門

近年、澄江からベッツリシスタという化石が見つかり、舒博士とモリス博士らは棘皮動物の祖先的生物だったのではないかとしています。ベッツリシスタの体の前半部分ではエラ（鰓裂《さいれつ》）が退化しており、後半部分には節構造が認められます。一方、現生の棘皮動物では、節構造もエラ（鰓裂）も退化して消失しています。

また、分子生物学的な研究により、エラ（鰓裂）のある半索動物が棘皮動物に近いことがわかってきています。舒博士は、「ベッツリシスタは半索動物と棘皮動物の分

※ヒトデなどの棘皮動物が脊椎動物に近いとする見解は、生物学的には常識となっています。ただし、外見はかなり異なっているので、外見しかわからない化石情報によって棘皮動物の進化を考えるのは難しいと言えます。

かれ目付近に位置づけられるのではないか」としています。

③尾索《びさく》動物亜門

分子生物学的な研究から、尾索動物は頭索動物の祖先的な生物らしいことがわかってきています。最近、チョンコンエラと名づけられた現生のエボヤ（シロボヤ科）によく似た生物の化石が見つかり、舒博士らは「チョンコンエラは尾索動物で、ベッツリコーリアンから脊椎動物へ至る進化の中間に位置するのではないか」としています。

④頭索《とうさく》動物亜門

バージェス頁岩のピカイアは脊索動物門の中の頭索動物亜門に分類されることはすでに述べました。一方、澄江からもカサイミラスと名づけられた頭索動物が見つかっています。カサイミラスは小さなうなぎのような外見をしていて、体の中央に脊索が走り、頭部にはエラのある咽頭《いんとう》が認められます。

⑤脊椎動物亜門

さらに神経系が発達し、脊椎が生まれ頭部が発達することにより、脊椎動物が誕生しました。ミロクンミンギアやハイコウチクスなどは、無顎類《むがくるい》の脊椎動物です。

体を形作るＨＯＸ遺伝子の進化

動物の体を形作るものとしてＨＯＸ遺伝子と名づけられた遺伝子が知られていますが、その遺伝子の進化の様子が明らかになってきています。ここでは、進化のシナリオの一仮説として知られているものを紹介しましょう。

遺伝子は化石に残らないので、主に現生《げんせい》生物の遺伝子から進化の様子を推測します。図の太枠線内は観察できない仮説的な遺伝子を指し、それ以外が現在観察される遺伝子を示します。

まず祖先的なＨＯＸ遺伝子があったと想定されます（Ｇ１）。この遺伝子がどのようなものかはまだわかっていません。この仮説的な遺伝子から、海綿《かいめん》動物と他の動物が分かれました。次に祖先的なＨＯＸ遺伝子が重複を起こし、体の前部と後部で働く遺伝子となります（Ｇ２）。一つの遺伝子が重複されて多少違う遺伝子が複数できますので、これらをＨＯＸ遺伝子群のクラスターと呼ぶようにします。次にこの（遺伝子群を含む）クラスターが丸ごと重複を起こします（Ｇ３）。さらに時間が経過すると重複したものは多少変化し、

COLUMN

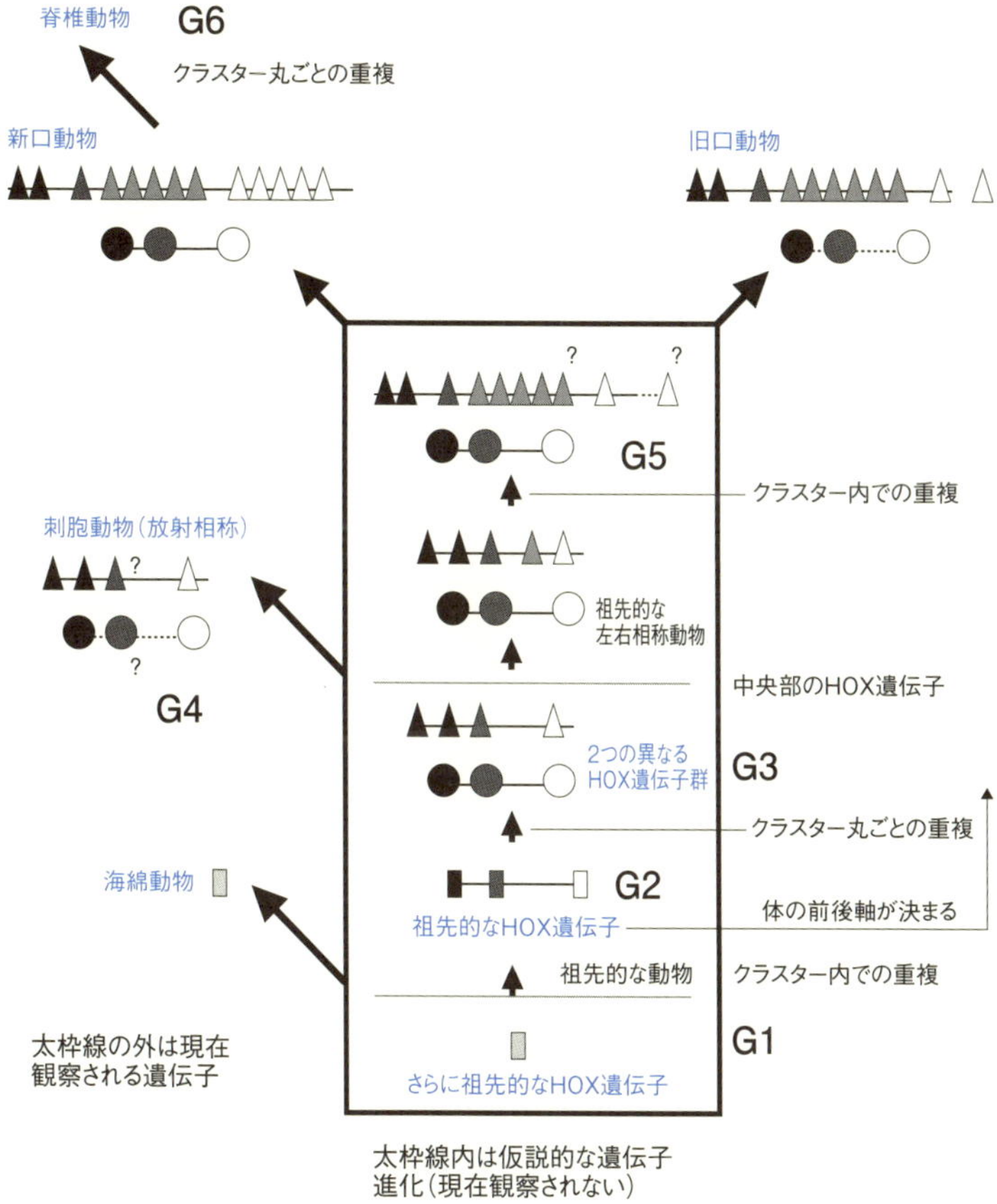

図6-2
HOX 遺伝子の進化
With the permission from Prof. J.R.Finnerty.

またクラスター内で遺伝子の重複が起こります。この段階で分かれていったものが刺胞《しほう》動物です（Ｇ４）。刺胞動物は放射相称《ほうしゃそうしょう》とされますが、遺伝子の立場からみるとすでに体の前後方向が定まっていて、この点で左右相称《さゆうそうしょう》動物と共通性があります（ただし、少し違った見解を提出する研究もなされています）。

次に刺胞動物を作り出した祖先的なＨＯＸ遺伝子群は、さらにクラスター内での重複を繰り返し、体の前部、中央部、後方で働く遺伝子を増加させていきます（Ｇ５）。この段階から分かれていったものが、旧口《きゅうこう》動物と新口《しんこう》動物になります。したがって、これらの遺伝子の関係を見るとほぼ同じような構造が認められことになります。つまり、形を作るＨＯＸ遺伝子群の構造を見ると、ショウジョウバエなどの旧口動物と人間などの新口動物では同じような構造が見られることがわかっています。ただし脊椎《せきつい》動物に進化するには、クラスター丸ごとの重複がさらに行われていきます（Ｇ６）。

発生という現象だけを見ると、原腸《げんちょう》が入り込んだところが将来の口となるか肛門となるかで、旧口動物と新口動物の大きな運命の分かれ道になっているように思われます。しかし遺伝子を中心としてみると、体の前後軸に沿って働くＨＯＸ遺伝子が規則的に並んでいる点で、これらの間に大きな違いがないことがわかってきているのです。これは、全ての動物が共通の祖先から進化してきていることを示す証拠とも言えるのです。

第7章

節《せつ》足《そく》動物の整理と浮かび上がる三《さん》葉《よう》虫《ちゆう》の起源

7-1 カンブリア紀の節《せっそく》足動物の分類

前章では澄江《チェンジャン》から発見された新口《しんこう》動物について紹介してきました。しかし、化石としては旧口《きゅうこう》動物の方がはるかに多く見つかり、多様です。この章ではその中でも節足《せっそく》動物に重点をおいて、彼らの進化について説明しましょう。

まず、そもそも節足動物とはどのような生物を指すのか確認しておきましょう。共通点としては、体節《たいせつ》性があり（体が節に分かれ）、クチクラ※でできた硬い外骨格に覆われ、関節のある付属肢《ふぞくし》を持つ等の特徴が挙げられます。特に外骨格とそれに覆われた体内の構造を見ると、かなりの共通性が見られます。一方で、肢《あし》の数や構造、つき方、頭と胴体の関係などを見るとかなりの多様性が認められます。体の構成が多様なので、化石しか残らない生物を節足動物かどうか判定するのは難しい作業と言えます。

そこでまず、現生《げんせい》の節足動物について考えてみることにしましょう。これらには鋏角《きょうかく》亜門、多足《たそく》亜門、六脚《ろっきゃく》亜門（含む昆虫）、甲殻《こうかく》亜門という大きな四つのグループがあり、それぞれについてかなりはっきりと定まった体の特徴が認められます。ま

※キューティクルとも呼ばれます。

た、今は存在しませんが三葉虫のグループは大きな動物グループなので、さらに三葉虫亜門が加えられます。バージェスや澄江で見られる生物が節足動物かどうかを判定するには、この五グループとの類似、あるいは違いを調べます。

ところがカンブリア紀の生物たちは、これらのいずれかに似ているようでいて、しかしどのグループにも属さない生物たちがたくさん見られます。うまく分類するためには、次の二通りの拡張法があります。

（a）五大グループの中に新しい分類をつけ加えて、節足動物の範囲を広げる。
（b）五大グループの枠組みを見直したり、新しいグループを新設したりする。

これまでには、（a）、（b）の立場でいくつかの分類法が提案されてきました。その結果異なる見解が対立するなど、分類法の乱立状態とも言える状況に陥《おちい》っていました。しかし、近年は分子生物学の立場から現生の分類が確固たる基盤で確立されており、議論に収束の方向が見えてきています。すなわち、カンブリア紀の生物たちも、分子生物学からわかった系統と形態の関係を参考にして、分類上の配置がなされるようになってきたのです。

系統関係（進化の親子関係）と分子生物学の進展

生物学では、これまで形態による分類が行われてきました。すなわち、生物の形を見てグループ分けをする方法です。こうしてなされたグループ分けと生物の進化の道筋はおよそ対応するのではないかと見られていました。しかし分子生物学の発展により、実際のところは、生物の外見上の近さと分子的な近さはあまり一致していないことがわかってきました。分子的な近さの方がより正確に進化の道筋を反映しているのは明らかです。したがって、現在、生物学では分類全体について大幅な書き換えが進行中です（先に挙げた五つの亜門についても別の分類法・名が存在します）。

わかりやすい例として、もう一度節足動物の分類を見てみましょう。例えば、形態的に離れていると思われていた昆虫（六脚亜門）と甲殻亜門は、遺伝子の配列が実は他のグループよりも近いことが判明しています（図7-1）。これはリボゾームRNAを作る遺伝子と、ミトコンドリアのDNAの二つの異なる分子の解析結果によって示されました。これまでは形態を比較する限り、多足亜門が昆虫（六脚亜門）に近いものとされていました。ということは、形による特徴で進化の系統を推測しても、実際の進化はそれとは異なることが明らかにされたのです。

形が似ているからといって生物の系統（すなわち進化の道筋）が近いわけではない、という分子生物学の知見《ちけん》は、古生物学に致命的な問題を提起することにつながります。つまり、言うまでもなくバージェスや澄江の生物たちは、絶滅しているので化石でしか研究することはできません。これらの化石からＤＮＡを採取することはできないのです。したがって、化石を見てそれらの類似度を比較しても、生物の進化の道筋を表すことにはならないということになってしまうのです。

ところで、次のことも同じように重要な点と言えます。すなわち、いくら分子生物学が強力なツールであったとしても、絶滅した生物たちの存在は化石でしか確認できない、という点です。例えば、地球上にアノマロカリスやシダズー

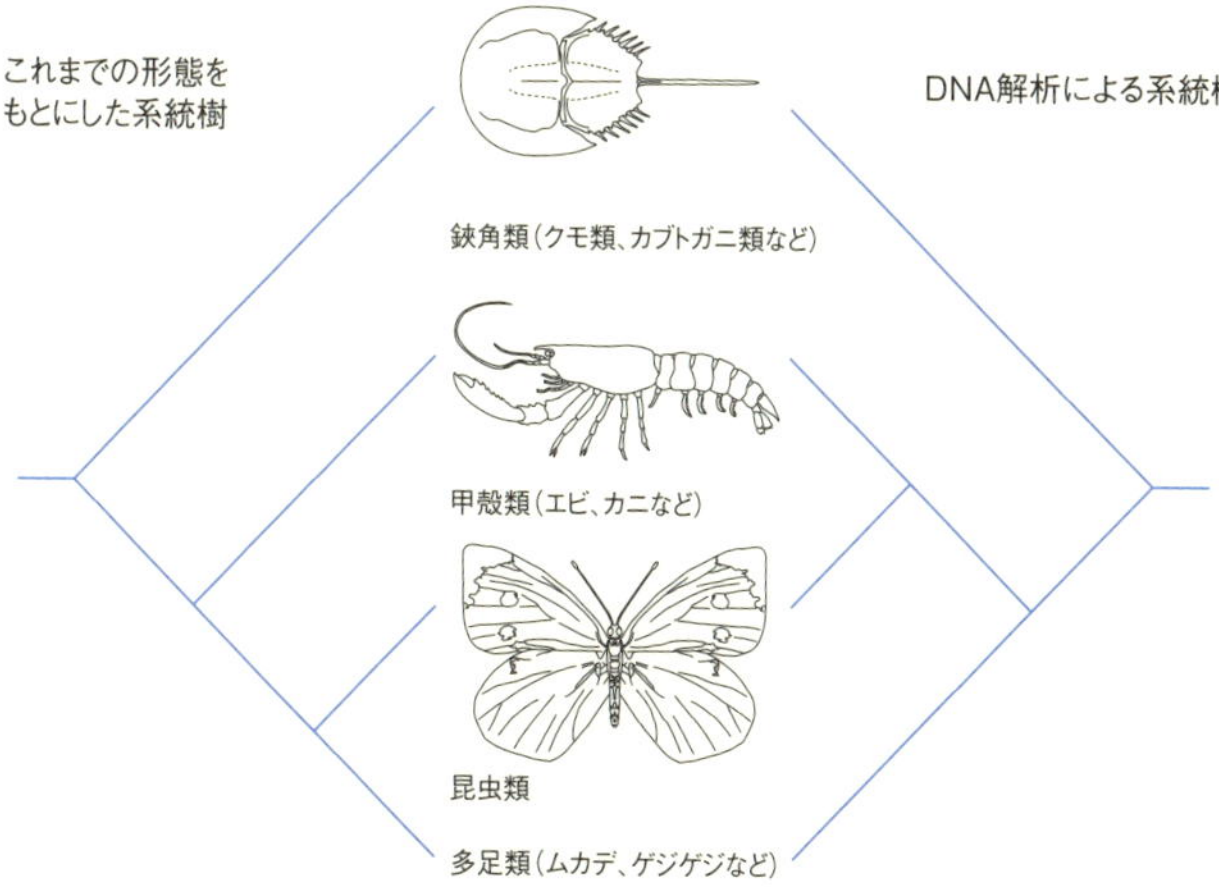

図7-1
系統と分子進化

これまでは形態をもとに、昆虫類と多足類が近縁とされてきた。しかし、DNAの解析によって、実は甲殻類と昆虫類の方が近いことがわかった。
季刊誌『生命誌』通巻13号「ハエとエビの進化を探る―節足動物の多様性に迫る遺伝子研究」（加藤和人）を参考に作成

ンなどが存在したということは分子生物学では想像もつかないことです。したがって、化石を見て過去の地球にそのような生物がいたことをまず認識するのが最も重要なことと言えます。次に、それらの形態の比較には限界があるという点が重要です。形態による分類は単なる見かけにしか過ぎず、実際の進化は別の道筋で起こった可能性があるということを念頭に置く必要があります。この章では、以上のような基本的な考えのもとに、バージェスや澄江の節足動物に似た生物を見ていくことにしましょう。

アノマロカリスは節足動物か？

分子生物学からわかった分類をもとに、カンブリア紀の節足動物を分類した図を図7-2に示します。

ここで最初に、アノマロカリスは節足動物なのか？ということが問題になります。一九九六年にコリンズ博士は恐蟹綱《きょうかいこう》という分類を提案し、節足動物門の中に配置しています。恐蟹綱にはオパビニアも含まれます。しかしアノマロカリスを節足動物とすると、足がないのに節足動物とはどういうことか？ということになってきます。アノマロカリス・カナデンシスには「節足動物」にあるべき「足」がないのです。また、胴体表面が節に分かれていないことなどを挙げ、アノマロカリスを節足動物門ではないとする研究者もいます。ただし、筆者の見解では明らかに硬い節構造が見られるので、アノマロカリスは節足動物であると考えています。また、節足動物にあるはずの足がない理由は、遊泳能力の向上に伴い変形したものと考えます。胴体表面も遊泳するにつれ滑《なめ》らかになっていったのかもしれません。

次に不思議な生物は、バージェスでよく発見されるマレラです。マレラの形態はアノマロカリスに次いで他の節足動物と異なっています。しかし多くの見解では、五大グループの外にマレラを配置するものの、節足動物の範《はん》疇《ちゅう》に含めるとされています。

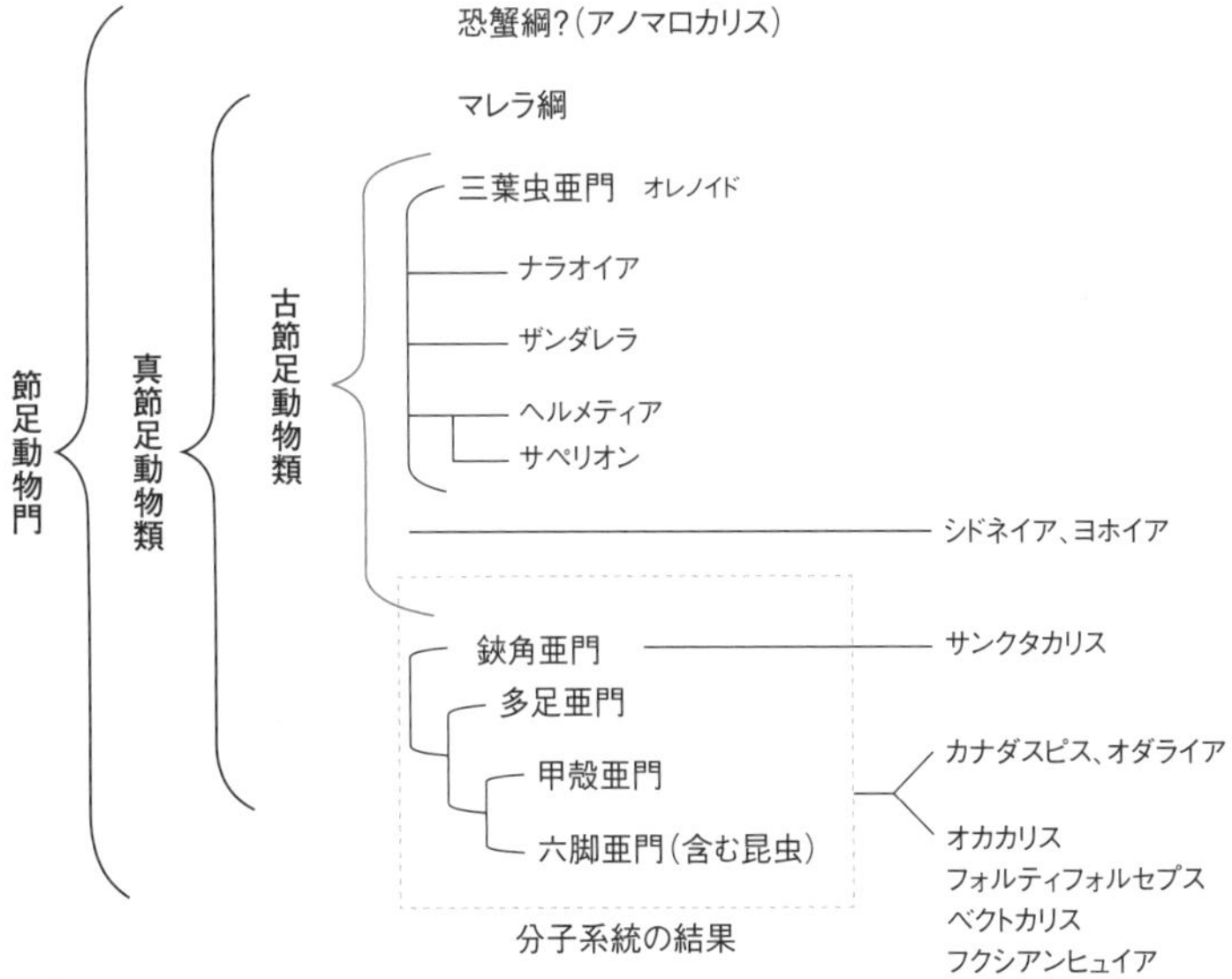

図7-2
節足動物の分類

7-2 古節足《こせつそく》動物類

鋏角類《きょうかくるい》と三葉虫類《さんようちゅうるい》を含む大きな分類

三葉虫類《さんようちゅうるい》と鋏角類《きょうかくるい》は形態に類似の点が多いので、これらの生物をあわせて古節足《こせつそく》動物類（アラクノモルファ）とまとめる考え方があります。古節足動物類にはさらに、他のよく似た形態の生物が含まれます。この立場をとると、多くの奇妙な節足動物がこの範疇《はんちゅう》に入ることになります。具体的な類似点については、最近、ブラディ博士とコットン博士が三四の種を調べ五三の特徴について詳しく分析しています。その結果、古節足動物は、「頭の先端に細い触角《しょっかく》が伸びていない」、「頭の付属肢《ふぞくし》は外肢がなく内肢だけからなり触手《しょくしゅ》の役割を果たす」、などの特徴を持つとされています。

鋏角類とは

鋏角類とはクモやサソリ、カブトガニなどを含む生物分類です。身体は頭胸部《とうきょうぶ》（前体節《ぜんたいせつ》）

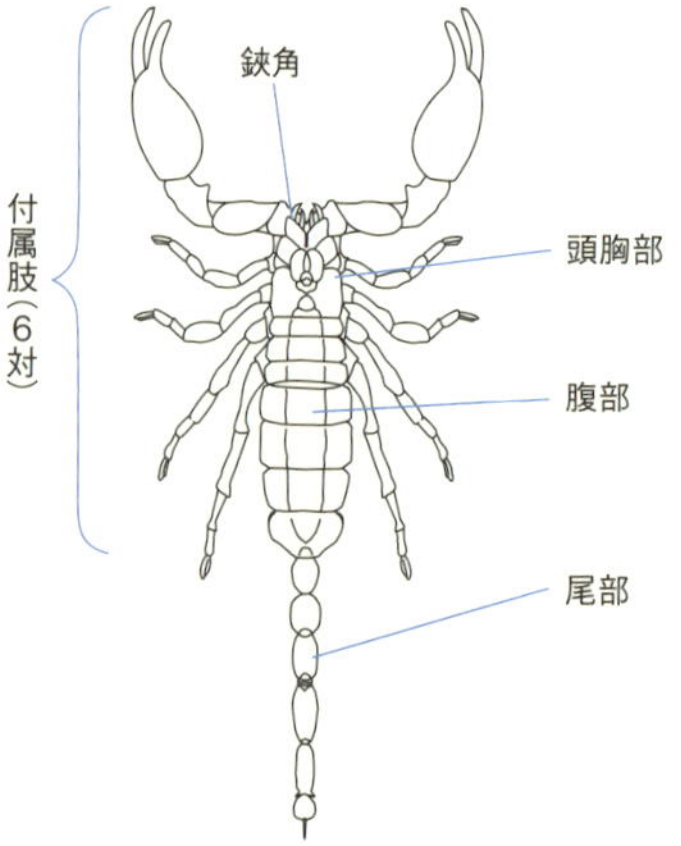

図7-3
サソリ

と腹部（後体節《こうたいせつ》）に分かれています。それぞれ体節性の頭甲《とうこう》、背板《はいばん》と呼ばれる覆いで覆われています。頭胸部には多くの場合六対の単肢《たんし》型の付属肢がついていて、頭の先端部には触角がありません。腹部の付属肢は全く退化しているか、あるいは単肢型でエラの機能しかありません。同じ鋏角類と言っても外見上はかなり異なった生物を含みます。

　そこでサソリの構造を代表として見てみましょう（図7-3）。サソリの頭胸部と腹部はつながり、腹部には後方に長い尾部が伸びています。頭胸部の六対の付属肢は機能の分化により鋏《はさみ》へ変化したものと歩脚《ほきゃく》へ変化したものがあります。小さくなった付属肢もあるので全部で六対かどうかはよく見ないとわかりません。また、腹部の付属肢は退化しています。

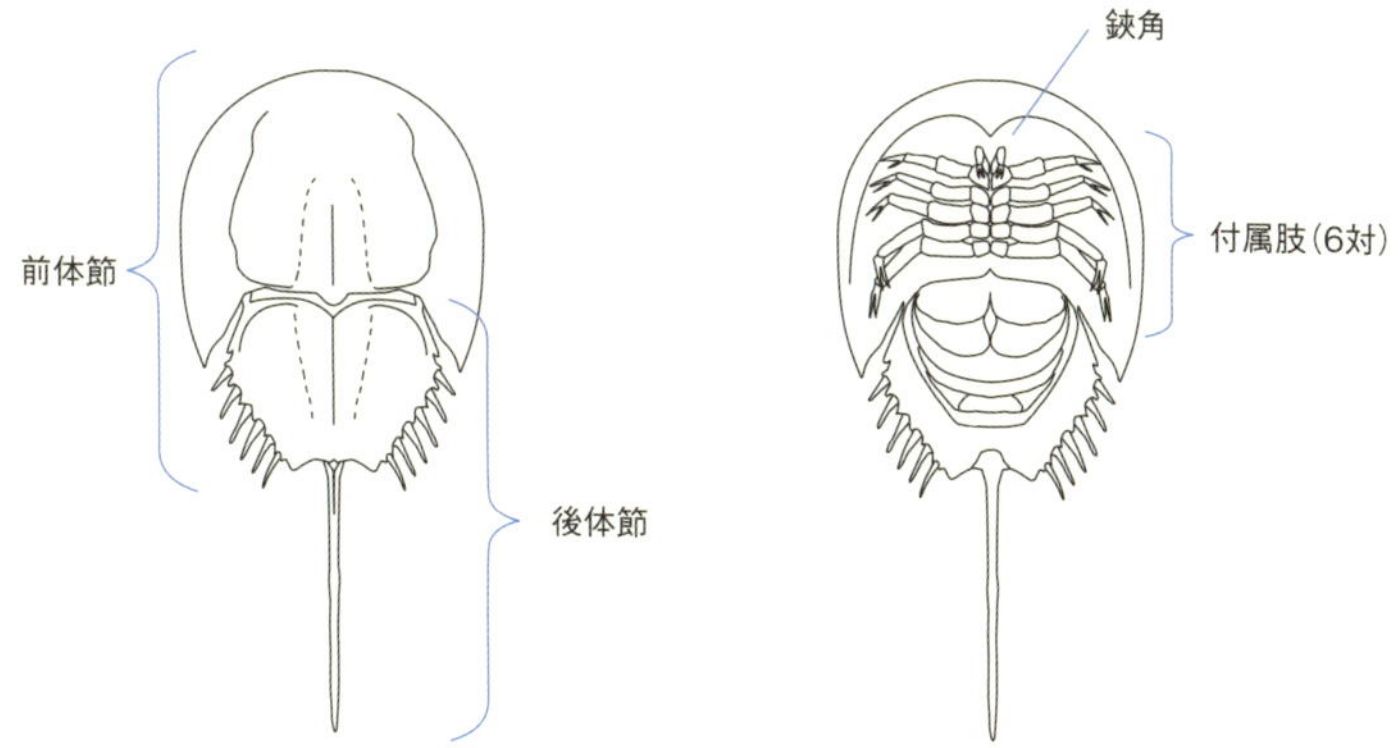

図7-4
カブトガニ

カブトガニも鋏角類ですが、上から見ると一見甲羅《こうら》が一つのようにも見えます（図7-4）。これは前体節（頭胸部）と後体節（腹部）が癒着《ゆちゃく》したものと解釈されます。下面から見ると、頭胸部に六対の付属肢があることがわかります。

サンクタカリス——典型的な鋏角類

この生物は、ロイヤルオンタリオ博物館のコリンズ博士の率いるチームによって発見されました。一九八一年と翌年、バージェス頁岩《けつがん》ではなく、周辺の別の場所において行われた調査での発見でした。

サンクタカリスは全体の復元図を見ると、大付属肢グループに近い外見をしています。しかし、どちらかというと鋏角類の特徴を

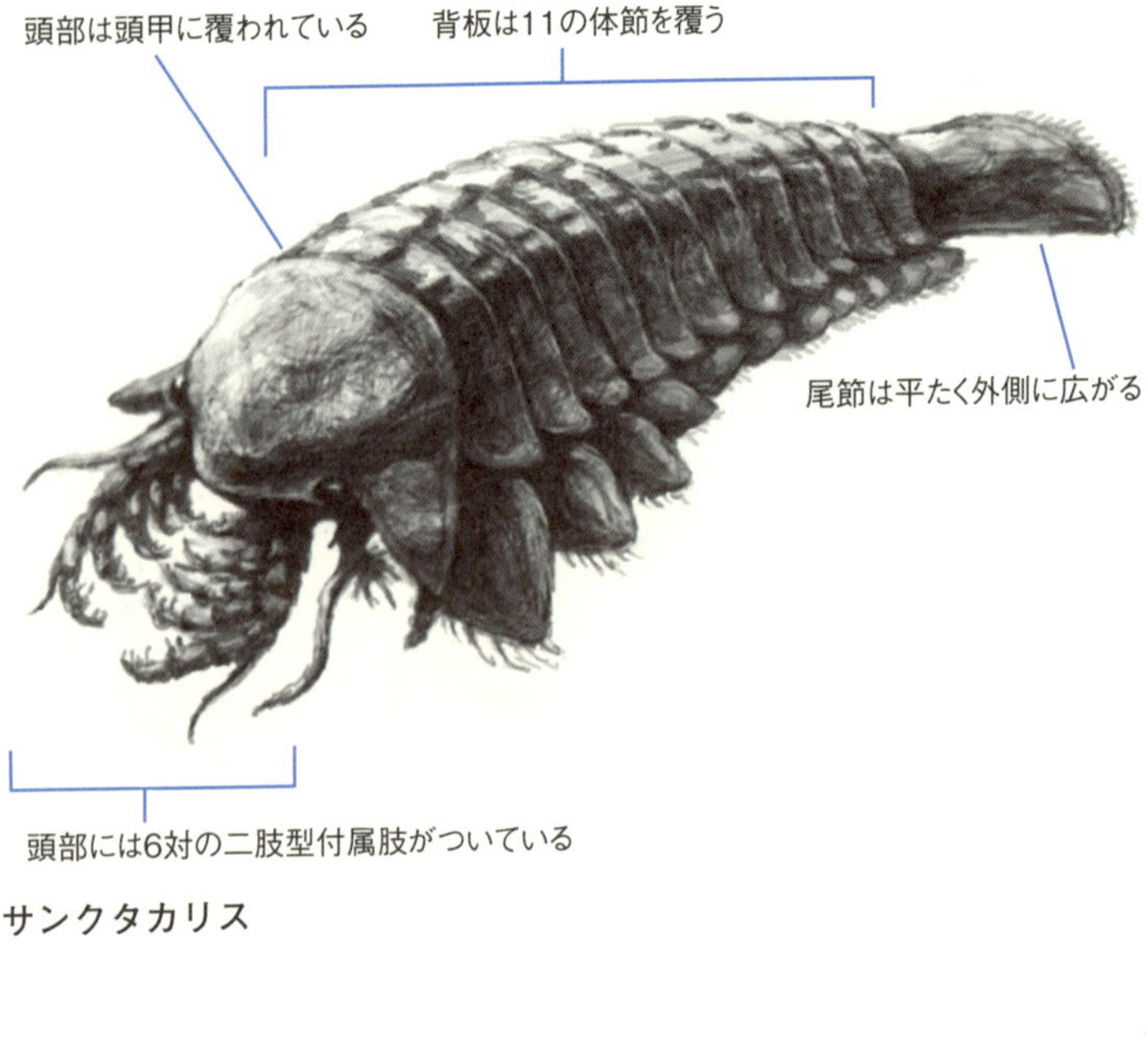

頭部は頭甲に覆われている
背板は11の体節を覆う
尾節は平たく外側に広がる
頭部には6対の二肢型付属肢がついている

サンクタカリス

多く持っています。頭部には一対の大付属肢ではなく、六対の二肢《にし》型付属肢がついています。頭と胴にはそれぞれ、頭甲、背板と呼ばれる覆いがあり、背板は一一の節からなっています。尾節は平たく外側に広がり、運動する際の安定板の役割を果たしたと思われます。このような構造全体は、はっきりと鋏角類に属すと言えるものとなっています。また、頭甲と背板だけを見ると三葉虫にも近い構造をしているので、鋏角類と三葉虫類の形の類似度を物語っています。

シドネイアとバージェシア ——鋏角類に似て非なる生物

シドネイアはバージェスで見つかった、かなり有名な生物です。鋏角類に少し似たところがありますが、鋏角類のはっきりとした特徴を全ては持ちあわせていないので、古節足動物類に属すると

写真19
シドネイアの化石
Reproduced with the permission of the Minister of Public Works and Government Services Canada, 2008 and Courtesy of Natural Resources Canada.

されます。頭甲は短く、九つの背板とその後ろに三つの細い体節性の腹部があります。また最後尾にはサンクタカリスと同様の平らで広い尾節があります。

バージェシアもバージェスで見つかった生物で、鋏角類とはかなり異なっているので、古節足動物類に分類されます。まず、上部から見ると甲皮《こうひ》がたった一つのように見えます。次に眼がなく、その代わりに触角があります。甲皮の下には多くの二肢型付属肢があり、最後部は尾節が細長く伸びた構造をしています。

ヨホイア等の大付属肢グループ

5章で説明したヨホイア（135ページ）やフォルティフォルセプス（132ページ）などの大付属肢グループは鋏角類に似た特徴を少し持っています。大付属肢グループは、アノマロカリスのグループに形が近いので、アノマロカリスを生み出した祖先的生物は、同時に大付属肢グループを生み出し、さらに鋏角類などの生物グループを生み出したかもしれません。

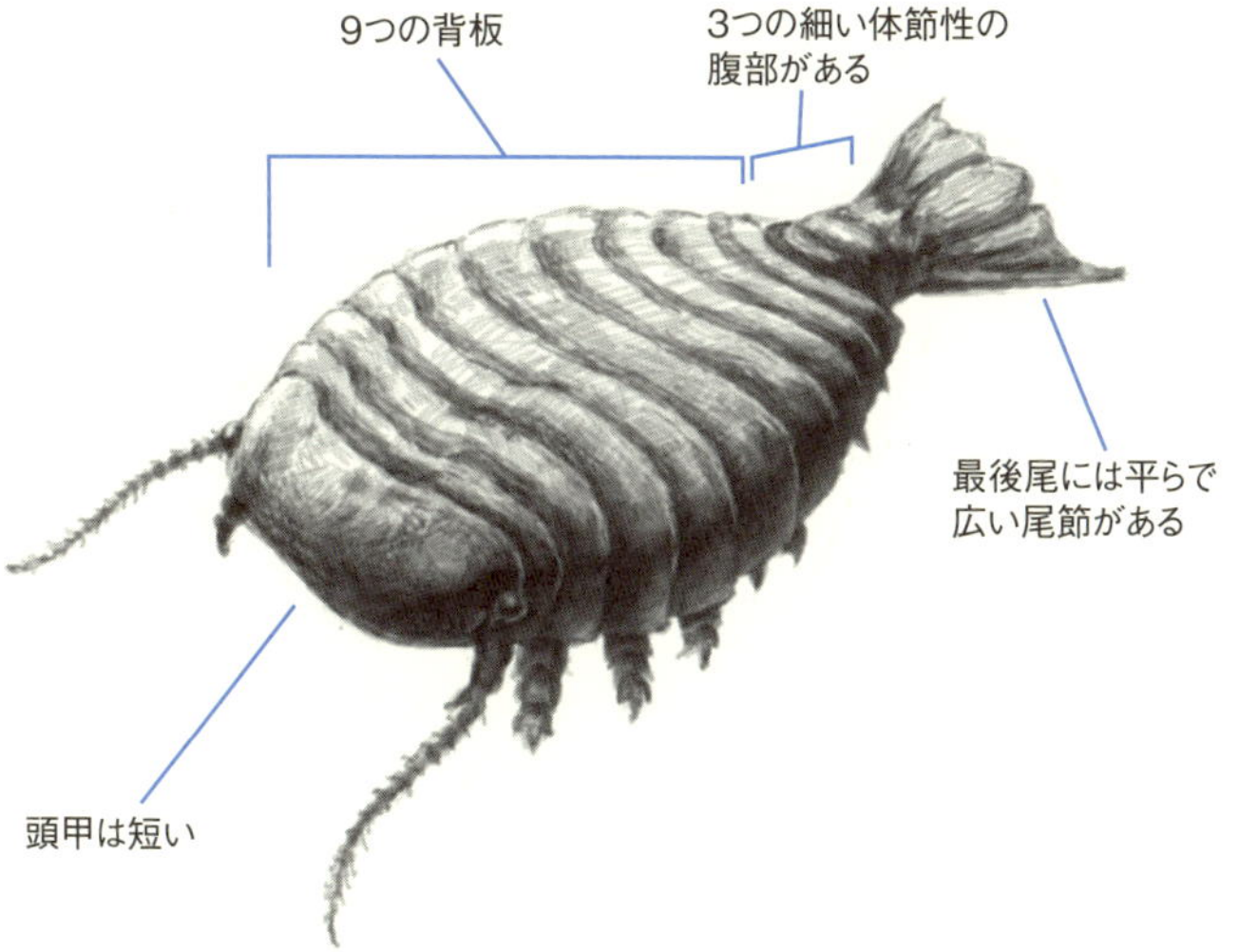

シドネイア

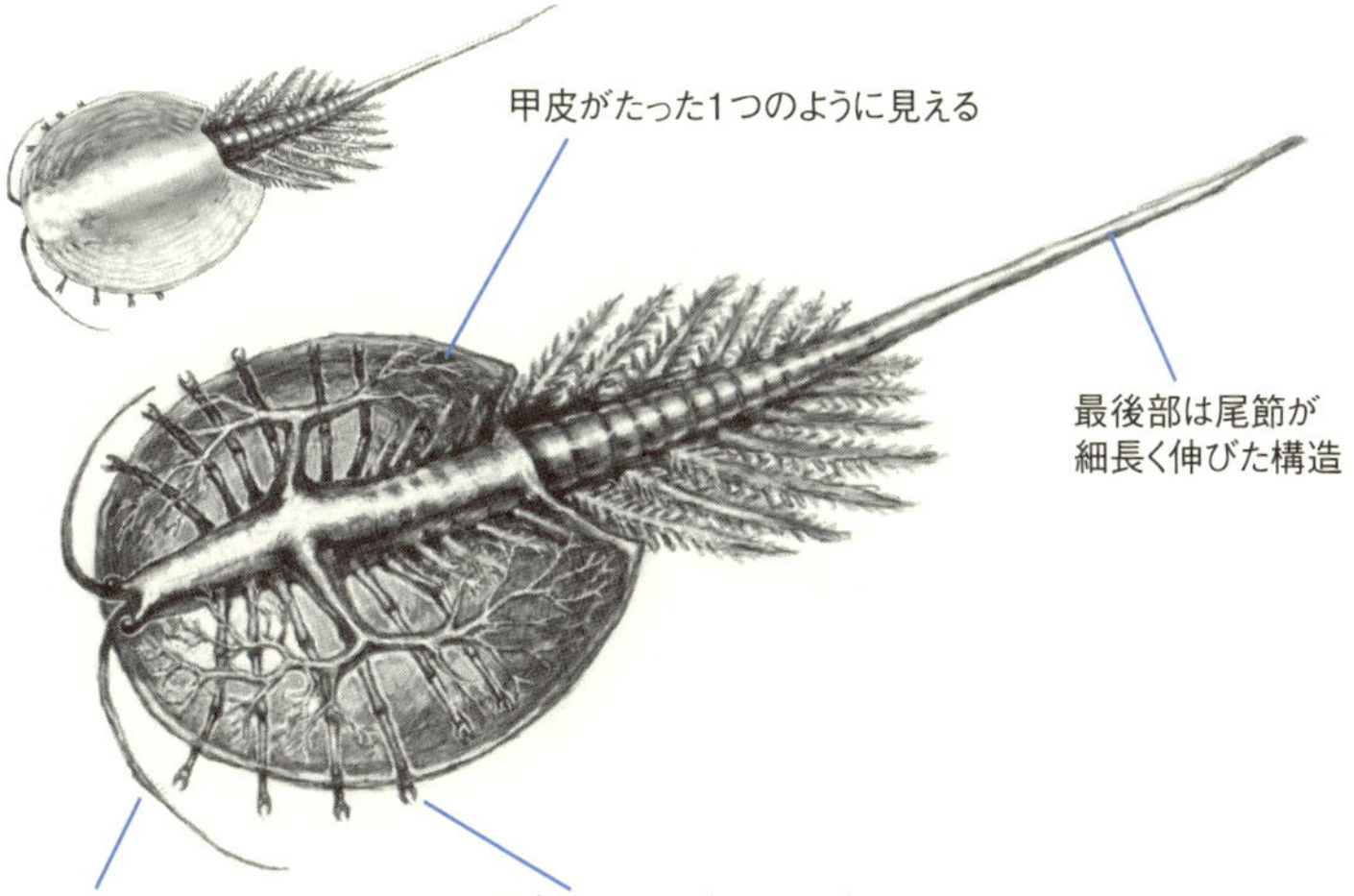
眼がなく代わりに
触角がある
甲皮の下には多くの二肢型付属肢がある

バージェシア

7-3 三葉虫《さんようちゅう》亜門と三葉虫に似て非なる生物

三葉虫《さんようちゅう》は実はカンブリア紀に最も繁栄した生物です。化石を探すとほとんどが三葉虫と言っても過言ではないほど数多く見られます。カンブリア紀の終わりに種類の数が最大に達し、オルドビス紀、シルル紀と繁栄した後、ペルム紀に絶滅しました。デボン紀から繁栄した魚類に海の覇権《はけん》を奪われたのかもしれません。魚類のような生物が少ないカンブリア紀は、三葉虫にとってよほど都合のいい世界だったようです。

三葉虫亜門に属さない生物であるものの、三葉虫に似た体型を持つ生物もたくさんいます。その典型は頭甲《とうこう》と後方部という二つの部分からなるナラオイアです。また鋏角類《きょうかくるい》や甲殻類《こうかくるい》に近いグループにも三葉虫的な要素がしばしば見受けられます。節《せつ》足《そく》動物に近い無脊椎《むせきつい》動物にとって、三葉虫的な体型は非常に機能的だったようです。

オレノイデス——よく研究されたバージェスの三葉虫

オレノイデスはバージェスできれいな標本が見つかり、最もよく研究された有名な三葉虫です。三葉虫の名の由来は左、中、右の三つの部分（葉）からなることにあります。しかし、一見して頭部、胸部、尾板《びばん》の三つの部分からなることが見て取れるので、そのことを指していると誤解されることがあります。

体節《たいせつ》の外骨格はカルシウムを成分とする硬いクチクラと呼ばれる組織でできています。一方、三葉虫に似て非なる生物であるナラオイアなどは、このようなカルシウムの硬い外骨格を持っていないことがあります。この「石灰化《せっかい》していない」という特徴は、三葉虫亜門に入れない一つの基準となります。

頭部は頭甲と呼ばれる大きな甲皮で覆われ、先端に一対の触手と眼があります。頭甲の下面には唇と呼ばれる口があり、体節からなる体が尾に向かって続きます。最後尾には尾板があり、体節には二肢《にし》性の付属肢《ふぞくし》がつきます。

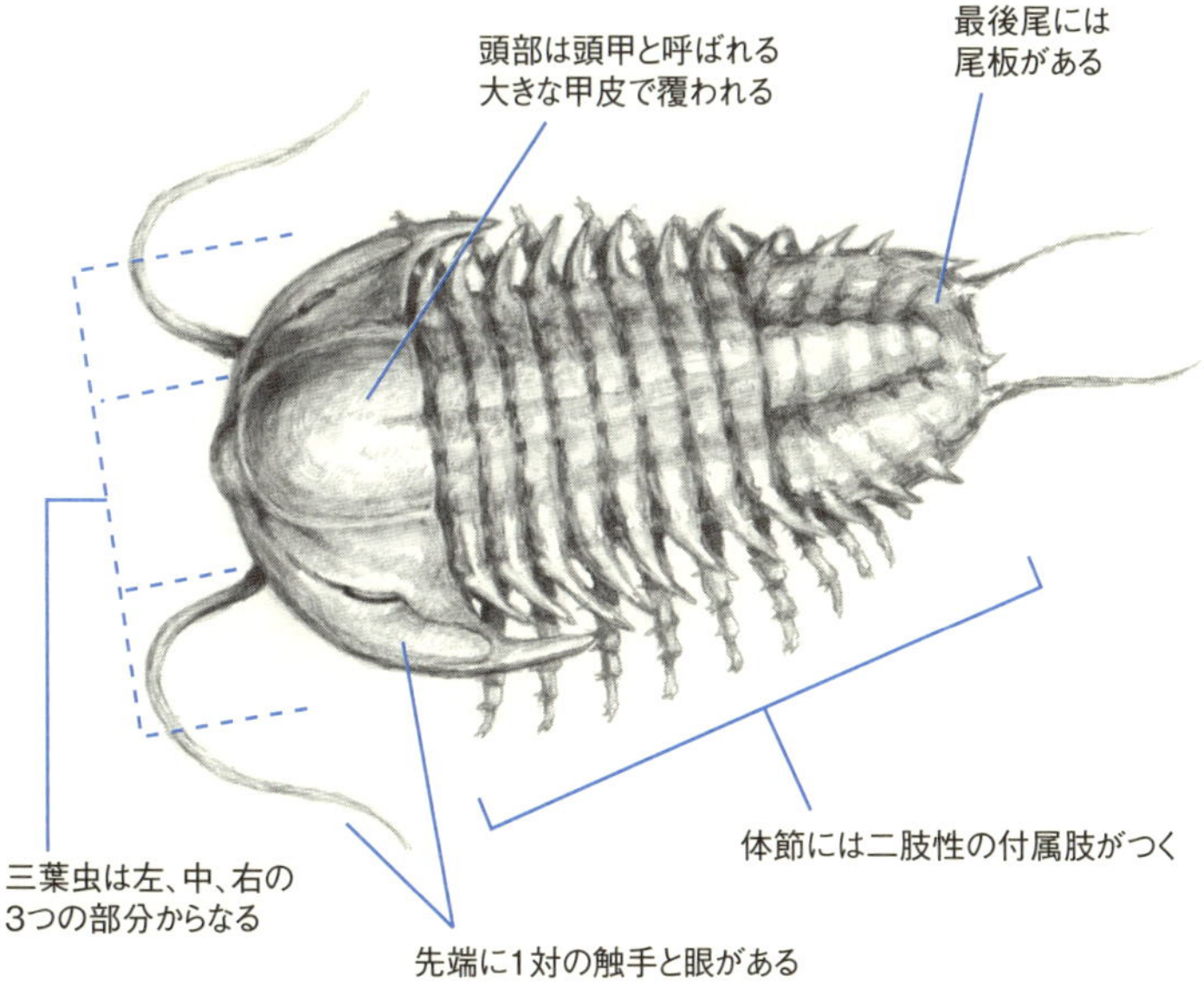

頭部は頭甲と呼ばれる
大きな甲皮で覆われる
最後尾には
尾板がある
体節には二肢性の付属肢がつく
三葉虫は左、中、右の
3つの部分からなる
先端に1対の触手と眼がある

オレノイデス

頭甲の表面には溝がある場合があり、また各部分の形態には大きなバリエーションが存在します。三葉虫は種類が多いので、外見上はかなり異なったものがあり、いくつかの特徴が欠けているように見えるものもいます。

ナラオイア――典型的な三葉虫に似て非なる生物

ナラオイアは最初バージェスで見つかり、後に澄江《チエンジャン》からも見つかりました。ナラオイアがなんと言っても奇妙なのは、体が前方と後方の二つに分かれているだけで、三葉虫のような頭と胸部、尾部、という三つの構造には分かれていない点です。また外骨格が石灰化しておらず、眼もありません。頭甲の下には五対の二肢性の肢があり、最前部には触手が伸びています。内肢には六または七つの節があり、さらにかぎ爪があります。

バージェスと澄江双方でよく見られる生物で、澄江では千を超える標本が採取されています。また、ナラオイア科にはコンパクタ、スピフェラ、スピノサ、ベルティエンシスなどの異なる種が報告されています。三葉虫とは別のグループの生物が三葉虫のような体型に収斂《しゅうれん》進化した結果、ナラオイア科の生物が出現したと言えるようで

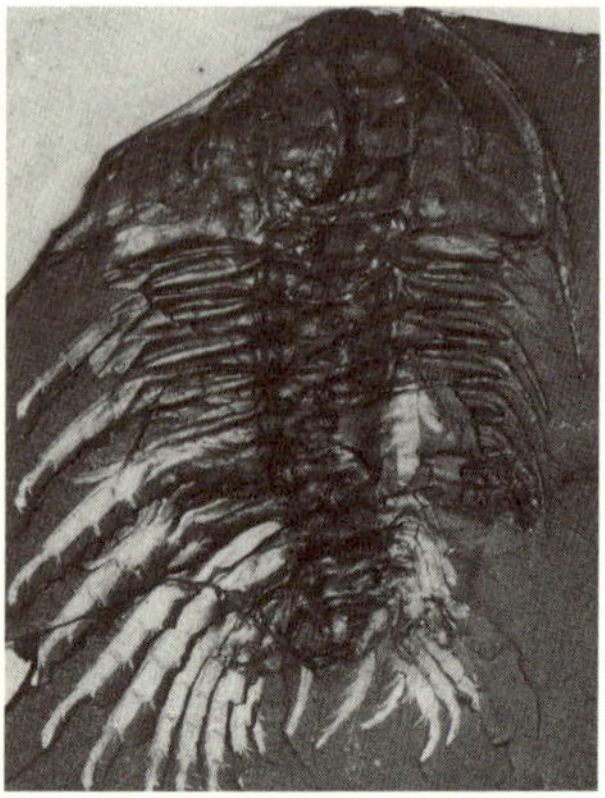

写真20
オレノイデスの化石
Reproduced with the permission of the Minister of Public Works and Government Services Canada, 2008 and Courtesy of Natural Resources Canada.

す。かなり数多く存在しているので、ナライア科の生物は当時非常に繁栄していたようです。

三葉虫に近い古節足動物類には、ザンダレラ、ナラオイア、テゴペルテ、ヘルメティアと名づけられたグループがあります。これらは一見三葉虫に似ているものの、厳密な意味での三葉虫としての条件を満たしていません。これらの一部はバージェスで最初見つかっています。また後に、澄江で同種、または新種が見つかっています。近年これらのグループに対する詳しい形態の分析が陳《チエン》博士とエッジコンブ博士、ラムズケルド博士によってなされました。またそれらを受けて、ベルグストロム博士と侯《ホウ》博士も論文を出しています。

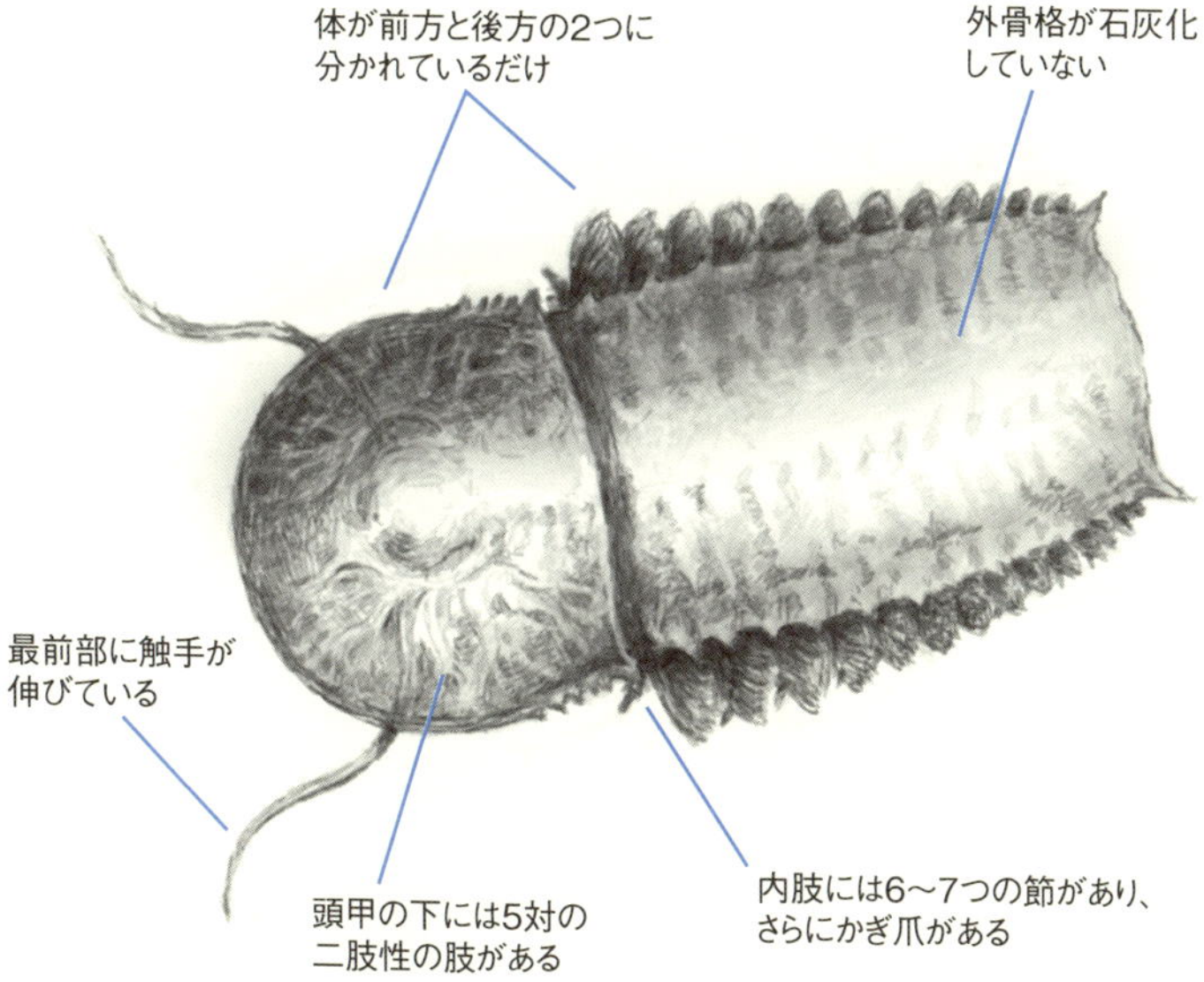
体が前方と後方の2つに分かれているだけ
外骨格が石灰化していない
最前部に触手が伸びている
頭甲の下には5対の二肢性の肢がある
内肢には6〜7つの節があり、さらにかぎ爪がある

ナラオイア

ヘルメティア――最初は背板だけ発見

ウォルコットがバージェスで最初に見つけ、一九一八年にヘルメティアと名づけて発表した生物です。その際は付属肢も触手もなく、ただ背板《はいばん》のみ見つかりました。その後澄江からヘルメティアに似た生物が保存のいい状態で次々と見つかるようになりました。

ヘルメティアの一つの特徴ですが、頭甲の中央前方には楕円《だえん》形の構造物が飛び出していています。この楕円形の部分の後ろには一対の眼があります。また、眼に続いて体の正中線《せいちゅうせん》沿いに光るスポット状のものがはっきり見えます。

バージェスで見つかったヘルメティアで

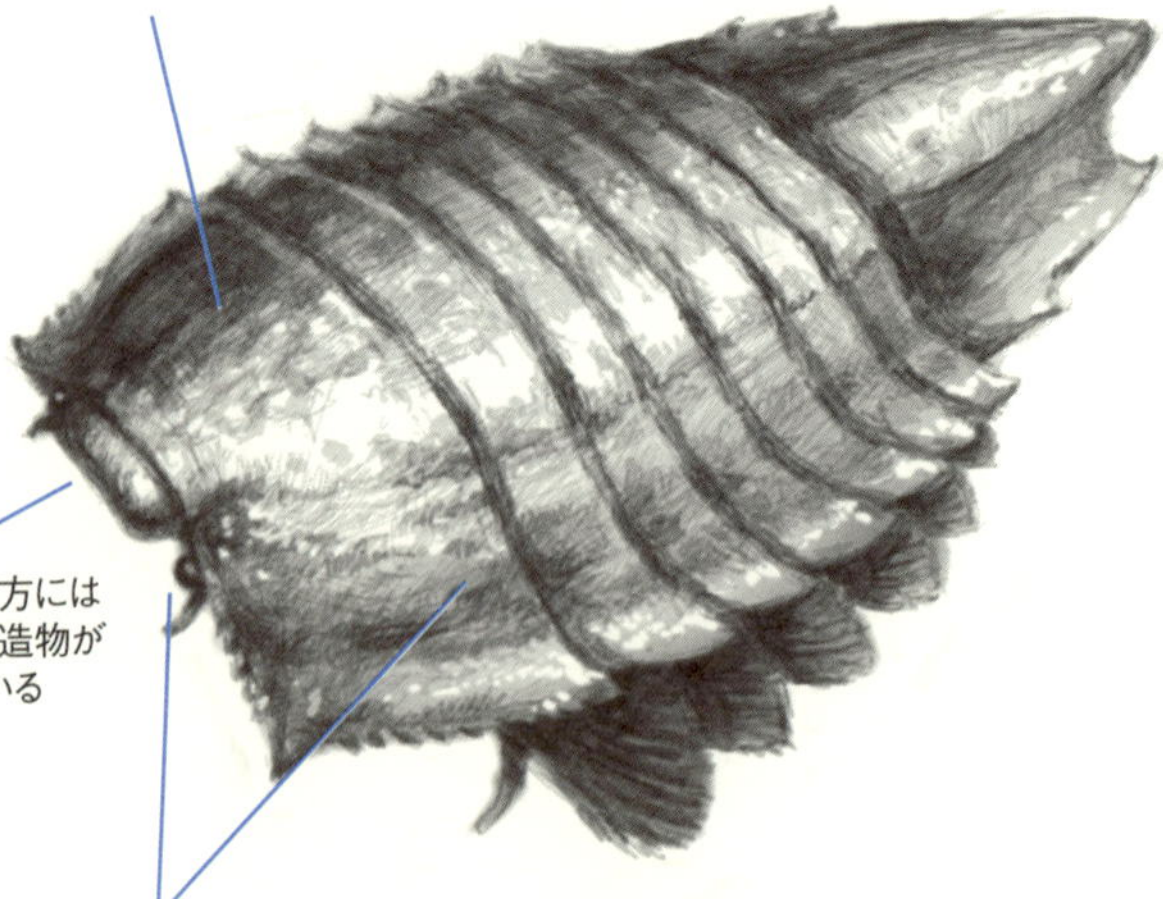
頭甲は両側の前の方に棘のように飛び出した形
中央部の前方には
飛び出している
2対の眼に続いて光るスポット状のものが見える。
筋肉の付着物であるとされる

ヘルメティア

は、頭部の触角《しょっかく》や肢《あし》の構造などはほとんどわかりませんでした。しかし、次に述べるクアマイアに全体的な特徴は似ているので、同様の構造をしていたと思われます。チェコからもヘルメティアと思われる化石が見つかったとの報告がありますが、尾節の周辺部分だけなのであまり正確な情報とは言えません。

クアマイア——ヘルメティア科の仲間

クアマイアはバージェスで発見されたヘルメティアによく似た生物で、澄江からは一〇〇を超える化石が見つかっています。

体全体が平べったい構造をしていて、サペリオン、シキオルディアと名づけられた生物たちと同じグループに属すると考えら

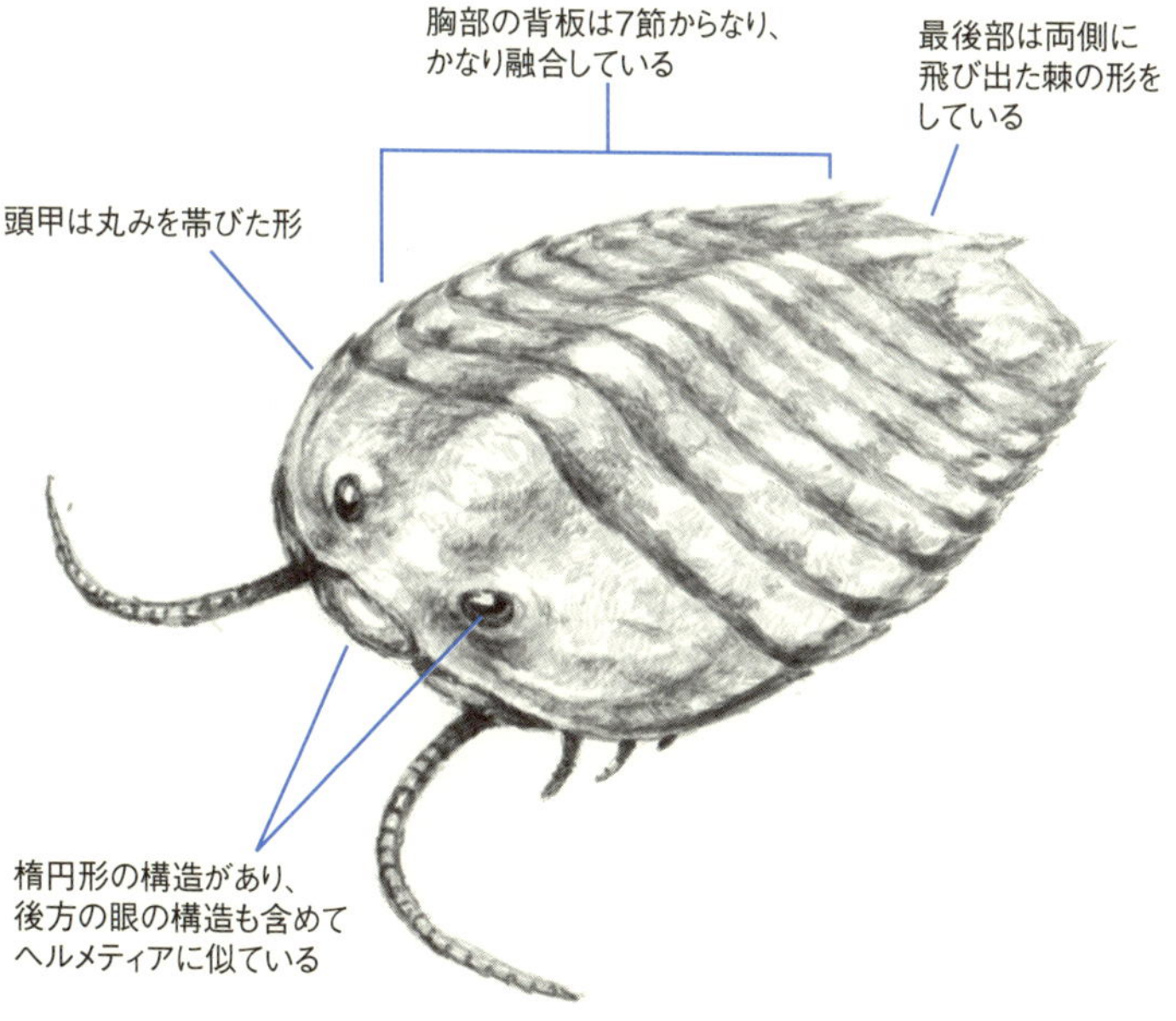
胸部の背板は7節からなり、
かなり融合している
最後部は両側に
飛び出た棘の形を
している
頭甲は丸みを帯びた形
楕円形の構造があり、
後方の眼の構造も含めて
ヘルメティアに似ている

クアマイア

れています。頭甲は丸みを帯びた形をしており、先端の両側が尖《とが》っていないことがヘルメティアとの違いです。一方、中央部の先に楕円形の構造があることや、その後方の眼の構造などはよく似ています。

また、腹側の面には三葉虫と同じ形の唇があり、さらに中央部に消化管が見られます。二肢型の付属肢の構造もはっきりしており、節からなる内肢と、広がりを持っていくつかの部分からなっている外肢が観察できます。

ザンダレラ——三葉虫に似た生物の一グループを形成

変わった名前で、一見しただけではわからない奇妙な形を備えています。澄江から見つかった三葉虫に似て非なる生物群をまとめるためにザンダレラ科というグループが作られました。澄江でのみ見つかり、数も多くはありません。三葉虫に似ていますが、形態をよく見ると少しずつ異なる特徴を持ち、正確には三葉虫亜門に属しているとは言えません。

ザンダレラの頭甲の下には六対の付属肢があります。三対の付属肢を持つ三葉虫と異なる点です。頭部の先端に飛び出た触手や頭部の上面に走る溝は三葉虫に似ていますが、頭部の上面につく眼の構造は三葉虫と異なる特徴が認められます。頭部の後方には一一の背板が続き、最後部は後方に飛び出た棘《とげ》となっています。そして、背板の上面にはやはり溝でできた模様が走ります。

また、体節に対して一対の肢がつくわけではなく、全体で三二対もの肢がついています。複数の肢が一つの体節につき、さらに複数の体節が一つの背板についているのです。このような体節と肢との関係はとてもアンバランスで、生物の形を特徴づける際に大きな分岐《ぶんき》点となります。

ザンダレラに似た生物としてシンダレラと名づけられた生物がいます。シンダレラの眼は頭甲の横に飛び出しています。また、肢のつき方はザンダレラよりもさらにあいまいになっています。後に述べるフクシアンヒュイア（201ページ）も体節に複数

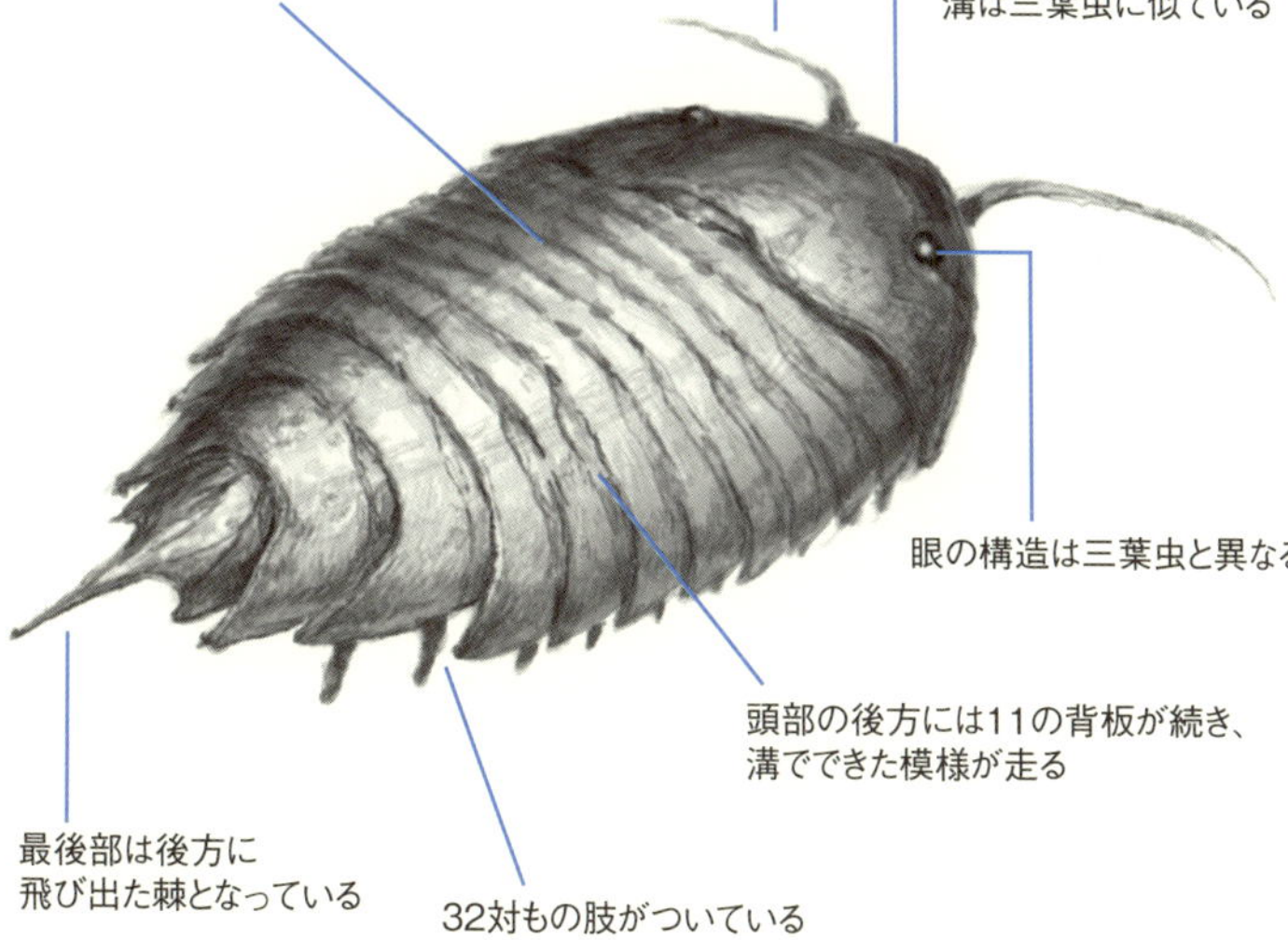
三葉虫と異なり、
外骨格は石灰化していない
頭部の先端に飛び出た
触手と頭部の上面に走る
溝は三葉虫に似ている

ザンダレラ

の肢がついています。一方三葉虫は、一つの体節に一対の肢です。一つの体節に複数の肢がついている方が原始的な構造であると考えられています。

シノバリウス——流線型の頭甲が特徴的

シノバリウスはザンダレラに似ているのですが、一つの体節に一対の肢が対応しています。

頭甲の側面が後方に流線《りゅうせん》型に流れた形をしているのが特徴です。頭甲の先端には一対の触手が飛び出ていて、その後方の下面には四対の付属肢があります。眼は頭甲の中央部腹側につき、頭甲に空いた穴を通して下面から上面に飛び出た構造をしています。この眼のつき方はザンダレラに似て

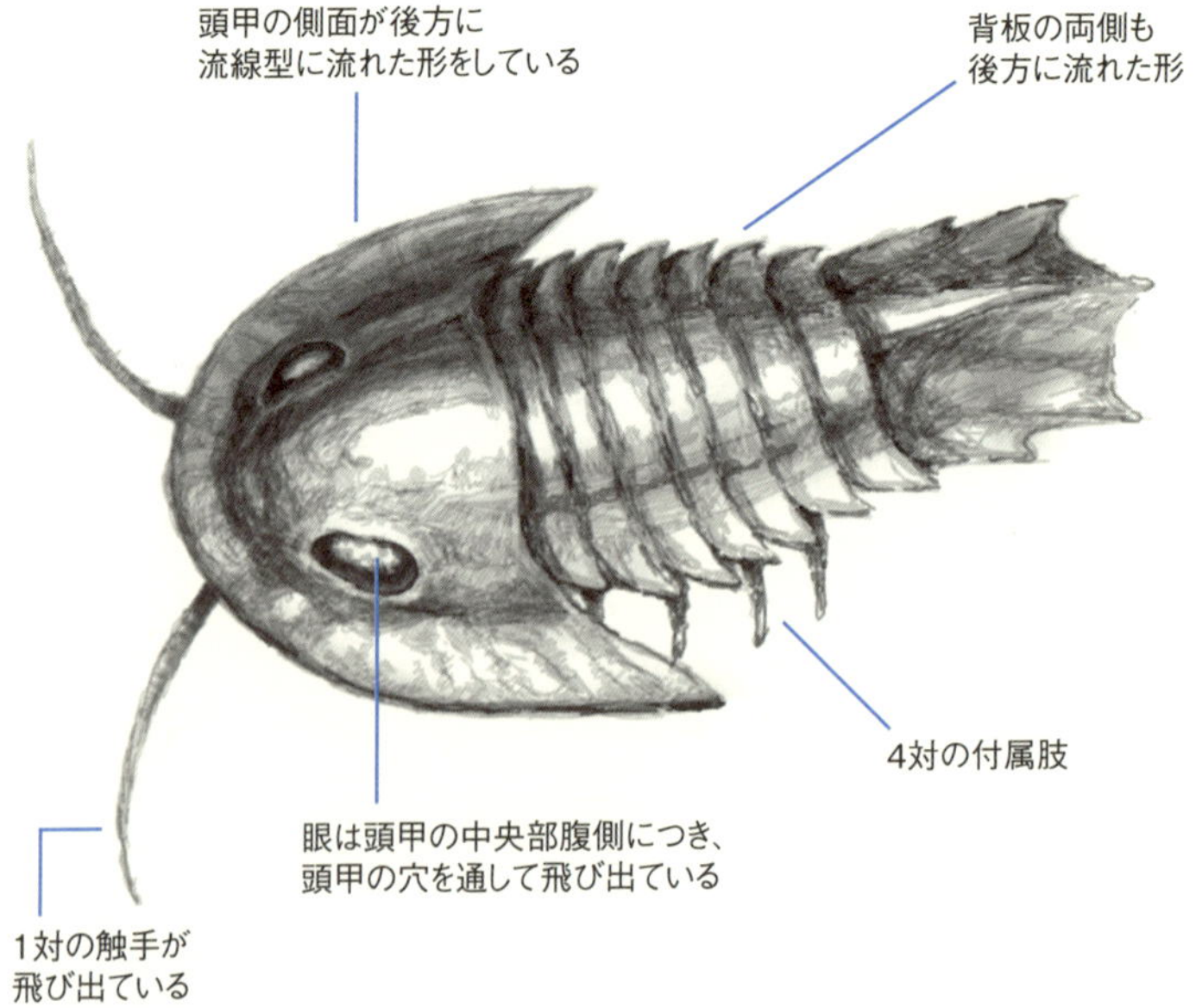
頭甲の側面が後方に
流線型に流れた形をしている
背板の両側も
後方に流れた形
4対の付属肢
眼は頭甲の中央部腹側につき、
頭甲の穴を通して飛び出ている
1対の触手が
飛び出ている

シノバリウス

います。

頭甲の後ろにある背板の両側も後方に流れた形をしており、尾部にも後方に突き出た棘状の構造が認められます。シノバリウスの形は全体的に三葉虫の外見にとてもよく似ています。

なお、採取された化石標本は一・二センチメートルと小さく、また数にしてもまれにしか見られない生物です。消化管に泥の成分が見られるので、海底の栄養分を海水から濾《こ》しとって食べていたと思われます。

サペリオン——原始的な生物グループの仲間

ヘルメティア科とザンダレラ科のいずれにも属さないものの、これらの生物に似た一群の生物がいます。サペリオン、テゴペルテ、スキオルディアと名づけられた生物たちですが、発見された個体数は多くありません。

サペリオンの甲の作りは強固なものではなく、頭甲、背板、尾節がはっきりと分離しないで融合しているように見えます。先端の中央部にはヘルメティアのように楕円形の構造があり、その両側には短い触角が前方に飛び出しています。体全体が丸みを帯びており、クアマイアやヘルメティアのように両側の後ろに伸びる棘の構造を持ちません。三葉虫に近い形態をしながらも、発展途上の生物のような印象を受けます。

スキオルディアはサペリオンに極めてよく似た生物ですが、少しだけクアマイアに似た特徴を持っています。というのは、サペリオンよりももう少し背板の分離がよく、両側にごく小さな棘の構造が見られるのです。

テゴペルテはバージェスから見つかっていたもので、保存状態はあまりよくなく、当初はどのような生物かよくわかりませんでした。しかし、現在では澄江から見つかったサペリオンと似た構造を持つことがわかり、これらに近いグループに位置づけられることになりました。

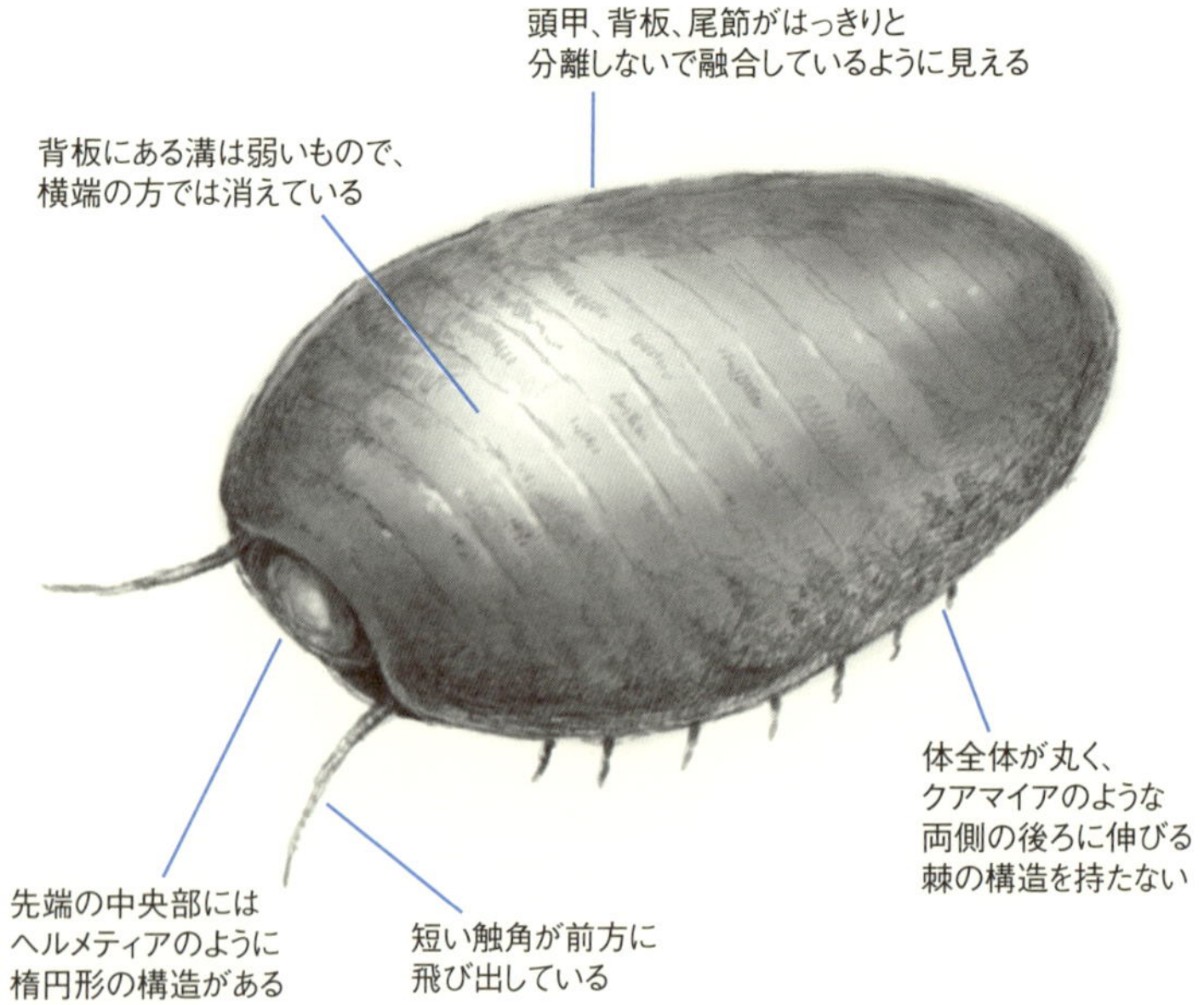

頭甲、背板、尾節がはっきりと
分離しないで融合しているように見える
背板にある溝は弱いもので、
横端の方では消えている
体全体が丸く、
クアマイアのような
両側の後ろに伸びる
棘の構造を持たない
先端の中央部には
ヘルメティアのように
楕円形の構造がある
短い触角が前方に
飛び出している

サペリオン

7-4 甲殻《こうかく》亜門と議論の分かれる生物

続いてカンブリア紀の甲殻類《こうかくるい》を見ていきますが、まず、いま生きている甲殻類の特徴を確認しましょう。甲殻類にはエビ、カニ、シャコを含むエビ綱の他に、ミジンコ綱、カシラエビ綱、ムカデエビ綱、アゴアシ綱、貝形虫綱《かいけいちゅうこう》が含まれます。これらにはバリエーションがあるので、ここではエビの構造をみてみます（図7-5）。

エビの体の前半部分は、頭部と胸部が融合した頭《とう》胸甲《きょうこう》で覆われ、そこに二対の触角《しょっかく》と眼、および五対の歩行用の肢《あし》（歩脚《ほきゃく》、胸脚《きょうきゃく》）がついています。また口の周りには口器付属肢《こうきふぞくし》がついています。腹部は体節《たいせつ》からできていて付属肢がつき、後方に尾節と尾肢がつきます。

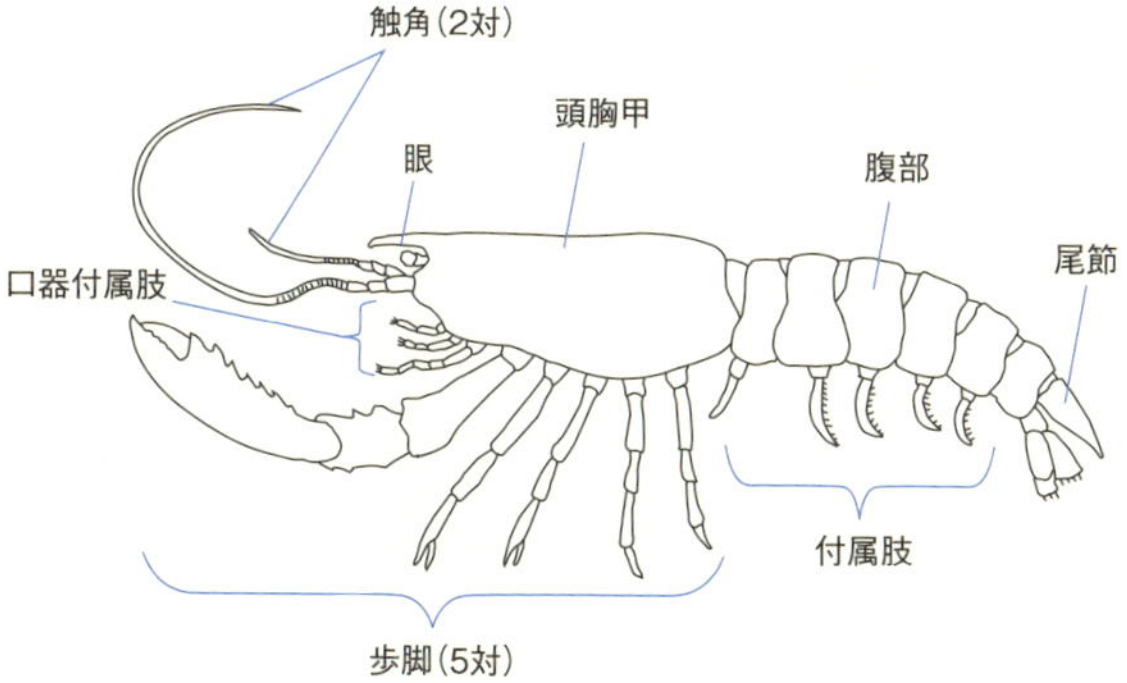

図7-5
エビ

澄江《チエンジャン》やバージェスの生物にははっきりと甲殻類と思われるものと、甲殻類に似ているが異なるものがあります。甲殻類に似て非なるものへの対応法としては、甲殻類の中に新しい分類を作るか、あるいはより上位の節足《せっそく》動物の中に別の分類を作るかという考えがあり、意見が分かれます。

ここでは中でも、体節からなる体を二枚の殻で覆う甲殻類のような生物を取り上げ、生態と形の特徴によって分類していくことにします（図7-6）。

海底より上部のところを泳ぐグループ
イソクシス（半球状）、チュゾイア（半球状）、ゼンゲカリス（半球状）
海底とその少し上に棲むグループ（捕食用の付属肢を持たない）
クンミンゲラ（ハート型）、ワプティア（小さい球状）、

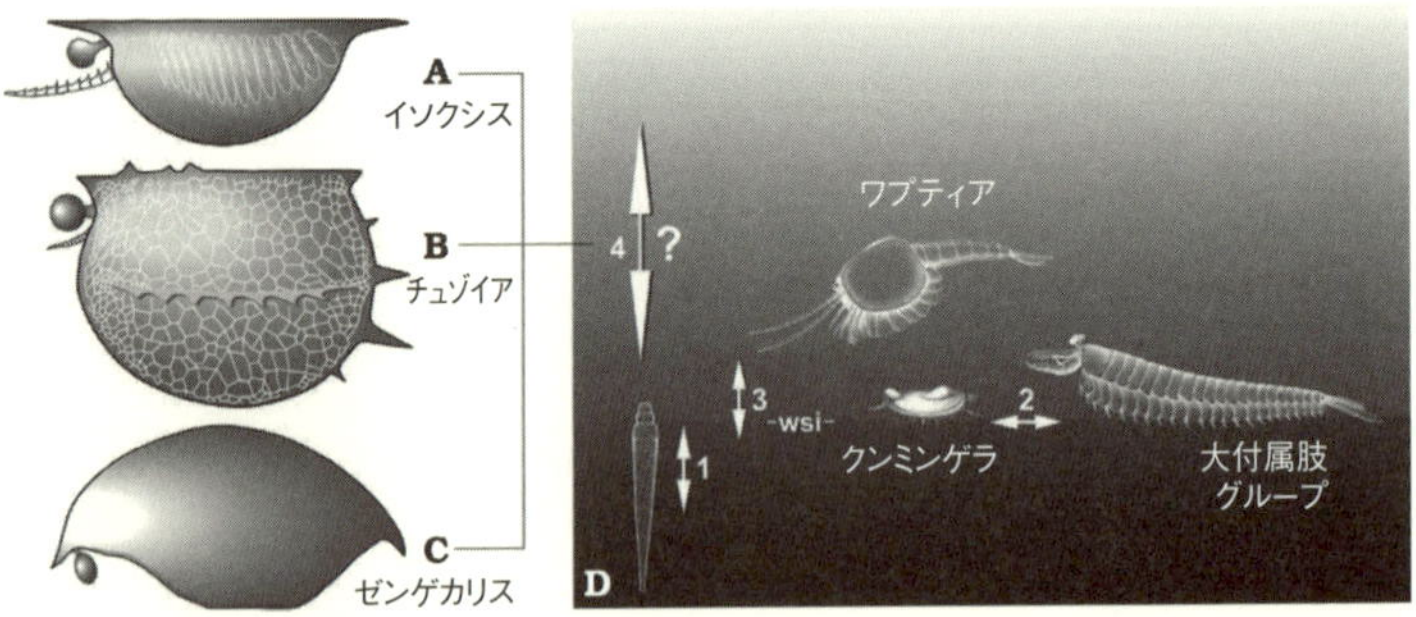

図7-6
甲殻類の生態
2枚の甲を持つ甲殻類のような生物が、海のどのような場所で生活しているかを示す。
With the permission from Dr. Jean Vannier.

オダライア（長い球状）、カナダスピス（長い球状）

海底とその少し上に棲むグループ（大きな捕食用の付属肢を持つ）

クリペカリス（小さい球状）、ブランキオカリス（半球状）、ペクトカリス（長い球状）、オカカリス（球状）、フォルフェシカリス（球状）

括弧《かっこ》内には体を覆う甲皮《こうひ》の形状を書きました。生態についての統一見解はないものの、いくつかの視点から整理した方が理解しやすいので、ここでは敢えて特徴ごとの分類を試みることにします。

イソクシス——泳ぐのに適した肢を持つ

イソクシスの甲皮は上から見ると中央に線のある桃のような形をしていて、横からみると半円形になっています。甲皮には前方と後方に飛び出た棘《とげ》のような部分があります。澄江で見つかった化石から、体の前方には飛び出た大きな眼と短い触角があることがわかりました。さらに甲皮の下側に一四対の二肢《にし》型の付属肢が見つかりました。短い内肢と外肢につく細かな棘は、海底を歩くよりも泳ぐのに適していたのではないかと推測されています。

イソクシスはカンブリア紀下位の地層によく見られる生物で、一九〇七年にウォルコットによって発見された後、北米、ヨーロッパ、オーストラリア、中国などから数多く見つかっています。ただし、澄江で化石が見つかるまで形態の全容はわかりませんでした。硬い殻の化石が多く発見される一方、軟体部が残っていることは極めてまれなのです。このような傾向も当時海の中層を泳いでいたという推測につながっています。バージェス周辺からはアキタングルス、ロンギシムスという二種が、澄江からはオリタス、カルビロストラタス、パラドクサスなどの種が報告され、少しずつ異なるイソクシスが見つかっています。

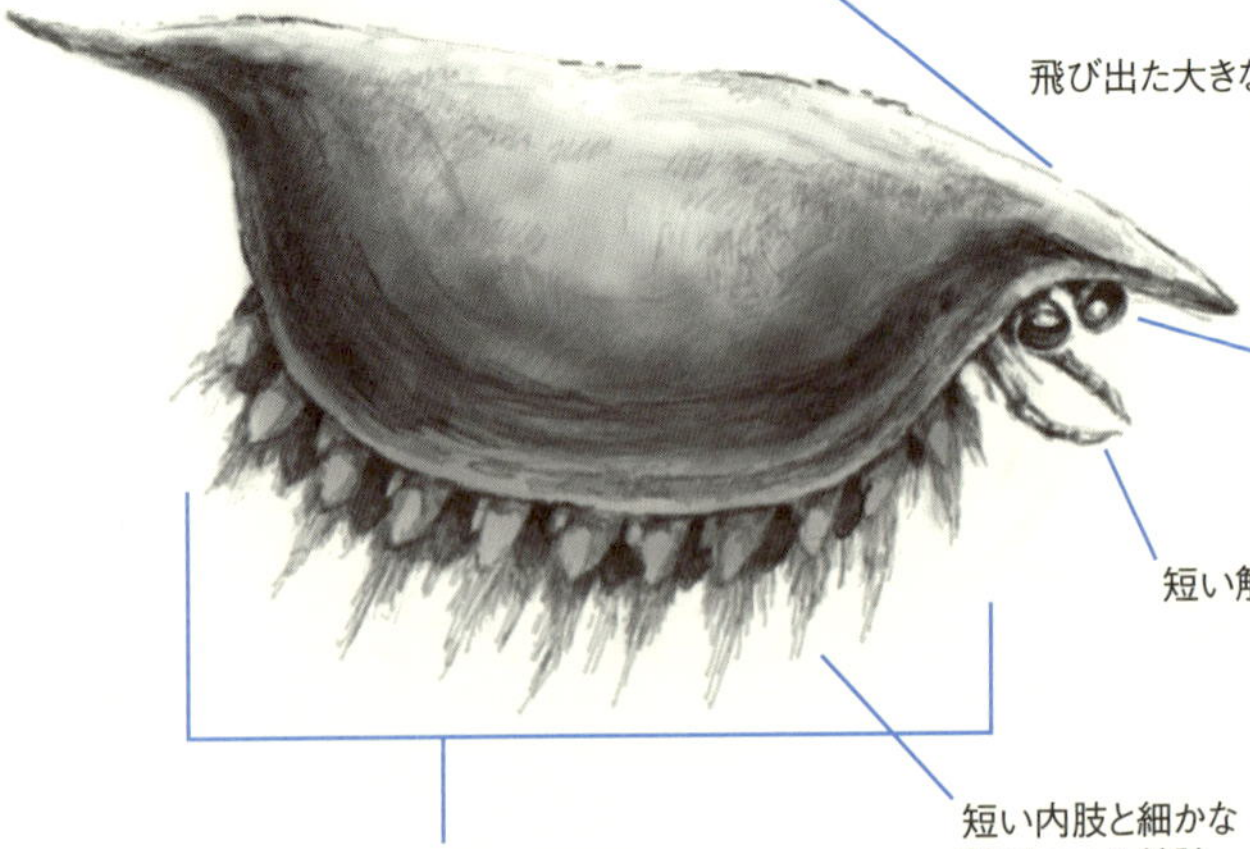

イソクシス

イソクシスに似た生物にチュゾイア、ゼンゲカリスと名づけられた生物がいます。これらを報告したバニア博士らは現生のコノハエビに似ているとしていて、その生態を想像しています。すなわち、チュゾイアなどは甲皮の内側にある付属肢を使って泳いでいましたが、体が球に近いので泳ぎ回るというわけではなく、底に近いところに暮らしていたというのです。また、先端にある付属肢でエサを捕まえて食べたとしていますが、付属肢は決して大きいわけではないようです。

クンミンゲラ——ハート型の殻を持つ小型の甲殻類

クンミンゲラは中国からしか見つかっていないものの、※とてもよく見られる生物です。先のイソクシスなどの存在とあわせると、二枚の殻を持つ甲殻類のような節足動物が多様化し繁栄したことが察せられます。クンミンゲラは五ミリメートルほどの小さな生物で、その殻はハートのような形をしており、後方に付属肢が残されている場合があります。頭部には触角があり、甲皮の下には付属肢があります。付属肢は前方から後方にかけて少しずつ異なり、後方の付属肢は甲皮から後方に飛び出しています。

クンミンゲラは、貝形虫綱の中に設けられた絶滅グループ、ブラドリア目に分類されています（貝形虫綱にはウミホタルなどが属します）。カンブリア紀下位の地層に

※クンミンゲラ・ドウビレイという種です。

とてもよく見られ、一九一二年、フランスのマンスイが澄江周辺の地層を調べた時にすでに報告しています。甲殻類の中でもこのような生物は、当時の海で海底を歩くグループとは別に中層を泳ぐ生物のグループを形成し、繁栄していたようです。

オカカリス――ユーモラスな外見

この生物はとてもユーモラスな外見をしています。全体的に見ると、二枚の甲皮で体節を覆う甲殻類に近い生物という点でカナダスピスやオダライア、ワプティアに似ていますが、何より甲皮が球状であることに大きな特徴があります。

全体の大きさは一センチメートル以下と小さく、甲はつぶれた円形をしていて、前

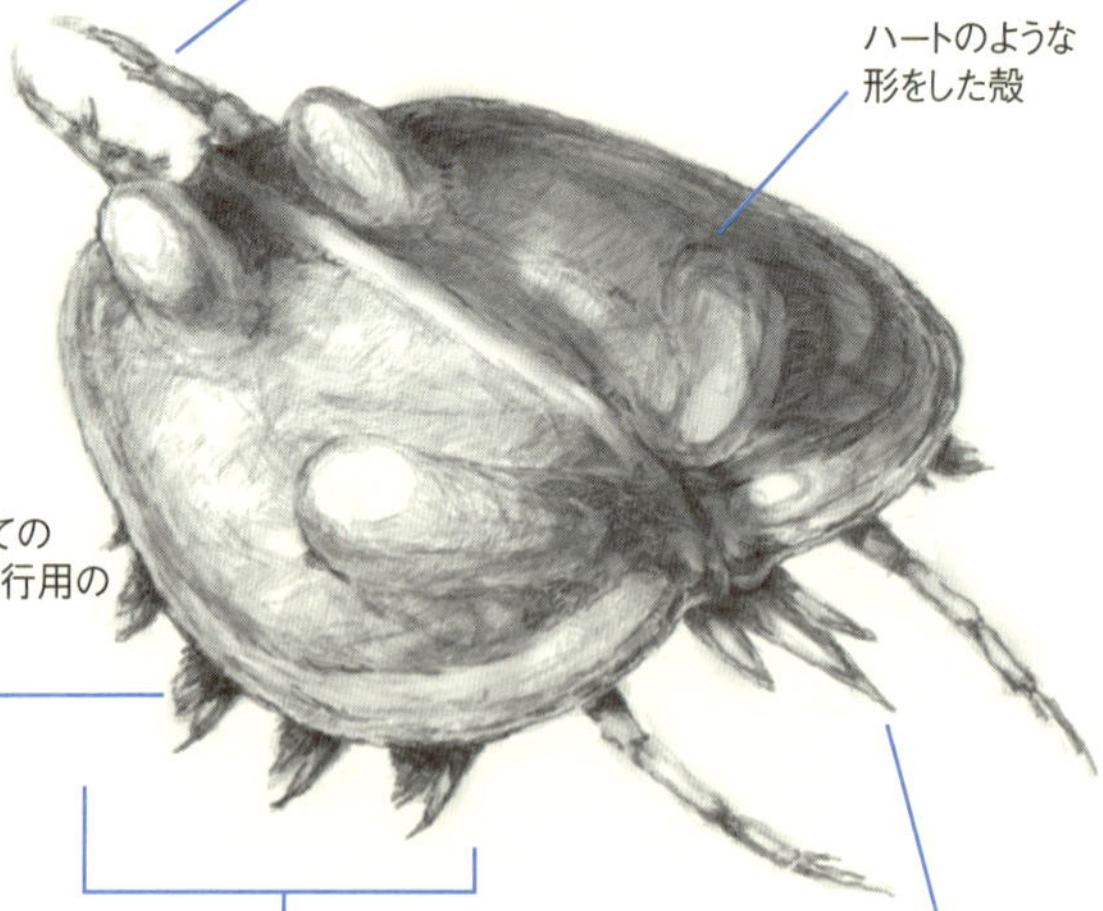
後方の付属肢は
甲皮から後方に飛び出している
外肢にはエラとしての
機能、内肢には歩行用の
機能があるようだ
甲皮の下に付属肢があり、
前方から後方にかけて少しずつ異なる
頭部に
触角がある

クンミンゲラ

方に飛び出た眼と一対の触角、その下に大きな付属肢があります。体の下の方には付属肢があると思われますが、正確な構造はわかっていません。丸い甲皮の後方には二または三の体節からなる腹部があり、終端は二叉に分かれた尾節になっています。

　甲皮の下の付属肢を使って海底の少し上を泳いだと思われますが、全体的な形から察するにさほど泳ぎはうまくなかったはずです。また、同様の環境に棲むグループの中では、先端の付属肢が大きく発達していることに特徴があります。海底の栄養を濾《こ》し取って食べるのではなく、他の生物を捕まえて食べていたことは明らかです。

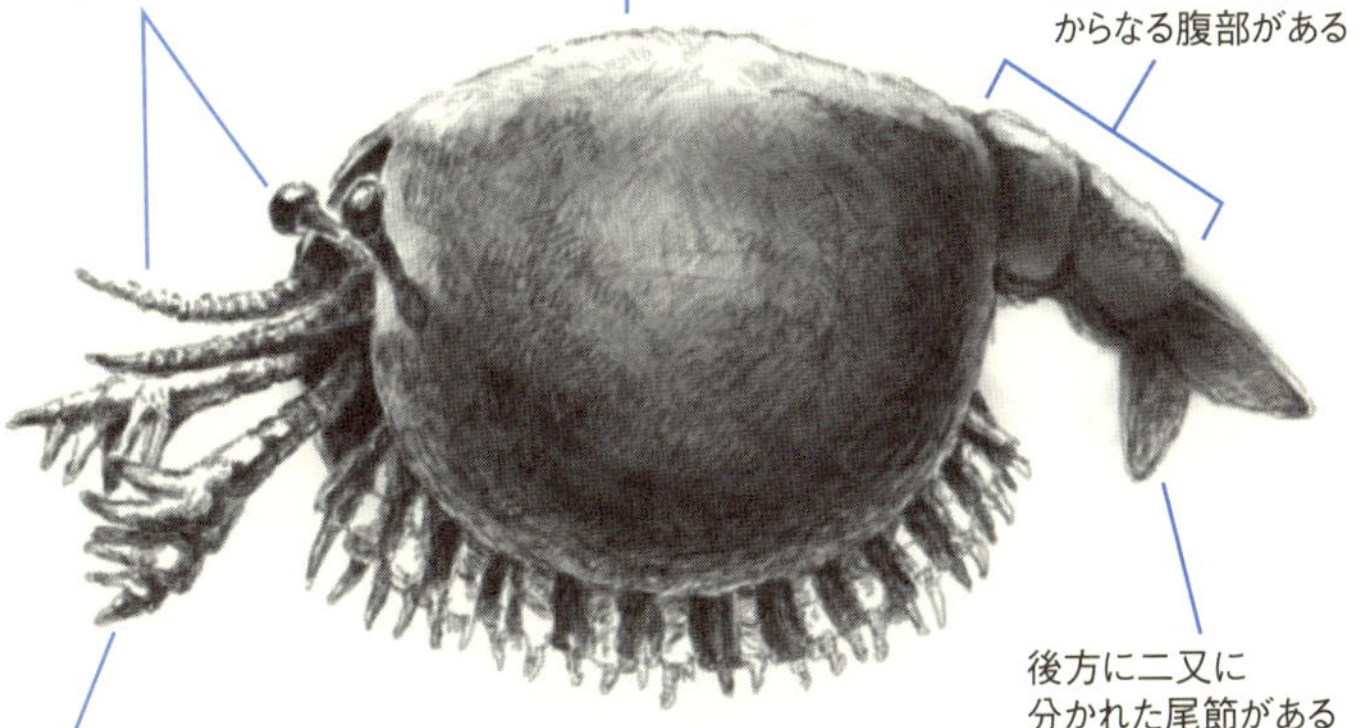

甲皮が球状
飛び出た眼と
1対の触角がある
2または3の体節
からなる腹部がある
後方に二叉に
分かれた尾節がある
大きな付属肢

オカカリス

フォルフェシカリス——殻だけの不自然な全体像

フォルフェシカリスはオカカリスの甲皮をさらに丸くしたような甲皮を持ち、かなり奇妙な形をした、甲殻類と思われる生物です。澄江にしか見つかっておらず、それもかなりまれにしか出土しません。

フォルフェシカリスの前方には、眼と大きな付属肢がついています。また、甲の内側には付属肢がつき、それらを使って海中を泳いだと想像されます。ただし、軟《やわ》らかい組織の部分が見つかっておらず、また完全な復元が困難なため、構造的に不明な点があります。殻だけの全体像ではあまりにも奇妙なので、オカカリスのような腹部が後ろに続いていると考えるのが自然である

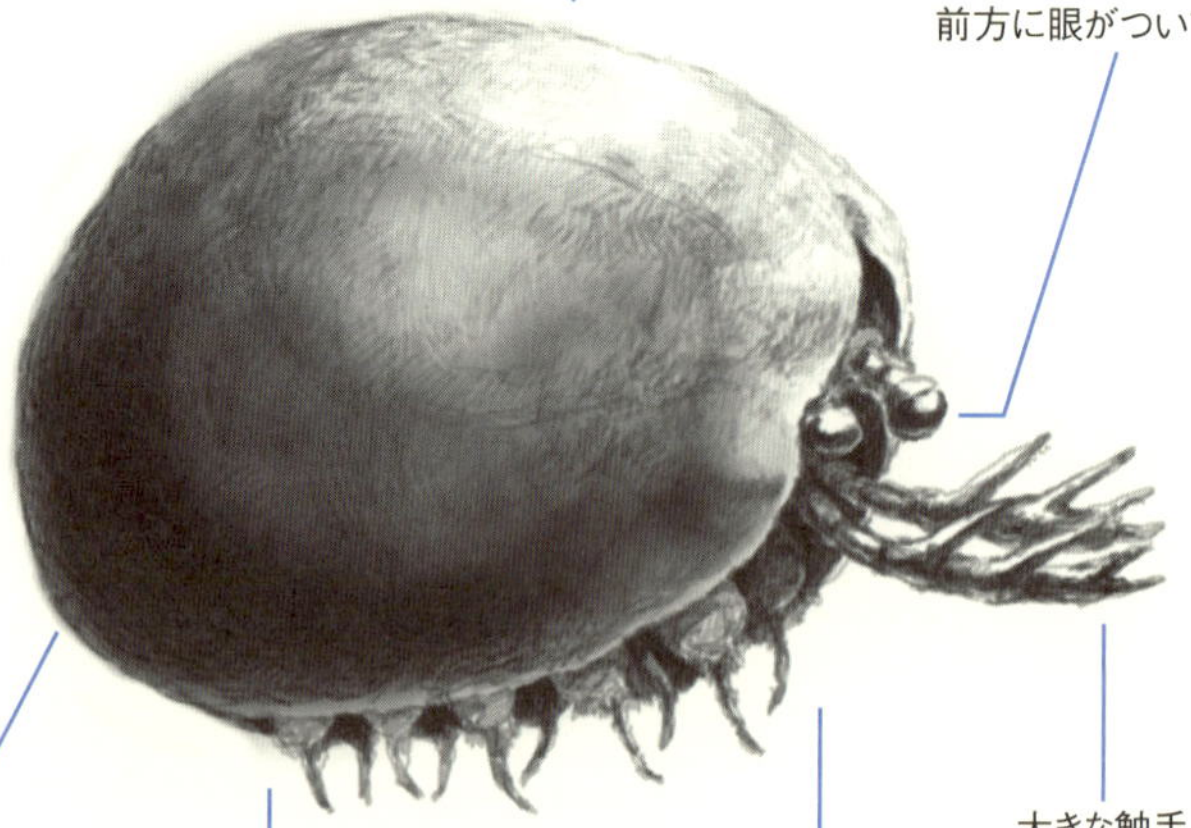
体全体は少しつぶれた丸い球のような形
前方に眼がついている
大きな触手
腹部が後ろに続く?
甲の内側には付属肢がつく

フォルフェシカリス

とされています。筆者には後述のカナダスピスのような生物に全体像が似ていると思われるのですが、発見を報告した侯《ホウ》博士らによると、前方にある付属肢の構造から大付属肢グループに近いようです。

同様の生物と想像されるブランキオカリスは澄江でよく見られる生物なのですが、あいにく甲皮しか見つかっておらず詳しい全体像は不明です。かなりずんぐりとした球形の甲皮をしています。おそらく、前方に眼と触角あるいは付属肢、後方に腹部と尾節があったはずです。

カナダスピス——バージェスで発見され甲殻類とされた生物

カナダスピスは最初バージェスで見つかり、一九一二年、ウォルコットによりカナダスピス・パーフェクタとして報告されています。その後澄江からも見つかり、かなり広い領域で見られる生物であることがわかりました。

オカカリスなどの甲皮が球に近く奇妙な形をしていたのに比べ、カナダスピスのそれは球状から崩れ、後方の

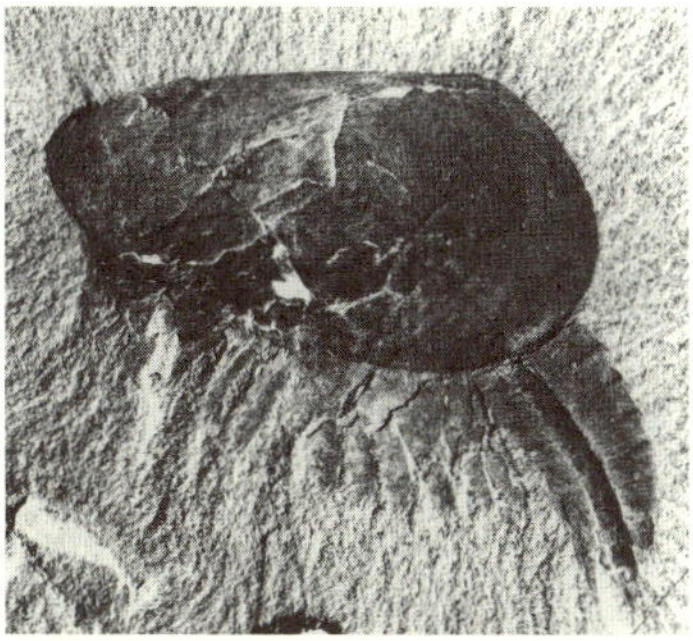

写真21
カナダスピスの化石
Reproduced with the permission of the Minister of Public Works and Government Services Canada, 2008 and Courtesy of Natural Resources Canada.

腹部も少し飛び出た構造をしています。体は二一の体節からなり、その前半の一九節、つまりほとんどの体節を二つの殻からなる甲皮が覆っています。肢は前半の甲皮に覆われた部分だけにつき、甲の後ろにある腹部の体節にはありません。

カナダスピスは一連の二枚の甲皮を持つ甲殻類のグループに似ていますが、肢の構造の詳しい分析から、別の節足動物の一員であるとする研究者もいます。それらは、フクシアンヒュイア、あるいはオダライアやブランキオカリスなどと共に、甲殻類とは別の原始的な節足動物のグループ（真節足動物、図7-2を参照）に入るのではないかとしています。バージェスでも澄江でもよく出土しますが、澄江で見られるもの

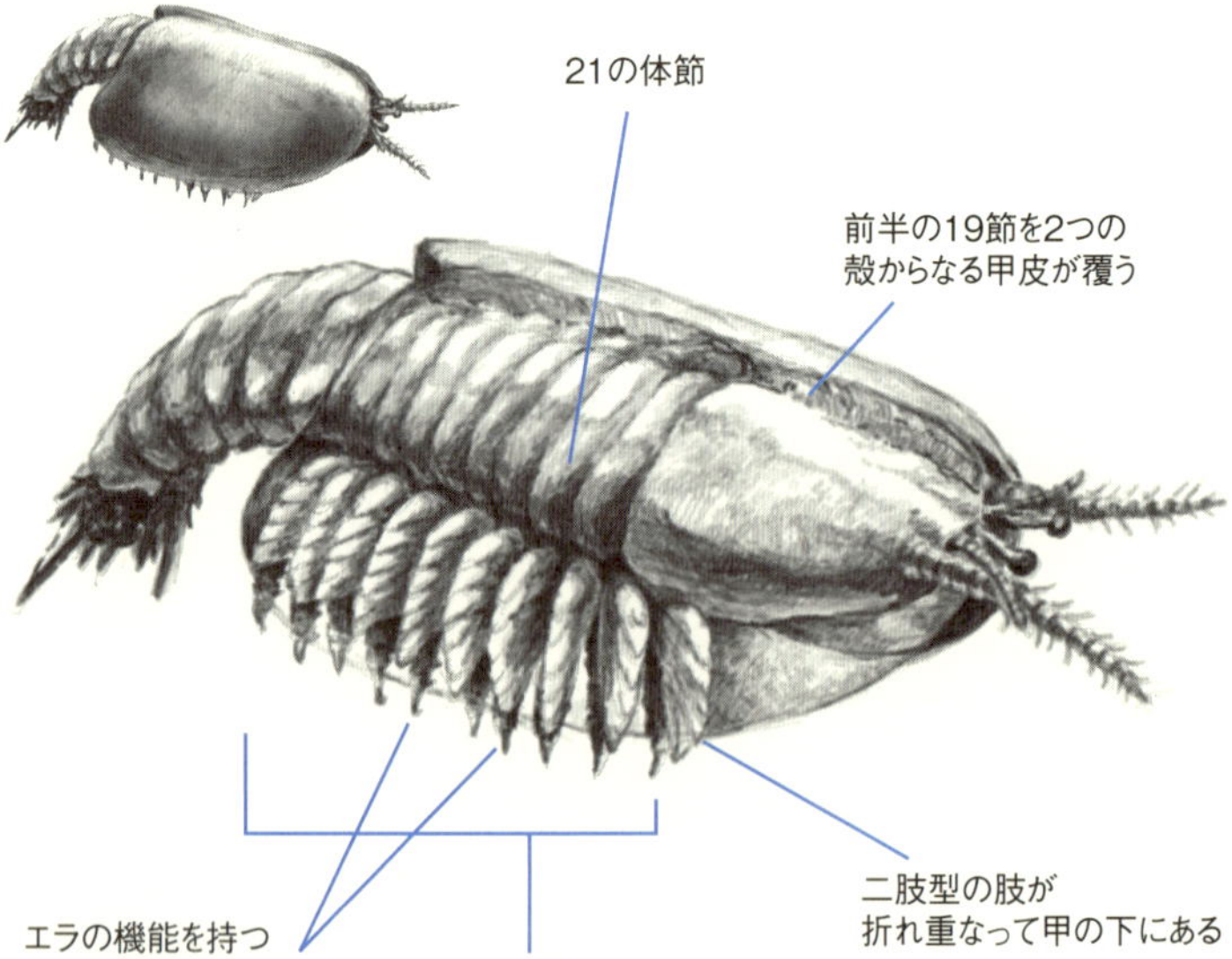
エラの機能を持つ外肢と歩行の機能をもつ内肢がある
甲皮に覆われた部分だけ肢がつく

カナダスピス

はカナダスピス・ラビガタと呼ばれる種で、甲皮が小さく、バージェスのものとは節の数や尾節の構造なども異なります。

オダライア——ミジンコに似ている生物

バージェス頁岩《けつがん》においてウォルコットが最初に見つけ、後にブリッグス博士らが詳しく調べました。その後、澄江からも異なる種が発見されています。

体は数十の細かい体節からなり、その上を大きな甲皮が覆っています。前方には飛び出た大きな眼があり、澄江産のオダライアには触角も確認されています。また、バージェスで見つかっているオダライアの尾節は左右に一つずつと垂直に一つの三つの部分からなっています。体節には二肢型の付

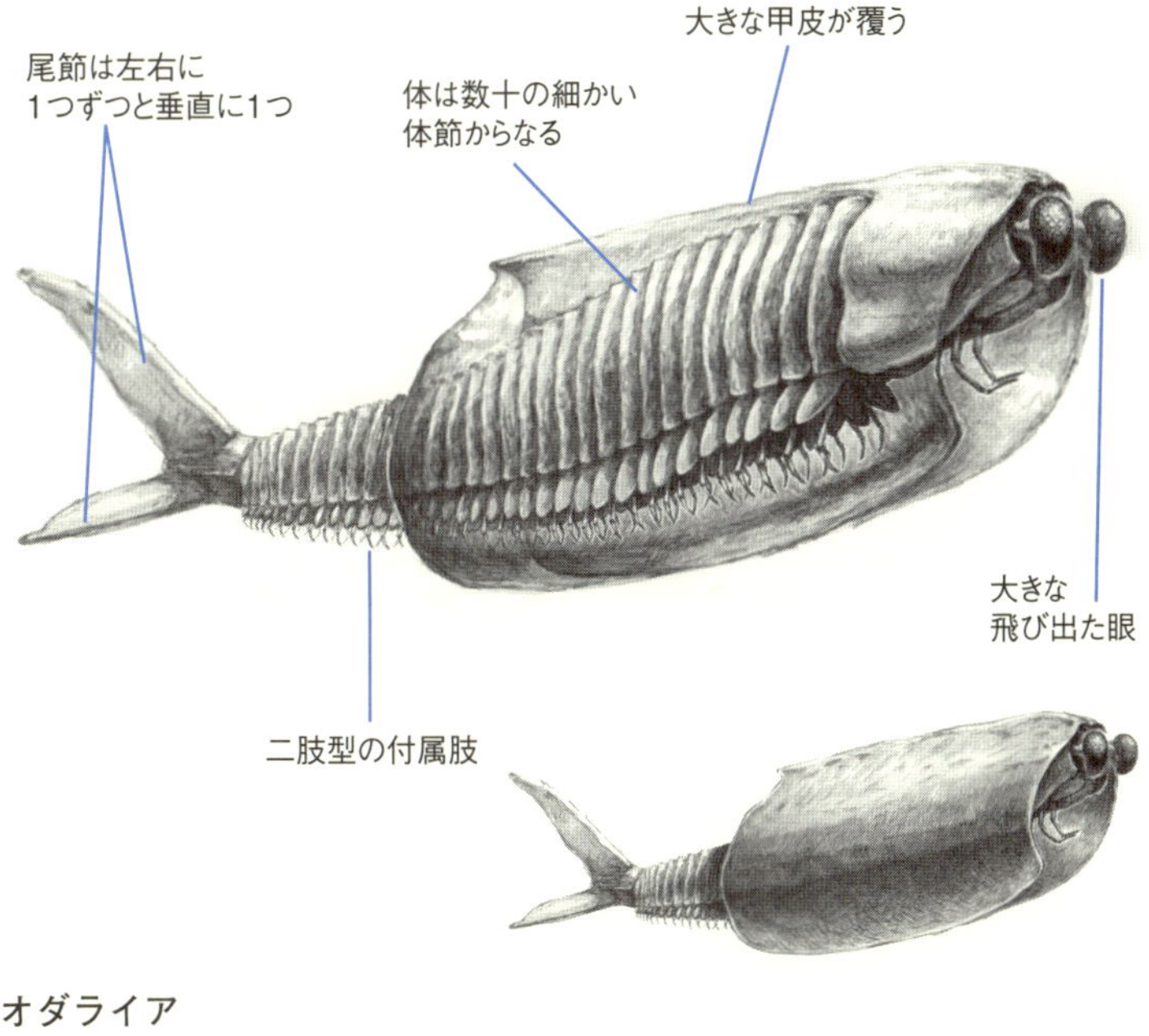

オダライア

属肢がつき、これを使って水中を泳いでいたと考えられています。

後部に飛び出た尾節と、細かな体節という特徴より、かねてから甲殻類のミジンコ亜綱に似ていると指摘されています。

ワプティア——甲殻類なのか議論が分かれる生物

ワプティアは最初バージェスで見つかり、その後、澄江でも発見された甲殻類のような生物です。これまで紹介してきた生物のように典型的な二枚の甲皮を持ちますが、甲皮は比較的小さく、後ろに続く腹部および後部の尾節が発達しています。これらの構造は海中を泳ぐ際に有利な形態と思われ、海底の少し上を泳いでいたのではないかと推測されています。一方で頭部に大きな付

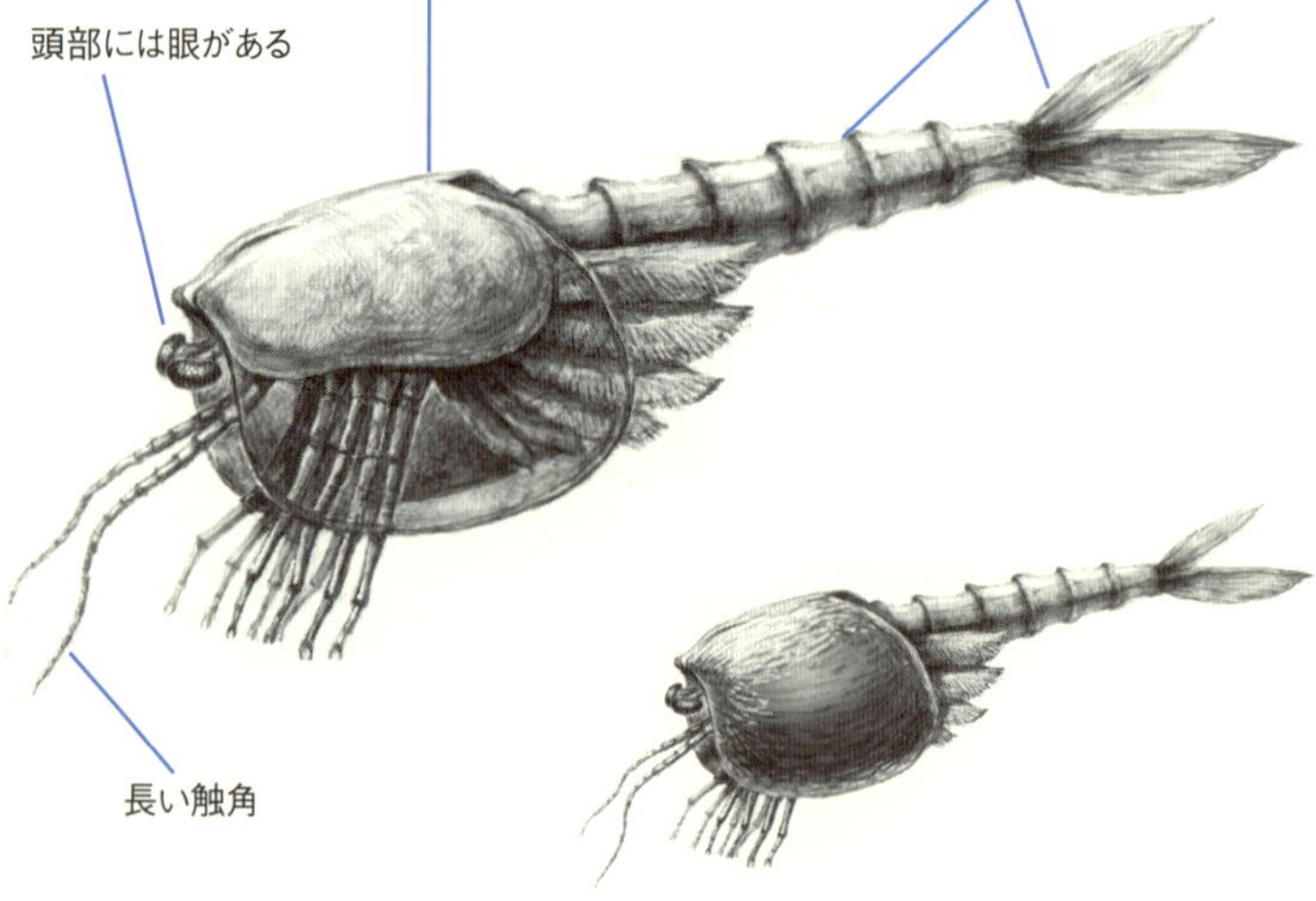
2枚の甲皮は比較的小さい
腹部および後部の
尾節が発達している
頭部には眼がある
長い触角

ワプティア

属肢がないので、他の生物を捕まえて食べたのではなく、海底から栄養分を選り分けて採取したと思われます。頭部には眼があり、さらに長い触角があります。

バージェス産と澄江産では特徴が少し異なるので違う種として扱われていますが、双方でよく出土する生物です。同様な形態の生物は繁栄に成功し多様化したようで、ペクトカリスやクリペカリスなど少しずつ異なる種が現れました。

フクシアンヒュイア——他の節足動物の特徴をあわせ持つ

フクシアンヒュイアはこれまで紹介してきた二枚の殻からなる甲殻類の特徴を持ちつつも、同時に他の節足動物の特徴を持つ奇妙な生物で、分類は困難を極めています。その一方で決して珍しい種ではなく、澄江では何百もの標本が見つかっています。

フクシアンヒュイアの先端には頭甲があり、その後ろには同じ幅の胸部が続き、後方には腹部があります。このような体の構造は、二枚の殻からなる甲殻類のようであり、また三葉虫のようでもあります。頭部の先端には一対の環状の触角があり、そのつけ根に眼があります。また、そのすぐそばから単肢の触手《しょくしゅ》が伸びています。

頭部の後ろには三一ほどの節が続いているのですが、前半の節はサイズが大きく、後半の節は尻尾のように尻つぼみになった形となっています。全体的にはカナダスピ

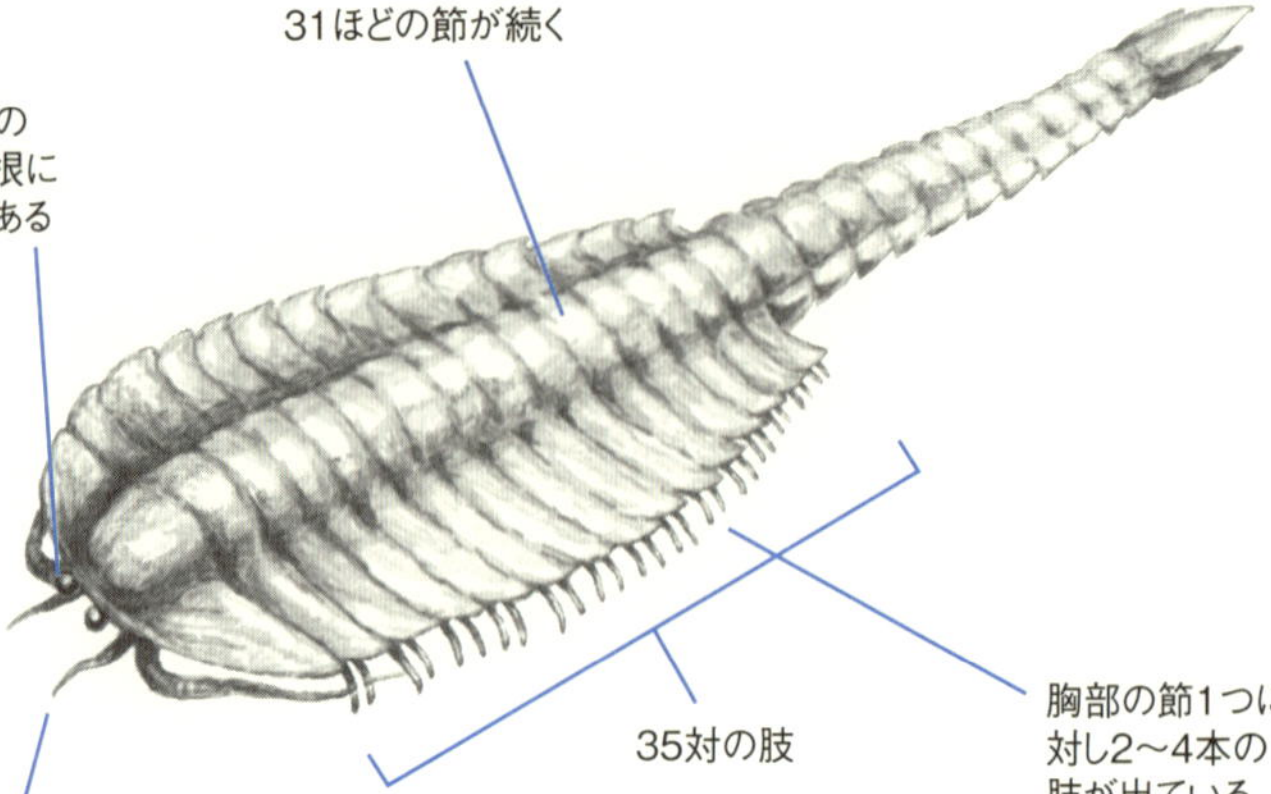
触角の
つけ根に
眼がある
肢が出ている
頭部の先端には
1対の環状の触角がある

フクシアンヒュイア

スを思わせます。前半部の下部についている肢は、胴体の節の数と全くあわず三五対ほどあり、胸部の節一つに対し二〜四本の肢が出ているという不思議な構造になっています。これほど肢の数が多いので、速く動けずに海底をゆっくりと移動していたと思われます。運動のための器官が原始的なのとは対照的に触手は発達しており、奇妙なバランスの生物と言えます。

フクシアンヒュイアの分類については意見が分かれています。原始的な節足動物（真節足動物）とする意見が多いのですが、ウイリスは鋏角亜門に分類されるのではないかと述べています。他にはペクトカリスに似ているとする意見もいくつか提出されています。また、侯博士とベルグストロム博士は新しい分類群を提案し、フクシアンヒュイアをそこに含めることを提案しています（この分類法はスキゾラミアという甲殻類と鋏角類を主体としたものですが、分子生物学の発見の前に旗色が悪くなっています）。いくつかの節足動物の特徴をあわせ持ちつつも、いずれの既存の分類にも収まりきらないこの生物は、澄江動物群の中でも注目すべき生物と言えるかもしれません。

なお、フクシアンヒュイアに似た生物としてチェンジャンゴカリスとピシノカリスと名づけられた生物が報告されています。ブリッグス博士によるとチェンジャンゴカリスはサンクタカリス（鋏角類）に似ています。

7-5 エディアカラ紀にさかのぼる三葉虫《さんようちゅう》の起源

この章の最後に、三葉虫《さんようちゅう》の祖先らしき生物は実はエディアカラ紀に探し求めることができる、という説に触れます。

4章で少し触れたように、三葉虫の化石が現れる前の時代には三葉虫らしき生物が歩いた痕《あと》の化石が見られます。カンブリア紀の最初期に見られる生痕《せいこん》化石に大量に含まれ、さらにその前の時代であるエディアカラ紀にもまれにみることができます。これらの事実から、硬い外骨格が化石として残る三葉虫の祖先には、体が軟《やわ》らかい組織で構成された三葉虫が存在したのではないかとする考えが広く存在します。

また、エディアカラ紀のパーバンコリナは体組織そのものが化石として残っていますが、その形態から三葉虫の祖先にあたる生物ではないかとする考えがあります。三葉虫の進化に詳しいサミュエル・ゴン博士は、エディカラ紀のパーバンコリナの頭部と澄江《チェンジャン》から見つかるプリミカリスやスカニアの頭部、三葉虫のような生物であるビゴティネラの頭部を比較し、かなりの類似度が認められるとしています（写真22）。

さらには、パーバンコリナからの連続的な変化のうちに、澄江に見られる三葉虫様

写真22
パーバンコリナとスカニアの比較
左：With the permission from Dr. Christopher Nedin
右：With the permission from Dr. Jih-pai Lin

左：パーバンコリナ（エディカラ紀）、右：スカニア（カンブリア紀）。頭部の形にはかなりの類似が認められる。

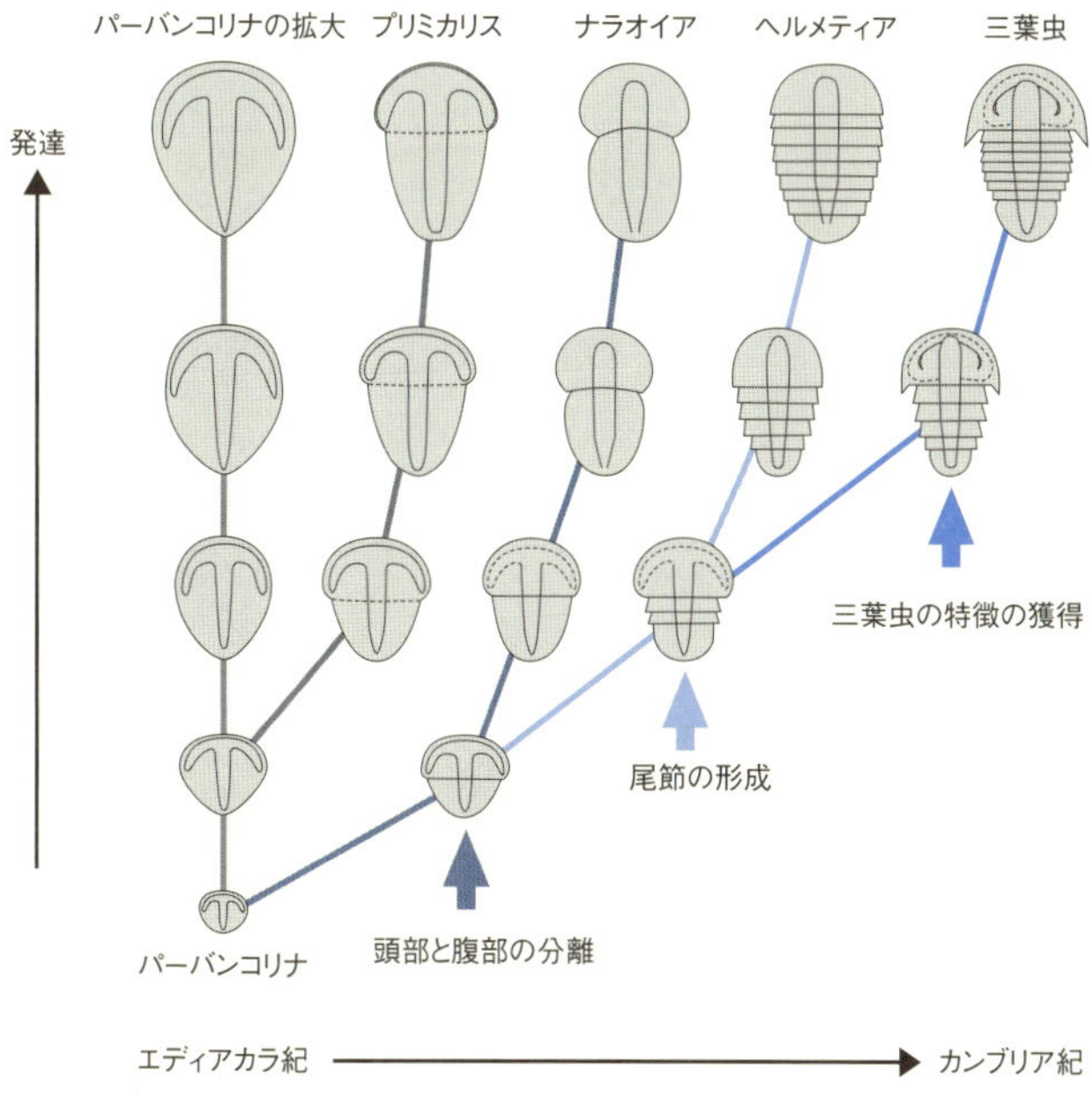

図7-7
三葉虫の起源
With the permission from Dr. Samuel Gon III

の生物への移行が推定できるとしています（図7-7）。図の最下段にエディアカラ紀のパーバンコリナが配置されています。左の縦線はパーバンコリナが時代とともに拡大していく様子を示したもので、その右隣の列はプリミカリスへの移行を示しています。さらにその右には、三葉虫に似て非なる生物ナラオイアが配置されています。出発点であるパーバンコリナから前部と後部の分離が起こり、ナラオイアへの移行につながります。右端の二列には尾節の形成が加わり、ヘルメティア科の生物と、三葉虫への移行が示されています。

これらは形態の類似度からの推定ですので、必ずしも系統的に連続性があるのかどうかはわかりません。しかし、三葉虫の起源に関しては、形態的にかなりの類似が認められる点と、ことに頭部の類似度の高さ（写真22）から、カンブリア紀の前の時代のエディカラ紀に求めることができると思われます。

第8章

コンピュータの中のアノマロカリス
——進化は偶然か必然か?

8-1 コンピュータの中での進化と現実の進化

ここまで、カンブリア紀の爆発的進化について生物学的な側面からさまざまな記述を行いました。最後の章では、筆者の研究の様子を紹介したいと思います。筆者は生物学的な立場ではなく、物理学的な側面から古生物についての研究を行っています。具体的に言うと、コンピュータの中でカンブリア紀の生物たちを再現して、その動きや形の進化についての研究を行うことを指します。

人工生命を形の進化の研究に応用する

筆者は物理学教室に所属していますので、中国で産出する化石を直接調べるわけにはいきません。そこで、化石の情報から、コンピュータの中に生物を再現することに取り組みました。コンピュータで再現すると言えば、映画『ジュラシックパーク』のようにCGで恐竜などを再現するようなことは行われてきています。しかし筆者は単なる映像の再現を目的とするのではなく、物理学の理論体系のもとに絶滅した生物がどのように動いていたかを解明したいと思いました。

このようなことを思い立った発端《ほったん》は、一九九〇年頃に起こった人工生命という研究分野の提唱にあります。人工生命というのは、当時さまざまな分野の研究者が入り乱れるように所属して研究を行っていたサンタフェ研究所のクリス・ラントン博士が提唱した分野です。現実の生物から距離を置いて、主にコンピュータの中で新たな視点から生物学を研究しようという立場を取ります。単にコンピュータを使って生物を研究するのではなく、コンピュータの中に人工的に生命のようなものを作り出してそれらの振る舞いが研究されました。本書のテーマに関連づけて言い換えると、コンピュータの中で人工的に生物を進化させようという考えです。

人工生命に関心を持った研究者で、本書のテーマに近いことに注目した人は決して多くはありませんでした。その頃の研究者の考えを要約すると、「コンピュータの中でならどんな生物も作り出せる。それらと現実の生物とを比較すれば、進化の偶然性(あるいは必然性)が明らかにされるだろう」というものでした。このテーマは、当時とても斬新《ざんしん》なものに思えました。

ところで、このようなテーマは唱えるのは簡単ですが、実際にやろうとすると難しいことがわかってきました。その結果、正面から取り組んだ研究者はほんのわずかしか残りませんでした。

理由は、コンピュータを使うとどのようなものでも作れてしまう、ということにありました。逆に言うと、現実にいる生物のようなものを再現する作業はとても困難だったのです。例えば、アノマロカリスのたった一種をコンピュータの中に再現するだけでとても大変な作業になり、さらにそれを変形させて進化を議論するようなことは、ほぼ不可能に近いようなことだったのです。

このような困難な状況の中でカール・シムズ博士は驚くべき手法を用いました。コンピュータの中に正確に生物を再現することをやめ、なんと生物をブロック（箱）の組み合わせで表現したのです。そして、それらのブロックが複雑に組み合わさっていくことで、生物の形の進化が表わされるとしました。

シムズ博士の考えはとても画期的なものでした。すなわち、現実の生物を詳しく調べて複雑であるとするのではなく、複雑な生物が進化するアルゴリズムをまず考えようというのです。さらに、アルゴリズムは比較的単純であり、私たちに理解できるものであるとしています。しかし、その単純な進化のアルゴリズムからできた生物は、複雑なものになるというのです。このような考えのもとに、シムズ博士はさまざまな人工生命をコンピュータの中に発生させて、生物が動き回る様子をコンピュータ・グラフィクスで示し発表したのでした。

シムズ博士の映像は、当時の研究者に驚きをもって迎え入れられました。しかし同時に、その取り組みの詳細については、どのような条件で行われたのか不明であり、彼に続く研究者はほとんどいませんでした。さらに、映像は素晴らしいものの、どういう条件で計算したかわからなかったので、彼が科学的に何を主張したのか不明である、という欠点がありました。

シムズ博士はインタビューなどで、ランダムに箱を組み合わせて複雑な生物を作り出し、それを進化と述べています。それはごく簡単に説明すると、親の生物をもとに、乱数を振って縦横高さの長さを決め、より進化した子どもの体を作り出す、ということです。しかし筆者には、このような生物の作り方、進化のさせ方は非常に安易であるように思えます。専門的な表現にすると、乱数の度合いが強すぎるように思えました。乱数が強すぎると、親に比べてかなり異なった形の子どもが生まれます。

生物の形の作り方を見てみると、乱数によって進化した子どもができるというような単純なものではありません。例えば、器官は遺伝子がもとになって作り出されます。体を形作るしくみには決まった流れがあり、どのようにでも変化できるというわけではないのです。ベースとなる体の作り方を踏まえないと、生物の進化をシミュレーション（模擬《もぎ》実験）しているとは言えないと筆者は考えます。

生物の形作りの法則——繰り返しの構造とその変形

実際の生物の進化における繰り返し構造の現れ方を見てみましょう。3章で詳しく見たエディカラ生物群の構造はいずれも単純な繰り返しの構造をしていることがわかります。エディアカラ生物群は進化史上でごく初期に登場した大型生物でした。生物は進化の過程の最初期において、ある器官を繰り返すことで体を作っていったということが推測されます。

次に、カンブリア紀の生物を見てみます。さまざまな生物が繰り返しの構造からできていることがわかるのですが、例としてアノマロカリスを取り上げてみましょう。まず、大きな触手《しょくしゅ》からして繰り返しの構造が見て取れます。次に口を見てみると、歯のような器官がリング状に並んでいることがわかります。アノマロカリス科に特徴的に見られるもので、他にこのような口を持っている生物はありません。また、体側にあるヒレも同じ形のものが一三対ほど両側に並んでいることがわかります。尾部に垂直にあるファンも、同じものが三対垂直に立っています。なお、胴体部分も体節《たいせつ》から構成されていれば、かなり明確にアノマロカリスは節足《せっそく》動物と言い切れるのですが、バッドや侯《ホウ》、ベルグストロム博士らは、体節からなってはいないと主張しています。

いずれにせよ、繰り返しの構造が体を作る際の原理としてさまざまな部位に表れていることがわかります。つまり、生物は進化の過程で、ある器官を作ったらそれを繰り返し発生させることで、体全体を形成するようにしたことがわかります。

このように生物の形作りの基本は、繰り返しの構造にあると言えます。また、繰り返しの構造の一部を変形させて特殊な器官を作り出せば出すほど、進化的に後に位置する生物ということができます。例えば、人間の脳や口は、もとの器官がわからないほど高度に変形されています。しかし、これらはいずれも、もとをたどると繰り返しの構造の一部の器官が変形して形成されたことが指摘されています。

ここで、シムズ博士の人工生命の研究を思い出してみましょう。シムズ博士は生物の体を作るのに、ランダム生成させた箱を重ねて生物の形の進化としました。しかし、実際の生物の体の形作りはランダムなものではなく、最初は繰り返しの構造で、次の段階ではそれらの変形で作られていることがわかりました。したがって、コンピュータの中における人工的な生物の進化でも、このような特徴を盛り込まなければ生物の研究をしていることにはならない、と言うことができます。

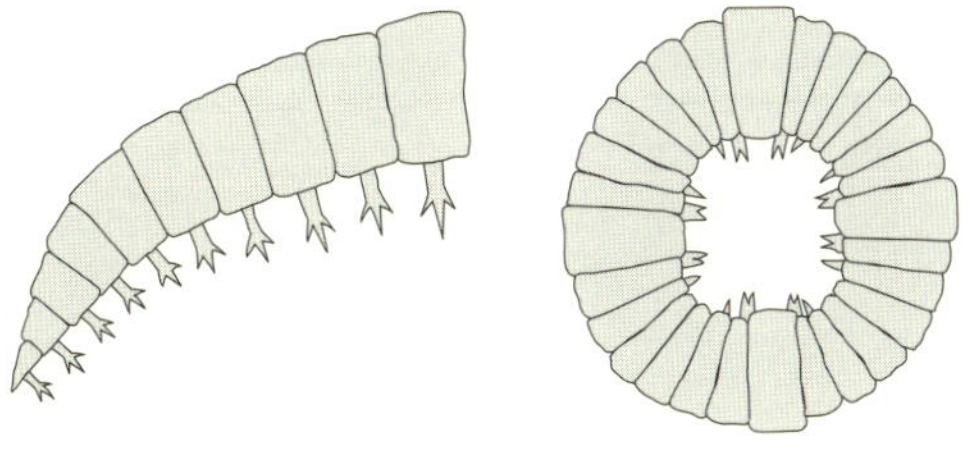

図8-1
アノマロカリスの繰り返し構造
左がアノマロカリスの触手で、右が口。どちらにも繰り返しの構造が見られる。

8-2 アノマロカリスの泳ぎ方

アノマロカリスの泳ぎ方

本書では、収斂《しゅうれん》進化という現象にさまざまな場面で触れてきました。特に、最新の分子生物学的研究により、異なった系統が似た形に収斂進化していることが次々とわかっているという点にも触れました。この収斂進化がどのようなメカニズムで起こっているかについて、筆者は、カール・シムズ博士の取り組みに触発されて研究を進めることにしました。本書の最後に、そのことについて触れておきます。

筆者は研究対象としてアノマロカリスを選びました。そして進化のシミュレーションのために、シムズ博士が考慮しなかった水の動きを正確に計算することにしました。

水の計算を行うにあたって、アノマロカリスを横から見た場合を想定し、ヒレの動きだけを考えます。ヒレの動きによって周りの水が撹乱《かくらん》され、その反動でアノマロカリスが前進するとするのです。実際にシミュレーションを実行するには、色々な要素を考慮しなければならないのですが、ここではその結果だけを見てみましょう。

筆者は、アノマロカリスがヒレをさまざまなやり方で動かすことを想定し、どのようなやり方で動かせばうまく前に進むことができるか調べてみました。その結果として得られた泳ぎ方は図8-2のようなものです。これを見ると、それぞれ独立した存在のヒレは、あたかもつながった一枚のシートのようになっていることがわかります。また、それらを波打たせることによって、水のかたまりを後方に押し出し推進力を得ていることがわかりました。すなわち、水の集団的な動きを利用するのが効率的な泳ぎ方であり、このことを考慮しない計算は泳ぎをシミュレートしていることにはならないことが示されたわけです。

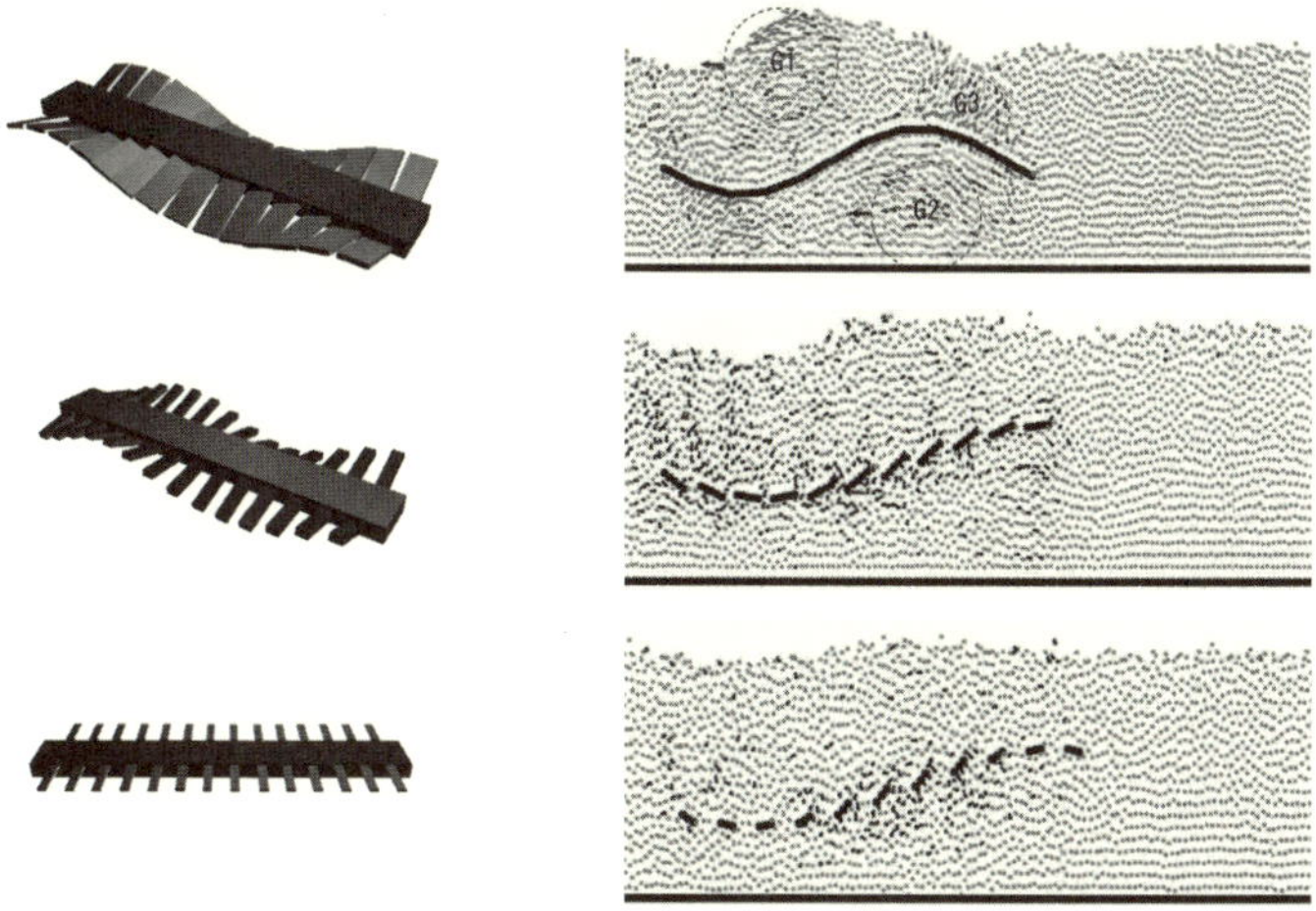

図8-2

アノマロカリスの泳ぎ方

全体のヒレがあたかも一枚のシートのようになった動き方が最善となる。また水のかたまりG2を後方に押し出すことにより、推力を作る（右上）。ヒレの幅が短いと角度を深くさせる泳ぎ方が最善となる（右中、右下）。

Y.Usami(2006)

アノマロカリスはどのように進化したか？

次に筆者が調べたのは、なぜアノマロカリスがあのような形をしているのかという問題です。5章の歩《ほ》脚《きゃく》動物の項で触れたように、舒《シュウ》博士らはアノマロカリスの祖先的な生物としてルリシャニアが考えられるとしました。アノマロカリスの祖先を考える時、アノマロカリスのヒレはルリシャニア、あるいは他の節足《せっそく》動物様の生物の肢《あし》が変形してできたものと考えることができます。そこで、筆者は肢のような器官がヒレへと連続的に変化した時、どのようなことが起こるかを調べることにしました。つまり、最初は細い肢を、少しずつ広げてヒレ状のものへと変化させたわけです。その結果を図8-3に示します。図の横軸は泳ぐ速度、縦軸は消費エネルギーを示し、図中の3、4、と

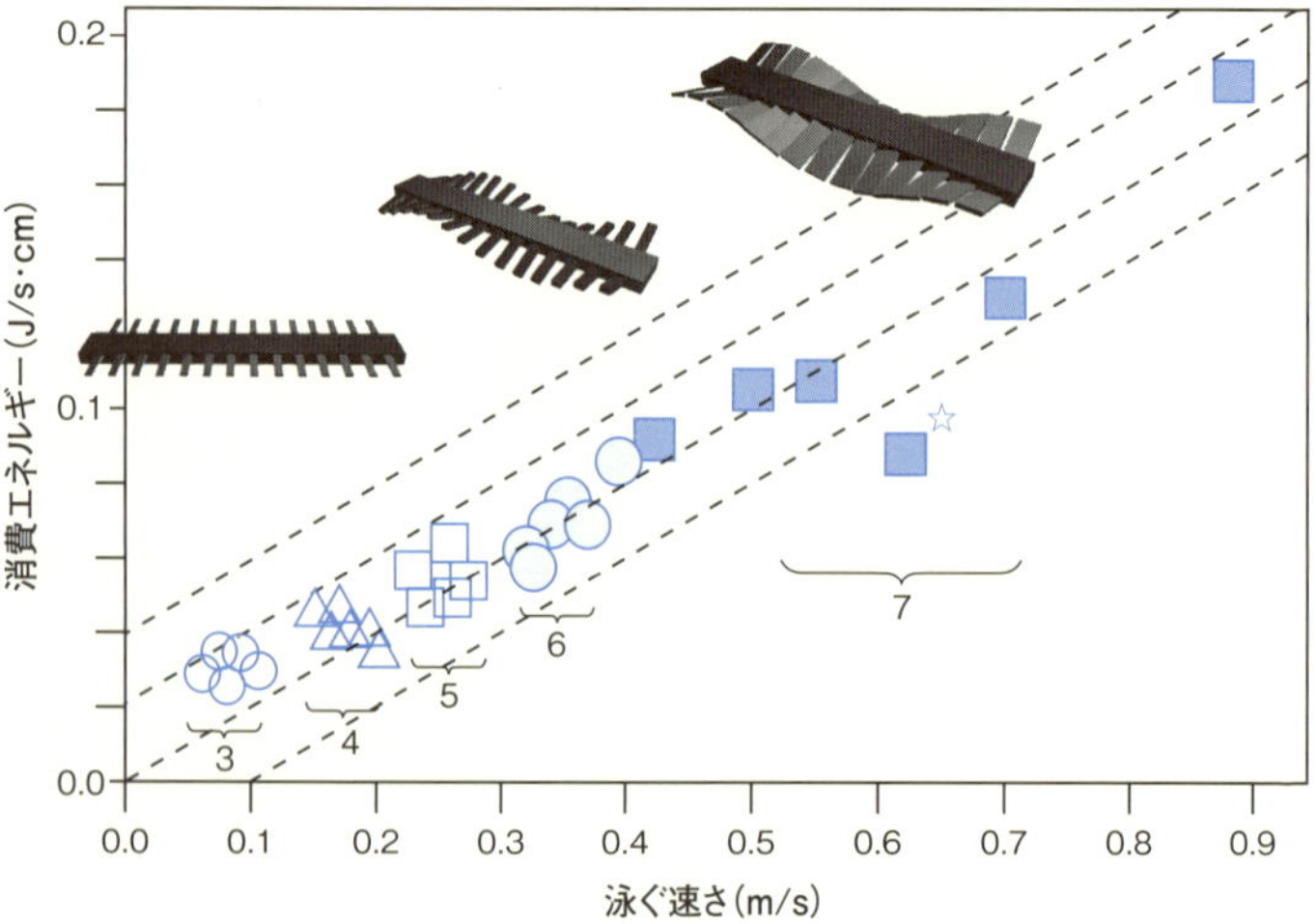

図8-3
泳ぐ速さと消費エネルギー
Y.Usami(2006)

いう印が、ヒレの幅（単位：センチメートル）を示します。この図から、細い肢をヒレ状へ広げると速度が速くなり、消費エネルギーも上昇することがわかります。しかし、ヒレの幅が七センチメートルになった時点で突然速く泳ぐことができるようになります。また、その際の消費エネルギーは少ないことがわかります。すなわち、細い肢から広いヒレへ変化する進化を想定した場合、アノマロカリスのような形態になった時に突然、有利な形態が獲得されたことになります。

このような進化のあり方を模式的に示したものが図8-4です。すなわち、祖先的な生物から、連続的な変形によってアノマロカリスなどの生物が進化してきたと想定できます。ただし、進化の途中の形態は決して有利なものではなく、前の図で示したように決してうまく泳げません。そのような中間段階

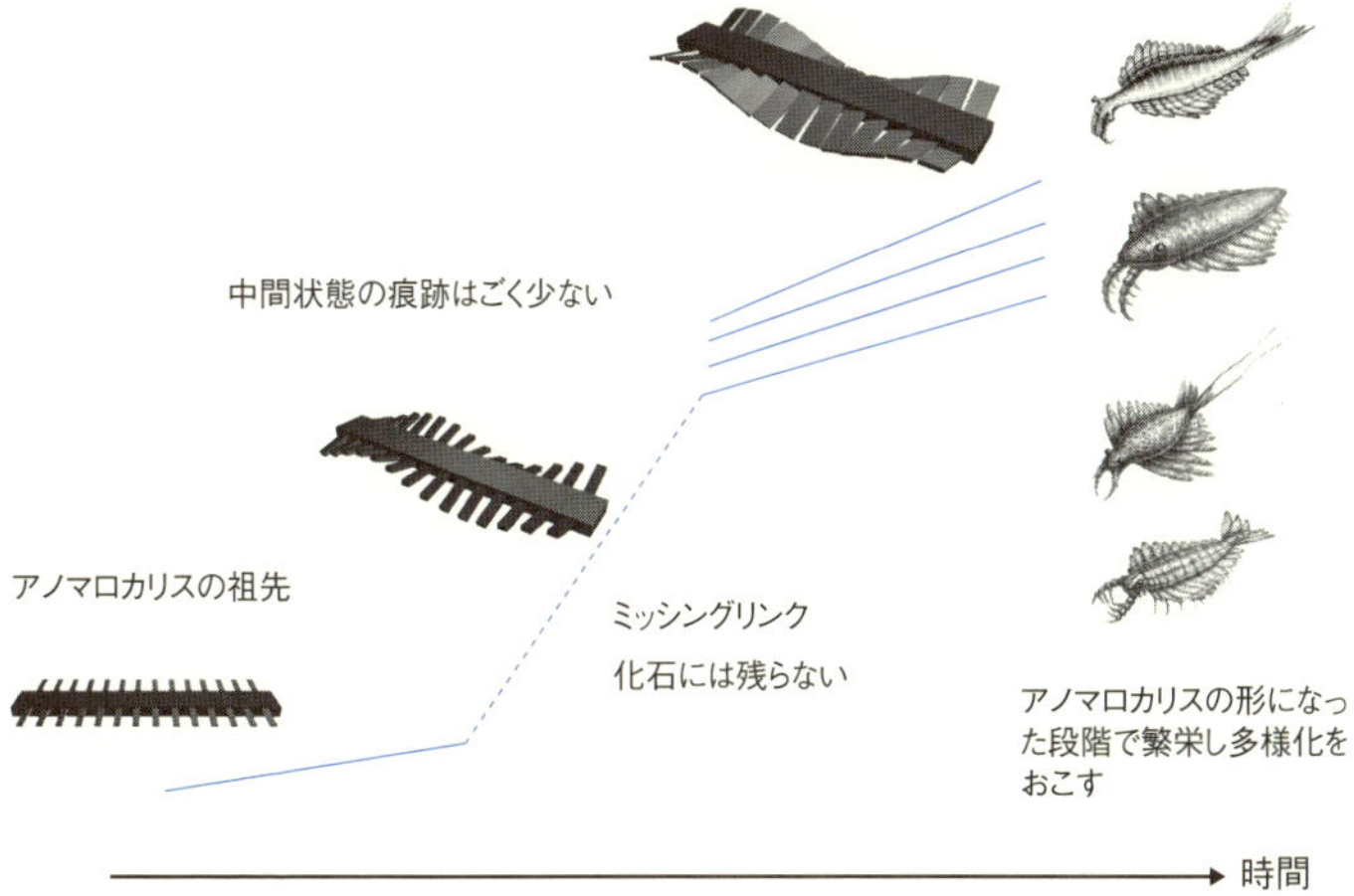
中間状態の痕跡はごく少ない
アノマロカリスの祖先
ミッシングリンク
化石には残らない
アノマロカリスの形になった段階で繁栄し多様化をおこす
時間

図8-4
アノマロカリスの進化

の生物は生存に不利であり、子孫を多く残して繁栄できなかったと思われます。その結果、彼らは化石を残すことなく消えていったと思われます。

しかし、一度アノマロカリスのような形態に達すると、それらは泳ぐ能力が飛躍的に高まった生物となります。そのような生物は繁栄し、多くの子孫を残したと考えられます。またその過程では、大きく見ると同じ形態でありながら細部では異なる生物、すなわち異なるアノマロカリスの種を誕生させたと考えられます。アノマロカリス・サーロンやアノマロカリス・カナデンシスなどです。

収斂進化……生物の形の進化は必然的に起こる

このような一連の計算の結果と考察から、次のようなことが言えることがわかりました。すなわち、水の中を泳ぐ生物は、その起源がどうであれ、滑《なめ》らかな流線《りゅうせん》型の形に収斂進化する。そして、このような進化は生物の内在的な力ではなく、生物以外の要素、つまり水という物理的な実体の性質によって決定されてしまう、ということです。簡単に言うと、泳ぐ生物の形は水の物理的性質によって予め決まっている、ということになります。

このことは、生物の進化の必然性を示す一例になります。すなわち、本書の最初に掲げたテーマである、生物の進化は偶然起こるのか、必然的に起こるのか、という問題です。その一つの答えは、「生物の進化は必然的に起こる」ということです。別の言い方をすると、進化の歴史を何回繰り返しても、生物の形は同じような形になるであろうということになります。進化の必然性を認めた場合、他の惑星において生物が発生し進化を始めたとしても、地球と同じような環境の惑星であったら地球と同じような生物が進化するであろう、ということになります。

とはいえ、ここで示したことは泳ぐ生物に対しての計算からわかったことに限定されます。他の生物について、歩く場合や飛ぶ場合など、他のさまざまな生活様式については今後の研究に残された課題と言えます。しかし、このような進化の必然性は極めて広範に現れるのではないかと筆者には思われます。

M. Brasier, J. Cowie, and M. Taylor, "Decision on the Precambrian-Cambrian boundary stratotype". Episodes 17(1994)95-100.

■P84, P85 With the permission of Prof. Zhu Maoyan.
Cambrian System of China and Korea, Guide to Field Excursions, (P.Shanchi, L.E.Babcock, and Z.Maoyan Eds.), University of Science and Technology of China Press, 2005.

■P89 Luo Huilin, et al. Sinian-Cambrian Boundary Stratotype Section at Meishucun, Jinning, Yunnan, China, People's Publishing House, Yunnan, China (1984)

■P94 Mao-Yan Zhua, Loren E. Babcock b, Shan-Chi Peng, "Advances in Cambrian stratigraphy and paleontology: Integrating correlation techniques, paleobiology, taphonomy and paleoenvironmental reconstruction", Palaeoworld 15 (2006) 217-222をもとに改変

■P99 舒徳干教授提供

■P101 （上）Cheng Jun-yuan, Zhou Gui-qing, Zhu Mao-yan & Yeh Kuei-yu. "The compostion of the Chengjiang fauna" The Chengjiang Biota. A unique window of the Cambrian explosion. National Museum of Natural Science, Taichung, Taiwan(1996). (In Chinese).
（下）舒徳干教授提供

■P106 Liu Jianni, Shu Degan, Han Jian & Zhang Zhifei, "A rare lobopod with well- preserved eyes from Chengjiang Lagerstatte and its implications for origin of arthropods ",Chinese Science Bulletin" 2004 Vol. 49 No. 10 1063-1071.

■P116 With permission of Parks Canada © Royal Ontario Museum 2008.
Photo by J.B. Caron.

■P117 木村勉氏撮影

■P136 Reproduced with the permission of the Minister of Public Works and Government Services Canada, 2008 and Courtesy of Natural Resources Canada.
S.C.Morris and H.B.Whittington, "Fossils of the Burgess Shale: A National Treasure in Yoho National Park, British Columbia", Geological Survey of Canada Miscellaneous Report 43(1985).

■P148 蒲郡市博物館提供

■P149 With the permission of Prof. Jun-Yuan Chen.

■P151 SHU Degan, "On the Phylum Vetulicolia", Chinese Science Bulletin 2005 Vol. 50 No. 20 2342-2354

■P163 With the permission of Prof. J.R.Finnerty.
"Cnidarians Reveal Intermediate Stages in the Evolution of Hox Clusters and Axial Complexity", Amer. Zool.,41(2001)608-620.

■P169 季刊誌『生命誌』通巻13号「ハエとエビの進化を探る－節足動物の多様性に迫る遺伝子研究」加藤和人を参考に作成

■P175 Reproduced with the permission of the Minister of Public Works and Government Services Canada, 2008 and Courtesy of Natural Resources Canada.
S.C.Morris and H.B.Whittington, "Fossils of the Burgess Shale: A National Treasure in Yoho National Park, British Columbia", Geological Survey of Canada Miscellaneous Report 43(1985).

■P180 Reproduced with the permission of the Minister of Public Works and Government Services Canada, 2008 and Courtesy of Natural Resources Canada.
S.C.Morris and H.B.Whittington, "Fossils of the Burgess Shale: A National Treasure in Yoho National Park, British Columbia", Geological Survey of Canada Miscellaneous Report 43(1985).

■P190 With a permission from Dr. JEAN VANNIER.
JEAN VANNIER, et al. "The Early Cambrian origin of thylacocephalan arthropods", Acta Palaeontol. Pol. 51 (2): 201-214, 2006

■P197 Reproduced with the permission of the Minister of Public Works and Government Services Canada, 2008 and Courtesy of Natural Resources Canada.
S.C.Morris and H.B.Whittington, "Fossils of the Burgess Shale: A National Treasure in Yoho National Park, British Columbia", Geological Survey of Canada Miscellaneous Report 43(1985).

■P205 （上右）With the permission of Dr. Jih-Pai Lin.
（上左）With the permission of Dr. Christopher Nedin.
（下）With the permission of Dr. Samuel Gon Ⅲ.
www.trilobites.info
Jih-Pai Lin, S.G.Gon Ⅲ, et al. "A Parvancorina-like arthropod from the Cambrian of South China", Historical Biology, March 2006; 18(1): 33-45

Jun-Yuan Chen, G.D.Edgecombe, L.Ramskoeld, & Zhou Gui-qing, "head segmentation in Early Cambrian Fuxiqanhuia: implications for arthropod evolution, Science 268(1995)1339-1343.
Jun-Yuan Chen, L.Ramskoeld, & Zhou Gui-qing, "Evidence for monophyly and arthropod affinity of Cambrian giant predators", Science 264(1994)1304-1308.
Jun-Yuan Chen Gregory D. Edgecombe, & Lars RamskoOld, "Morphological and Ecological Disparity in Naraoiids (Arthropoda) from the Early Cambrian Chengjiang Fauna, China", Records of the Australian Museum 49(1997)1-24.
Jean vannier, Jun-Yuan Chen, Di-Ying Huang, Sylvain Charbonnier and Xiu-Qiang Wang, "The Early Cambrian origin of thylacocephalan arthropods" Acta Palaeontol. Pol. 51 (2): 201-214, 2006
Jih-Pai Lin et al., "A Parvancorina-like arthropod from the Cambrian of South China", Historical Biology, March 2006; 18(1): 33-45
J. Berstroem and X.-G. Hou "Early Palaeozoic non-lamellipedian arthropods," in Crustacea and Arthopod Relationships: Festschrift for Fredrick R. Schram Stefan Koenemann and Ronald A. Jenner eds. Taylor and Francis (2005).
Hou Xianguang, Jan Bergstroem, and Yang Jie, "Distinguishing anomalocaridids from arthropods and priapulids", Geol. J. 41: 259-269 (2006)
R.J. Aldridge, Hou Xian-Guang, D.J.Siveter, and S.E.Gabbott, "The systematics and Phylogenetic relationships of Vetulicolians", Palaeontology, Vol. 50, Part 1, 2007, pp. 131-168.

■第8章

Y.Usami, "Theoretical study on the body form and swimming pattern of Anomalocaris based on hydrodynamic simulation", J.Theor.Bio. 238(2006)11-17.

写真・図版

■ P25 Dr. Steven Earle, Geology Department, Malaspina Univeristy-College, http://www.mala.bc.ca/~earles

■ P28, P29 Reproduced with the permission of the Minister of Public Works and Government Services Canada, 2008 and Courtesy of Natural Resources Canada.
S.C.Morris and H.B.Whittington, "Fossils of the Burgess Shale: A National Treasure in Yoho National Park, British Columbia", Geological Survey of Canada Miscellaneous Report 43(1985).

■ P49 Mikhaila Fedonkin, "The origin of the metazoa in the light of Proterozoic fossil record", Paleontological Research, vol. 7, no. 1, pp. 9-41, March 31, 2003 © by the Palaeontological Society of Japan

■ P53 （上）H.J.Hofmann, G.M.Narbonne, J.D.Aitken, Ediacaran remains from intertillite beds in northwestern Canada. GEOLOGY 18(1990)1199-1202.(Geological Society of America.)
（下）Miller Museum of Geology, Queen's University, Kingston, Ontario, Canada

■ P55 Shuhai Xiao, Xunlai Yuan, and Andrew H. Knoll, "Eumetazoan fossils in terminal Proterozoic phosphorites?", PNAS, 97(2000)13684-13689. ©2008 National Academy of Sciences, U.S.A

■ P57 Jun-Yuan Chen, David J. Bottjer and Paola Oliveri, " Small Bilaterian Fossils from 40 to 55 Million Years Before the Cambrian", SCIENCE 305(2004)218.

■ P58 www.abachar.com

■ P62 Matthew E. Clapham, et al., "THECTARDIS AVALONENSIS: A NEW EDIACARAN FOSSIL FROM THE MISTAKEN POINT BIOTA, NEWFOUNDLAND", J. Paleont., 78(6), 2004, pp. 1031-1036.

■ P67 （上）Matthew E. Clapham, Guy M. Narbonne, and James G. Gehling, "Paleoecology of the oldest known animal communities: Ediacaran assemblages at Mistaken Point, Newfoundland" Paleobiology, 29(4), 2003, pp. 527-544.
（下）Ben Waggoner, "The Ediacaran Biotas in Space and Time", INTEGR. COMP. BIOL., 43 (2003)104-113.

■ P70 Mikhaila Fedonkin, "The origin of the metazoa in the light of Proterozoic fossil record", Paleontological Research, vol. 7, no. 1, pp. 9-41, March 31, 2003 © by the Palaeontological Society of Japan

■ P72 Mikhaila Fedonkin, "The origin of the metazoa in the light of Proterozoic fossil record", Paleontological Research, vol. 7, no. 1, pp. 9-41, March 31, 2003 © by the Palaeontological Society of Japan

■ P78 With the permission of Prof. Zhu Maoyan.
Zhu Maoyan et al. "From snowball earth to the Cambrian bioradiation: Calibration of Ediacaran-Cambrian earth history in South China", Palaeogeography, Palaeoclimatology, Palaeoecology 254 (2007) 1-6

■ P82, P83 http://www.stratigraphy.org/procam.htm Dr. Gabi Ogg
With the permission of Dr. Loren Babcock.
E. Landing, S. Peng, L.E. Babcock, G. Geyer, and M. Moczydlowska-Vidal, "Global Standard Names for the Lowermost Cambrian". Episodes 30(2007)283-298.

for the Lowermost Cambrian". Episodes 30(2007)283-298.
M. Brasier, J. Cowie, and M. Taylor, "Decision on the Precambrian-Cambrian boundary stratotype". Episodes 17(1994)95-100.
Luo Huilin, et al. "Sinian-Cambrian Boundary Stratotype Section at Meishucun", Jinning, Yunnan, China, People's Publishing House, Yunnan, China (1984)
Cambrian System of China and Korea, Guide to Field Excursions, (P.Shanchi, L.E.Babcock, and Z. Maoyan Eds.), University of Science and Technology of China Press, 2005.
Zhu Mao-yan 他著, The Cambrian of South China, Acta Palaeontological Sinica 40(2001)
Ding Lianfang 他著. Proceedings of 30th International Geological Congress(震旦系庙河生物群), 1996, (中国)地質出版社
Yuan Xunlai et.al., "Doushantuo Fossils: Life on the Eve of Animal Radiation,", University of Science and Technology of China Press(2001).
Mao-Yan Zhu a, Loren E. Babcock b, Shan-Chi Peng, "Advances in Cambrian stratigraphy and paleontology: Integrating correlation techniques, paleobiology, taphonomy and paleoenvironmental reconstruction", Palaeoworld 15 (2006) 217-222

第5章

Hou Xianguang 他著, The Cambrian Fossils of Chengjiang, China-The Flowering of Early Animal Life, Blackwell Publishing 2004.
The Chengjiang Fauna Exceptionally well-preserved animals from 530 milion years ago, Yunnan Science and Technology Press, Kunming, China, 1999.(中国語)
Chen Liangzhong, et al., Early Cambrian Chengjiang Fauna in Eastern Yunnan, China, unnan Science and Technology Press, Kunming, China, 2002.(中国語)
Hou Xianguang 他著, The Chengjiang Fauna Exceptionally well-preserved animals from 530 milion years ago, Yunnan Science and Technology Press, Kunming, China, 1999.(中国語)
Liu Jianni, Shu Degan, Han Jian & Zhang Zhifei, "A rare lobopod with well- preserved eyes from Chengjiang Lagerstatte and its implications for origin of arthropods ", Chinese Science Bulletin" 2004 Vol. 49 No. 10 1063-1071.
Shu, D., Conway Morris, S., Han. J, et al., Primitive deuterostomes from the Chengjiang Lagerstatte (Lower Cambrian, China), Nature 2001, 414: 419—424.
Jerzy Dzik, "Eary Cambrian Lobopodian Sclerites and Associated fossils from Kazakhstan", Palaeontology, 46(2003)93-112.
Dieter Waloszek et al. "Evolution of cephalic feeding structures and the phylogeny of Arthropoda", Palaeogeography, Palaeoclimatology, Palaeoecology, 254(2007)273-287.
Graham E. Budd, "Why are arthropods segmented?", EVOLUTION & DEVELOPMENT, 3:5, 332-342 (2001).
H.B. Whittington, "Yohoia Walcott and Plenocaris n. gen., arthropods from the Burgess Shale, Middle Cambrian, British Columbia", Geological Survey of Canada Bulletin, v. 231, p. 1-21 (1974).

第6章

SHU Degan, "On the Phylum Vetulicolia", Chinese Science Bulletin 2005 Vol. 50 No. 20 2342-2354
Shu Degan, H. Luo, Conway Morris, S., et al. "Early Cambrian vertebrates from South China", Nature, 1999, 402: 42—46.
Shu Degan, et al. "A New Species of Yunnanozoan with Implications for Deuterostome Evolution" 28 FEBRUARY 2003 VOL 299 SCIENCE.
Jun-Yuan Chen, J. Dzik, G.D.Edgecombe, L. Ramskoeld, & Zhou Guiqin, "A possible Early Cambrian Chordate, Nature 377(1995)720-722.
Jun-Yuan Chen, Di-ying Huang & Chia-wei Li, "An early Cambrian craniate-like chordate"., Nature 402(1999)518-522.
J.R.Finnerty, "Cnidarians Reveal Intermediate Stages in the Evolution of Hox Clusters and Axial Complexity", Amer.Zool., 41(2001)608-620.
J. Aldridge, et al., "The systematics and phylogenetic relationships of Vetulicolians", Palaeontology, Vol. 50, Part 1, 2007, pp. 131-168.

第7章

T.J. Cotton, and S.J. Braddy. "The phylogeny of arachnomorph arthropods and the origins of the Chelicerata". Transactions of the Royal Society of Edinburgh: Earth Sciences, 94(2004)169-193.

参考文献

■第1章

D. Collins,"The "evolution" of Anomalocaris and its classification in the arthropod class Dinocarida (nov.) and order Radiodonta (nov.)", Journal of Paleontology, 70(1996). 280-293.
THE LINNEAN Newsletter and Proceedings of THE LINNEAN SOCIETY OF LONDON Burlington House, Piccadilly, London W1J 0BF, VOLUME 19・NUMBER 1・JANUARY (2003).
Stephen Jay Gould, "Wonderful Life The Burgess Shale and the Nature of History", 1989, W. W.Norton & Company, Inc.(1989).
ワンダフル・ライフ―バージェス頁岩と生物進化の物語（ハヤカワ文庫 NF）スティーヴン・ジェイ グールド（著）, Stephen Jay Gould（原著）, 渡辺 政隆（翻訳）早川書房 (2000/03).
大森昌衛 , 進化の大爆発・動物のルーツを探る , 新日本出版社 , 2000.
サイモン・コンウェイ・モリス , カンブリア紀の怪物達 , 講談社現代新書 , 1997.
The Ecology of the Cambrian Radiation, (A.Yu.Zhuravlev & R.Riding Eds.) Columbia University Press, New York.2001.
D. グリッグス他著 , バージェス頁岩化石図譜 , 朝倉書店 (2003).
S.C.Morris and H.B.Whittington, "Fossils of the Burgess Shale: A National Treasure in Yoho National Park, British Columbia", Geological Survey of Canada Miscellaneous Report 43(1985).

■第2章

分子進化学への招待―DNA に秘められた生物の歴史（ブルーバックス）, 宮田 隆（著）(1994).
Kevin J. Peterson, "Estimating metazoan divergence times with a molecular clock", PNAS, 101(2004)6536-6541.
K. J. Peterson, M.A. McPeek, and D. A. D. Evans, "Tempo and mode of early animal evolution: inferences from rocks, Hox, and molecular clocks", Paleobiology, 31(2, Supplement), 2005, pp. 36-55

■第3章

H.J.Hofmann, G.M.Narbonne, J.D.Aitken, "Ediacaran remains from intertillite beds in northwestern Canada". GEOLOGY 18(1990)1199-1202.
Shuhai Xiao, Xunlai Yuan, and Andrew H. Knoll, "Eumetazoan fossils in terminal Proterozoic phosphorites?", PNAS, 97(2000) 13684-13689.
Jun-Yuan Chen, David J. Bottjer and Paola Oliveri, " Small Bilaterian Fossils from 40 to 55 Million Years Before the Cambrian", SCIENCE 305(2004)218.
Matthew E. Clapham, et al., "THECTARDIS AVALONENSIS: A NEW EDIACARAN FOSSIL FROM THE MISTAKEN POINT BIOTA, NEWFOUNDLAND", J. Paleont., 78(6), 2004, pp. 1031-1036.
Ben Waggoner, "The Ediacaran Biotas in Space and Time", INTEGR. COMP. BIOL., 43 (2003)104-113.
Mikhail A. Fedonkin, "The origin of the Metazoa in the light of the Proterozoic fossil record", Paleontological Research, vol. 7, no. 1, pp. 9-41, March 31, 2003.
Cambrian System of China and Korea, Guide to Field Excursions, (P.Shanchi, L.E.Babcock, and Z. Maoyan Eds.), University of Science and Technology of China Press, 2005.
S.J.O'Brien and A.F.King, "Late Neoproterozoic (Ediacaran) Stratigraphy of Avalon Zone Sedimentary Rocks, Bonavista Peninsula, Newfoundland", Current Research, Geological Survey, Report 05-1(2005)101-113.
Guy M. Narbonne, "THE EDIACARA BIOTA: Neoproterozoic Origin of Animals and Their Ecosystems" Annu. Rev. Earth Planet. Sci. 33(2005)421-442.
Matthew E. Clapham, Guy M. Narbonne, and James G. Gehling, "Paleoecology of the oldest known animal communities: Ediacaran assemblages at Mistaken Point, Newfoundland" Paleobiology, 29(4), 2003, pp. 527-544.
Zhu Maoyan et al. "From snowball earth to the Cambrian bioradiation: Calibration of Ediacaran-Cambrian earth history in South China", Palaeogeography, Palaeoclimatology, Palaeoecology 254 (2007) 1-6

■第4章

http://www.stratigraphy.org/procam.htm
E. Landing, S. Peng, L.E. Babcock, G. Geyer, and M. Moczydlowska-Vidal, "Global Standard Names

著者プロフィール

宇佐見義之（うさみ・よしゆき）

1987年慶応大学化学専攻修士課程卒業、1990年東京工業大学応用物理学専攻修了、理学博士、1990年神奈川大学工学部物理学教室着任、現在、准教授。修士まで分子科学の量子力学を勉強、博士以降は統計力学を研究。研究当初は臨界現象、フラクタル、最適化問題を研究したが1995年より現在の研究テーマに取り組む。なかでも1997年、科学技術振興機構「さきがけ21（形とはたらき）」の研究支援プログラムに採用されたことが大きな転換点となった。この際に多くの優秀な生物学者と知り合う機会を得ることができ、生物学研究の爆発的な進展を目の当たりにした。とりわけ、元千葉大学学長故丸山工作先生からは励まされ、多くを学ぶことになった。

◆インターネット自然史博物館
http://www.museum.fm
世界初となる澄江動物群のムービーの他、バージェス頁岩動物群、アノマロカリス、中生代の海棲爬虫類のムービーなどを見ることができる。

知りたい！サイエンス

カンブリア爆発《ばくはつ》の謎《なぞ》
チェンジャンモンスターが残した進化の足跡

平成20年 4月25日　初 版 第1刷発行
平成20年 8月25日　初 版 第3刷発行

著 者　宇佐見 義之
発行者　片岡 巌
発行所　株式会社技術評論社
東京都新宿区市谷左内町21-13
電話　03-3513-6150　販売促進部
03-3267-2270　書籍編集部
印刷・製本　港北出版印刷株式会社

●装丁
中村友和（ROVARIS）
●制作
株式会社マッドハウス
●本文イラスト
赤羽秀幸

定価はカバーに表示してあります。

ISBN978-4-7741-3417-8 C0045
Printed in Japan